訊號與系統概論
— LabVIEW & Biosignal Analysis

李柏明、張家齊
林筱涵、蕭子健 編著

LabVIEW

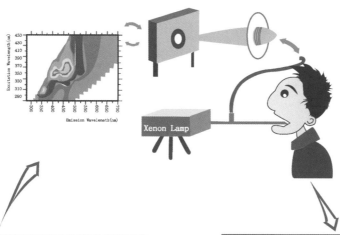

Biophotonics

Biopotential

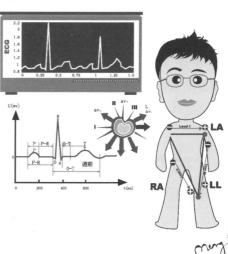

推薦序

　　一本好的教學用書，要能兼具理論內容與實作驗證；一本好的學術專書，則要結構紮實、內容嚴謹，對該主題觀念描述的深入淺出，而這本書則兩者兼具。本人欣見本書的誕生，不僅從資工的角度出發，完整編寫訊號與系統的基本概念，更整合生醫、資訊、LabVIEW概念，以做為儀器自動控制、工廠自動化，乃至於生醫光電領域教學或產業進修使用。

　　本書為蕭子健博士編寫的第十八本專書，並由我們交大出版社所出版的第一本學術為底的教學用書，蕭博士除身兼本校資工系及生醫所助理教授，以及擔任本校智慧生活科技區域整合中心（Eco-City健康樂活城）執行顧問，對於開創生活科學與生活科技新產業，發揮複製倍增的影響力不遺餘力。他所帶領的編輯群組更是全台灣LabVIEW系列叢書、跨領域整合的翹楚，深獲相關領域學者及從業人員推崇，帶領旗下實驗室的傑出學生如參與本書編寫的李柏明、張家齊、林筱涵等，投入醫學、資電、物理化學等跨領域研究。

　　本書從訊號的定義與分類開始，讓人瞭解在生活周遭可以觀察到的訊號，並對讀者容易混淆的連續時間，離散時間以及類比數位訊號，做了淺顯易懂的說明。接著在第三章開始介紹常見的基本訊號，並從弦波訊號引入振幅，角頻率及相位等重要性質，讓讀者在面對抽象的訊號時，可藉著理解其物理意義而有更深一層的認識。在弦波訊號之外，接著介紹另一類常見且非常重要的脈衝訊號，以及其衍生的步階訊號及斜面訊號，皆是訊號分析時的重要角色。在第五章後則引入系統的概念，並能以微分和差分方程去描述一個線性非實變系統，接著便導入最重要的訊號轉換。本書對於傅立葉運算也以相當多的篇幅來做介紹，讓讀者對於此工具有除了對其數學的形式外，更了解其轉換的目的與其在分析上的優點。

　　除了對訊號與系統理論的說明外，本書最重要的特點便是輔以LabVIEW軟體來做理論的驗證及說明，LabVIEW 全名為 Laboratory Virtual Instrument Engineering Workbench，是一種圖控程式語言 (graphic-based programming language)，即以圖示 (icon) 來簡化

程式語言的程式碼，它的指令多數是看見圖形便能大概知道其用途，也因為如此，它較一般其它的語言容易著手學習，適合不具程式語言能力的人或是害怕電腦程式的人。藉由LabVIEW來完成實作，能夠讓讀者對於訊號不在是一種看不見摸不著的感受，而是以具體的圖像來顯示，更能加深一般讀者對於訊號與系統的認識。

在理論的介紹與軟體的實驗外，本書在最後更加入了生醫訊號的應用實例，直接帶領讀者了解實際上運用學到的知識來解決實際上的問題，讓所學不只是限於課本，而是能跟實務面接軌，章節內容介紹也循序漸進，再加上輔以LabVIEW圖像及實例說明。相信這本實用的教學專書，將有助於提升學生的學術基礎、相關產業從業人員自修，以獲得更完整豐富的專業知識，絕對能讓對訊號與系統有興趣的讀者滿載而歸。

撰寫此推薦序時，正值美國總統歐巴馬大推生技醫療產業、台灣推動生技起飛鑽石行動方案，未來可預見隨著六百億創投基金的設立，生醫產業會是主流產業。新竹交大在台建校已越半世紀之久，交大與校友們紮實與務實的態度，促使新竹交大一直以通訊、半導體、IC設計等電子工程領域聞名竹科與美國矽谷，並創造出在全球高科技產業、學術界、文化界舉足輕重的影響力。我們也預期推薦此書籍、促使學子學習跨領域生醫相關的訊號與系統，奠定整合基礎之同時，交大亦推動鑽石計畫，培養未來產業需要的人才，預期在下一波生醫領域中締造佳績。

國立交通大學 校長

吳重雨

98.10.12

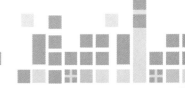

跨領域學習—從台灣出發，向世界競爭

　　國立交通大學在台灣建校五十餘年來，除在高科技產業扮演舉足輕重的角色，為台灣的經濟發展貢獻良多之外，近年來更致力於整合醫療與電子產業，例如進行MD-PhD人才培育專案，與中國醫藥大學、義守大學、奇美醫院密切合作…等，其目的不外乎結合醫界、產業界及學界，並藉由「同業聚合，異業整合」的模式，從中找到台灣具有競爭力的核心發展項目，繼而聚合人力、物力、財力永續發展，期使台灣醫療電子產業早日開花結果。

　　然而，異業整合不易，必須從異業交會之專長塑造做起。我認為應努力從事實驗室到病床(From bench to bedside)的團隊整合，涵蓋基礎研究、人才教育及產業發展。此外，也要著重長程生涯技術的養成，以人才間技術發展(Interpersonal skill development)，解決多重行業困境(Multi-disciplinary problems)。同時，亦應用心在多樣專業團隊的養成，跨領域研發創新、經濟效益、高品質的實用產品，發揮醫療電子產業的最大價值。

　　醫療產業包括醫療照護服務、診療儀器設備、生物技術及製藥產業，必須借重量子科技、資訊科技及生化科技之研發及整合，才能找到成功的捷徑。交大有遍佈全球的傑出校友，有成功電子產業的發展經驗，也結合了鄰近的產業研究機構如工研院及新竹科學園區，如再加上全台各地醫療院所以及其他院校傑出研究者，大家腦力激盪、群策群力，應能有效推動我國醫療產業長足進展。而今，《訊號與系統概論—LabVIEW & Biosignal Analysis》的出版，無疑就是一個啓動醫療電子產業的鑰匙，為實用醫療發展打開了整合之門。

　　在我擔任台大醫院院長任內，即與蕭子健博士相識，蕭博士德才兼備、學有專精，誠為不可多得之科技人才。而蕭博士與其實驗室團隊精心撰寫的《訊號與系統概論—LabVIEW & Biosignal Analysis》，不僅是一本兼具理論推演與應用實例的基礎教材，更是跨領域學習生醫訊號與系統的教學專書。尤其，本書除循序漸進論述訊號及系統理論，輔以LabVIEW軟體做為驗證工具之外，最後兩章補充教材「生醫訊號應用—心律變異度量測分析」、「生醫光電應用—癌症組織診斷與多變數分析」，更是透過資訊工具瞭解並使醫學加值的精華所在，建議研習者用心閱讀，必能獲益良多。謹此特別專文推薦。

台大醫學院名譽教授
國立交通大學講座教授
中國醫藥大學講座教授

李源德

作者序

　　「訊號與系統」一門已是電子電機、資訊等學院必修的基礎核心課程，是訊號處理與系統分析相關課程與研究之基礎，所學習之技術與觀念為學子接續課程及應用發展中不可獲缺的知識。目前坊間已有數本經典之作，然而，內容豐富卻對初學者而言是一條心中難以跨越的鴻溝。況且，在理論與實作過程，仍需電腦語言方可促進學習效益，但卻又讓同學們產生負面情緒、學習隔閡、實作困難等現象。以交大資訊學院在97學年度傳授的課程為例，即使有教授、大助教(霹靂博)、小助教等制度來協助學子，但是，仍約略有15-20%學生對於課程目標、學習效益、傳授方式產生質疑。

　　我們決定正視此問題，藉由之前寶貴經驗：LabVIEW系列叢書的撰寫經驗、生醫訊號分析之研究經歷、資工領域的專業知識下來彙整，編輯一本包含理論推演、應用實例，且重點是：站在學子的立場來撰寫。如此，此書可視為一本簡而實用的入門教科書，讓初學者在過程中激發興趣，並且兼顧固本精進的學習方式。編輯安排上，強化系統化編輯、深入淺出、次序性與規劃性編排、以及兼顧實際需求為核心。簡單地說：期待學子讀完此書後，可輕易地回答：「什麼是訊號？」、「什麼是系統？」、「訊號與系統的結合又什麼？」、「如何實作分析？」、「能有什麼樣的應用？」等等。

在此，有幾件事情仍必須說明：

1. 承蒙美商NI公司在95年12月25日捐贈教學實驗室、LabVIEW校園版，在教學、學子自學過程獲益良多；

2. 本書可視為"以程式設計的角度來學習訊號與系統"；

3. 本書分為四大部分、十六章節，以「訊號篇」、「系統篇」、「訊號與系統篇」、「應用實例研討」為四大主軸貫穿一個學期的課程；

4. 本書以LabVIEW為工具，讀者可將數學推演及概念付諸於實作；

5. 本書以Biomedical Signal應用為案例，讀者可熟悉領域發展與方向。

6. 配合跨領域科技教育平台(http://www.istep.org.tw)加速學習效益；

　　一本好的書籍，需要眾人加持與協助。在此漫長的編寫過程，我們從林啓萬教授、李世光教授、許世明教授、林進燈教授、江惠華教授、陳志隆教授等人的討論過程汲取

靈感與治學態度，在此表達誠摯謝意；部分內容、圖片也經由王智昱教授、林俊宏教授、湯士滄教授、陳世中教授、劉健昇老師、陳錦龍教授、許弘毅教授、朱朔嘉博士、VBM團隊成員的協助而完成，在此致謝；本書編輯工作，自始至終得到高立楊明德先生、美商NI公司孫基康先生大力支持與熱誠協助，我們在此衷心地表達感謝。

柏明、家齊、筱涵、子健 謹誌

中華民國 98年10月20日

訊號與系統概論

LABVIEW
BIOSIGNAL ANALYSIS

PART III 轉換Transformation

1 第一章

本章的一開始將介紹訊號的基本概念,並藉由實例讓讀者對訊號有所了解,接著將介紹常見的訊號分類方式,讓讀者能對訊號有基本的認識,為之後的學習內容奠定基礎。

Goal 目標

- 瞭解訊號的基本概念;
- 瞭解訊號的分類方式;

Key 關鍵名詞

- 訊號 (Signal)
- 連續時間訊號 (Continuous-time signal)
- 離散時間訊號 (Discrete-time signal)

訊號的定義與分類

簡介

在我們生存的環境中，無時無刻、隨時隨地都充滿著各種人類感觀所能感知及無法感知的訊息，能夠感知的訊息如：聲音、燈光等，而像收音機的無線電波等，則都是無法感知的訊息。然而，並非所有人類感官能感知到的訊息就是完整的，無論是聲音或是燈光都必需在某個範圍內人類才能感受到。因此，為了描述這樣多變的物理現象，工程從業者便將這些有形及無形的訊息統稱為「訊號」，分別以不同的形式呈現。

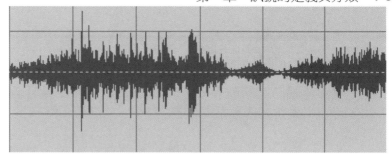

　　接著再舉幾個關於訊號的例子。請問「聲音看的到嗎？」，讀者平常使用耳朵聽過聲音，聽音樂，與聽老師上課，但可曾想過用眼睛看看自己的聲音呢？人所發出的聲音其實是以一種「聲波」的形式存在，當麥克風中的振膜受到聲波的壓力而產生振動進而產生感應電流時，將麥克風接上示波器，便可看見聲音轉成「電訊號」的結果。接下來提到的是攝影機成像的部分，讀者可曾想過「攝影機或照像機是如何將影像儲存起來的？」人類之所以能看到影像其實是由於物體反射特定的光波，在透過眼睛轉成大腦可認知的神經訊號後所產生的效果，而攝影機與照像機的設計原理即與眼睛構造類似，藉由攝影器材中的感光元件(以 CCD 或 CMOS 最為常見)感受到光線照射時產生的電荷反應，光訊號被轉成電訊號，進而能夠將電訊號利用半導體技術加以儲存。

　　從上面可看到，無論是光訊號或是聲音訊號，每一種訊號都包含著其所要傳達的訊息，而如何從接收到的訊號中分離解析出所感興趣的訊息及特性，便是本書的核心價值所在。

習作 1-1　離散時間訊號、連續時間訊號與取樣

目標：說明連續時間訊號及離散時間訊號，並藉由圖片讓讀者了解如何藉由取樣將連續時間訊號轉換成離散時間訊號。

　　　　訊號在數學上可被視為一函數，而依據自變數的性質及定義，可以對訊號進行分類。當訊號隨著「時間」而改變時，稱之為「時間訊號」，為一一維訊號(例如：聲音訊號可以表示為聲壓隨著時間變化的函數，而時間則為此函數之唯一自變數。) 又當定義在不同的時間性質之下，此種隨著時間變化的訊號又可以被分成離散時間訊號與連續時間訊號。

1.　離散時間訊號

　　　　離散時間訊號的自變數是一組離散(不連續)的數值，可視為是一連串的數字序列，通常以字母 n 來表示。其自變數 n 只在某些時刻點上是有意義，而不是在每個瞬間時間點上都有定義的。圖 1.1 為一離散時間訊號 x[n]之波形，從圖中看到，訊號由很多個點組成的，而不是全部連在一起的。

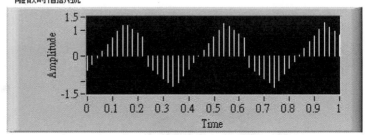

圖 1.1 離散時間訊號

2.　連續時間訊號

　　　　而在連續時間訊號中，訊號隨著連續不間斷的「時間」而變化，「每個瞬間」的時間點上都是有定義的，一般習慣使用字母 t 來表示時間點。以圖 1.1 為例，一連續時間訊號的函數 x(t)，其訊號的波形均相連而沒有間斷。

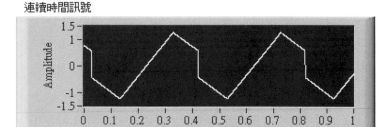

圖　1.2　連續時間訊號

接下來談到的是取樣，將連續時間訊號 x(t)轉換成相對應的離散時間訊號 $x[n]$ 之過程稱為「取樣」(Sampling)。取樣的方法為在離散時間點 t_0, t_1 ,…,t_n ,… 上 將 該 點 對 應 的 連 續 時 間 訊 號 $x(t)$ 值 $x(t_0), x(t_1), …, x(t_n),…$取出後，組合成一個離散時間的序列 $x[n]$，表示：$\{x(t_0), x(t_1),\cdots,x(t_n),\cdots\} = \{x[0], x[1],\cdots, x[n],\cdots\}$。

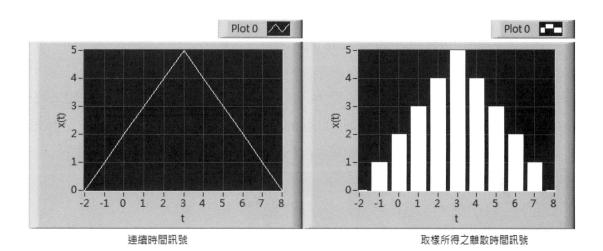

圖　1.3　取樣

要特別注意的是，連續時間訊號只發生在大自然的物理世界中，若

　　將訊號以儀器或電腦擷取，由於儀器以及電腦設備都是以取樣的方式將外界的訊號擷取下來，故所擷取到的訊號便已不是真正的連續時間訊號了。只有當取樣頻率愈大時，亦即每秒中取樣的次數愈多時，所擷取之訊號才能夠更接近真實的訊號，若取樣頻率愈少，擷取到的訊號則會與真實訊號愈有差距(可參考隨書附上 LabVIEW 程式範例 ex 1-1b Sampling.vi，調整取樣頻率看看會產生什麼效果)。

　　既然無法用儀器擷取到完整的連續時間訊號，那為什麼現實生活中所看到的有些訊號看起來還是連續的呢？誠如上段所述，若能夠將每秒取樣的次數提高(增大取樣頻率)，再加上一些數學的技巧如內插(Interpolation)技巧，此時便能得到與原本訊號很相似的訊號。

　　在接下來的章節中，本書將會為連續時間及離散時間的一些基本訊號作介紹。唯特別要請讀者記住的是，所有利用電腦所產生的波形都是由許多離散的點所組成的，故本書在介紹連續時間訊號時，會將取樣頻率增大，並將所有取樣的點，以線型來描繪出波形的樣子，在 LabVIEW Waveform Graph 以 Line Plot 的方式來顯示波形。而在離散時間訊號時，則將取樣頻率減小，因為每秒所擷取的訊號較少，若以線將每一個點描繪起來，將會非常曲折，因此，在本書中提到離散時間訊號時，將利用不會把每一個點連起來的 comb plot 呈現波形。或許讀者現在還不清楚到底是什麼意思，但在接下來的章結中，只要跟著本書一起動手做做看，便能了解其中的道理了！

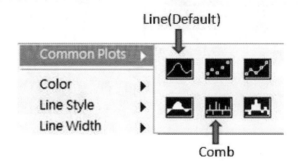

圖 1.4 LabVIEW 示波器控制面板

習作 **1-1** 結束

習作 **1-2**　　類比訊號、數位訊號與數位化的意義

目標：了解連續時間類比訊號、離散時間數位訊號及將連續時間類比訊號轉換成離散時
間數位訊號之過程。

　　　　除了依據時間的特性來做分類外，訊號也可以由「訊號值改變的特性」
來做分類。本書將以類比訊號及數位訊號兩種訊號來做說明。

　　　　1. 類比訊號：一個訊號的強度(振幅大小)可以由任意數值組成，稱之
　　　　　　為「類比訊號」。
　　　　2. 數位訊號：一個訊號的強度(振幅大小)只能由特定 k 個可能值組成，
　　　　　　稱之為「數位訊號」。

　　　　經過上面定義的描述之後，相信讀者對類比訊號和數位訊號的差別還
是一頭霧水，此外在許多的書上面常可以看到類比訊號是由連續數值所
組成，而數位訊號是由離散數值所組成，這樣的解釋常常讓讀者誤以為
類比訊號就是連續時間訊號，數位訊號就是離散時間訊號，其實不然，
因此為了能更清楚了解兩者之間的差異，以下本書將以圖 1.5、圖 1.6 來
說明：

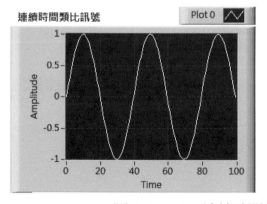 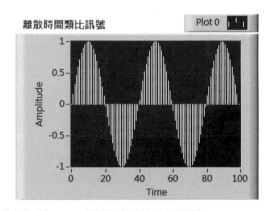

圖 1.5a, 1.5b 連續時間類比訊號 vs. 離散時間類比訊號

圖 1.5a, 1.5b 分別為連續時間類比訊號及離散時間類比訊號之波形圖，從圖中讀者不難發現，無論是在連續時間或是離散時間下，訊號的振幅大小是沒有限制的，可以為任意的數值。其特徵是，訊號波形平順，且相鄰時間 t_n-1、t_n、t_n+1 之訊號準位(強度)不會有明顯的變化。

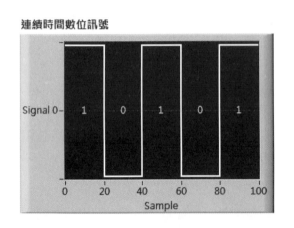
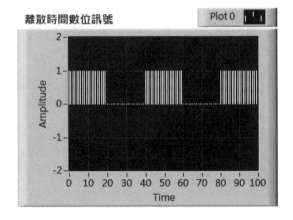

圖 1.6a, 1.6b 連續時間數位訊號 vs. 離散時間數位訊號

圖 1.6a, 1.6b 為連續時間數位訊號及離散時間數位訊號之波形圖，讀者會發現，訊號的振幅值只有 0 或 1 兩種，而不能是任意的數值。其特徵是，訊號波形在相鄰時間 t_n-1、t_n、t_n+1 之訊號準位(強度)可能會有明顯的改變，例如，由 0 突然變到 1。

小結以上：
1. 圖 1.5a, 1.6a 和圖 1.5b, 1.6b 分別為**連續時間訊號**及**離散時間訊號**，兩者之差別在於訊號之自變數「時間軸」是否連續。
2. 圖 1.5a, 1.5b 和圖 1.6a, 1.6b 分別為**類比訊號**及**數位訊號**，兩者之差別在於訊號「振幅值」是否連續。

接下來要介紹的是「數位化(Digitization)」，一般從現實生活中的訊號藉由數位設備例如電腦進行擷取其實都是將類比訊號轉換成數位訊號的過程，而此過程即稱為數位化。其中包含「取樣(Sampling)」及「量化(Quantization)」兩步驟，過程解析如下：

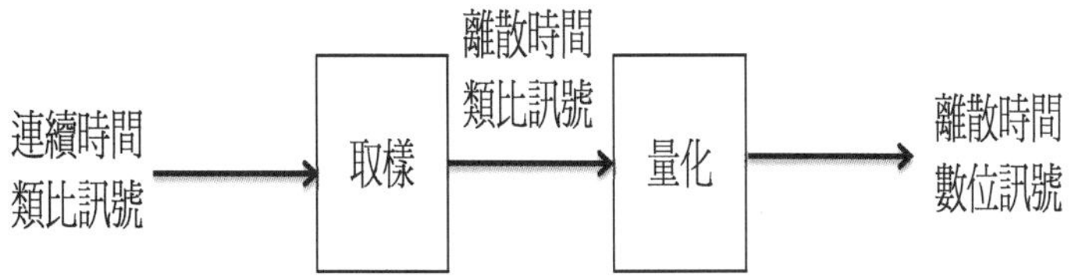

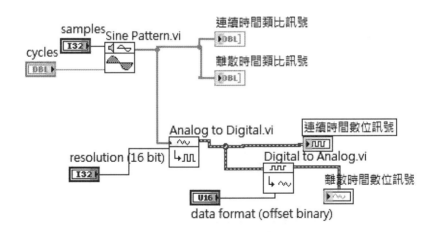

圖 1.7 數位化過程解析

1. 取樣：將連續時間訊號轉換成離散時間訊號。
2. 量化，將類比訊號轉換成數位訊號。

　　現在讓本書帶領讀者動手將一類比訊號轉換成數位訊號吧！請依照下面的 LabVIEW 程式方塊圖拉出相對應的 Icon：

圖 1.8 ex 1-2 digitization.vi (Block Diagram)

程式設計方法(依步驟)

● 人機介面(Front Panel)

1. Express→Graph Indicators→Waveform Graph (Controls-Graph)新增三個
    波形圖，此波形圖將用來顯示我們所產生的訊號波形。並點選
    Waveform graph 2 和 Waveform graph 3 的 Plot Legend，選擇 Common
    Plot 中的 Comb(第二排中間)，利用此種顯示方式來表示離散時間訊號。

2. Modern→Graph→Digital Waveform Graph，新增一個數位波形圖來顯
    示數位化後的波形

3. Express→Horizontal Pointer Slide，新增兩個控制元用來調整 Samples
    和 Cycle 的值。

● 程式方塊圖(Block Diagram)

1. Signal Processing → Signal Generation → Sin Pattern，在這個程式範例
    中，我們將用正弦訊號做為範例。分別將 Sample 和 Cycle 這兩個輸
    入端接上相對應的控制項(Front Pannel)。再將輸出端接上 Waveform
    graph 和 Waveform graph 2。

2. Programming→Waveform→Analog to Digital，將輸入端的 Signal 與先
    前 Sin Pattern 的輸出端相接，接著再將 resolution 與相對應的控制項
    相連。最後再將輸出端連接至 Digital Waveform Graph。

3. Programming→Waveform→Digital to Analog，將 2 中的輸出做為
    Signal 輸入，並將輸出連接至 Waveform Graph3。

程式執行結果：

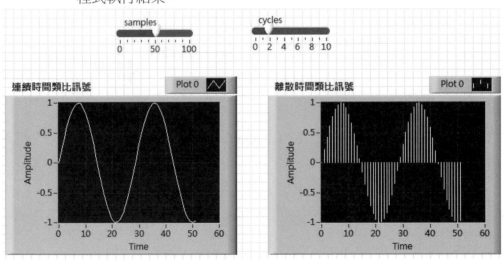

圖 1.8b ex 1-2 digitization.vi (Front Panel)

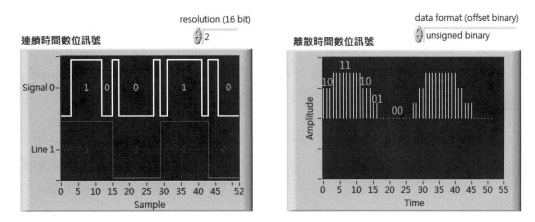

圖　1.8c ex 1-2 digitization.vi (Front Panel)

　　從圖 1.8c 左邊的示波器中讀者可以看到，使用 2 個 bit 將 sin 波形量化的情形，而量化後的結果則顯示於圖 1.8c 右邊的示波器中。

習作 **1-2** 結束

習作 1-3　確定訊號與隨機訊號

目標：以周期性隨機雜訊產生的程式撰寫為例，為讀者介紹確定訊號與隨機訊號不同的意義。

　　　　在介紹過上述兩種訊號的分類方法後，本節將依照訊號「是否可預知」，來做為分類。倘若訊號之波形是可預知的，稱為「確定訊號」，反之，訊號的波形是無法預知的，則稱為「隨機訊號」，試定義如下：

1.　確定訊號

　　　　確定訊號的特性是，當給定某個時間點 t 時，便可知道該時間 t 對應之訊號值；而且當下次再給定同樣時間點 t 時，該訊號值還是不變。也就是說，訊號在任何情況下皆是固定不變的。

　　　　因為擁有了這樣的特性，確定訊號可以用數學函數及波形圖來描述表達。後面章節所提到的幾個基本訊號，例如：弦波訊號等，及皆是確定信號。

　2.　隨機訊號

　　　　隨機訊號與確定訊號不同的是，當給定某個時間點 t 時，每次所得到的訊號值可能會有所不同。因此，此種訊號將無法被預先知道是如何變化的。就因為具備這樣的特性，隨機訊號並沒有辦法以一個確定的數學函數來表示，亦無法畫出唯一的波形圖。工程上常見到的「雜訊(noise)」就是一種隨機訊號。

　　　　雖然可採用上述可預知的特性將訊號明確定義出確定與隨機訊號，然而，在現實生活中「確定(Determiministic)訊號」其實是不存在的，所有的訊號皆為隨機訊號。心電訊號(ECG)即為一個實例，如圖 1.9。

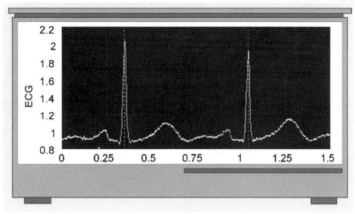

圖 1.9 心電訊號(ECG)

　　又雖然現實中的訊號都是不確定的，但為了要能夠對這些訊號進行分析，工程上會利用一些方法或手段，將隨機訊號近似於確定訊號後，再以數學模型加以分析處理。本書將針對對於確定訊號如何藉由數學模型加以分析處理說明，至於什麼樣的設計能夠將隨機訊號近似於確定訊號，在此便不特別做介紹，

　　在前面曾提到，隨機訊號的一個例子便是「雜訊」。在實際物理世界中所量測到的訊號中，都無法避免掉雜訊的干擾，只能利用方法將雜訊對訊號的影響降到最低。因此，當我們利用電腦產生模擬訊號時，若能加入適當的雜訊，將可以使模擬出來的結果更貼切實際的狀況。

　　下面本書將說明如何利用 LabVIEW 來產生雜訊。請依照圖 1.10 的程式方塊圖所示從 LabVIEW 的 Function Palette 上拉出需要的 Icon 吧！

程式設計方法(依步驟)
● 人機介面(Front Panel)

1. Express→Graph Indicators→Waveform Graph (Controls-Graph)新增一個波形圖，此波形圖用來顯示我們所產生的訊號波形。

● 程式方塊圖(Block Diagram)

1. Signal Processing → Signal Generation → Periodic Random Noise，我們可以在這個面板上看到許多不同的雜訊，在這個範例中，我們選擇 Periodic Random Noise 這個 icon 來產生一個週期的隨機雜訊。

圖 1.10 ex 1-3 random noise.vi (Block Diagram)

執行程式看看，是不是得到一個亂七八糟的隨機訊號呢？

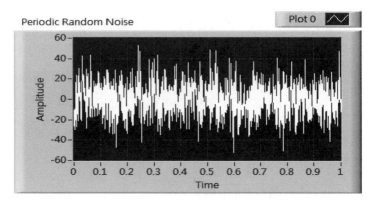

圖 1.10b ex 1-3 random noise.vi (Front Panel)

習作 1-3 結束

習作 **1-4** 淺談能量訊號與功率訊號

目標：了解能量訊號與功率訊號的不同及其意義。

在探討什麼是能量訊號及什麼是功率訊號前，必須先了解訊號的總能量(Total Energy)及平均功率(Average Power)，而關於總能量與平均功率之說明，則可參照定義如下：

針對連續時間訊號 $x(t)$

總能量：

$$E = \int_{-\infty}^{\infty} |x(t)|^2 dt$$

平均功率：

$$P = \lim_{T \to \infty} \frac{1}{T} \int_{-\frac{T}{2}}^{\frac{T}{2}} |x(t)|^2 dt$$

針對離散時間訊號 $x[n]$

總能量：

$$E = \sum_{n=-\infty}^{\infty} |x[n]|^2$$

平均功率：

$$P = \lim_{N \to \infty} \frac{1}{2N+1} \sum_{n=-N}^{N} |x[n]|^2$$

了解如何計算訊號的總能量及平均功率後，就可以利用它們分別定義能量訊號及功率訊號：

1. 能量訊號

倘若一訊號的總能量 E 是一個有限的值且平均功率 P 為零時，稱之為「能量訊號」。亦即滿足：

$$0 < E < \infty \quad 且 \quad P = 0$$

2. 功率訊號

倘若一訊號的平均功率 P 是一個有限的值且總能量 E 為無窮大時，稱之為「功率訊號」。亦即滿足：

$$E = \infty \quad 且 \quad 0 < P < \infty$$

值得注意的是，假若有一訊號不在上述兩個定義中，則該訊號可以既不是能量訊號亦非功率訊號。雖然至目前還沒介紹到週期性訊號與非週期性訊號的特性，然而可以先提及的是，所有的週期訊號皆屬於能量訊號，而非週期性訊號則可以是能量訊號也可以是功率訊號。至於原因為何，就到後面再慢慢體會吧。

習作 **1-4** 結束

習作 **1-5**　奇訊號與偶訊號

目標：了解奇訊號與偶訊號的不同及其定義。

一個訊號若屬於偶訊號則必須滿足 $x(-t) = x(t)$ 特性，若為奇訊號的話則必須滿足 $x(-t) = -x(t)$ 之特性。

連續時間訊號：

偶訊號：$x(-t) = x(t)$

奇訊號：$x(-t) = -x(t)$

離散時間訊號：

偶訊號：$x[-n] = x[n]$

奇訊號：$x[-n] = -x[n]$

值得注意的是，若為奇訊號，則在 $t = 0$ 或 $n = 0$ 時的值必需是 0。讀者可以用 $t = 1$ 和 $t = 0$ 來做比較：當 $t = 1$ 時，$x(-1) = -x(1)$，這個式子是沒問題的，式子的意思是說x = −1時的值為 $x = 1$ 時的值取負號；然而，當假設 $x(t)$ 在 $t = 0$ 時為 1，即$x(0) = 1$，若要滿足奇訊號的條件，則 $x(-0) = x(0) = -1$，但$x(-0)$ 和 $x(0)$ 其實是同樣的一點，怎麼能為 1 又為 -1 呢？由於在 $t = 0$ 時會有這樣互相矛頓的現象，故在應用上一般會特別定義當 $t = 0$ 時，時 $x(t)$ 也必須等於零才可以，如下式：

$$x(0) = -x(0) = 0$$
$$x[0] = -x[0] = 0$$

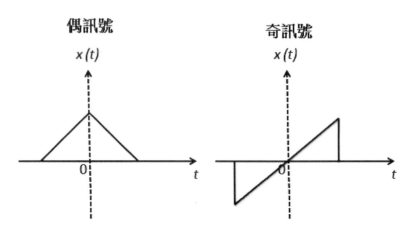

圖 1.11 奇訊號與偶訊號之幾何意義

因此在可以知道在幾何上即如圖 1.11 所示，偶訊號會對 y 軸對稱；而奇訊號則會對原點對稱。

習作 **1-5** 結束

問題與討論

1. 請在現實生活中找尋訊號的例子，並一一說明。

2. 請問「連續時間訊號」與「離散時間訊號」的不同之處為何，請詳細說明並舉例。

3. 請問「類比訊號」與「數位訊號」的不同之處為何，請詳細說明並舉出生活上的應用。

4. 請問為什麼電腦的世界中，連續時間訊號是不存在的呢？

5. 何謂「取樣」？

6. 何謂「量化」？

7. 請說明「數位化」的過程及步驟為何？

8. 請問「確定訊號」與「隨機訊號」的不同之處為何，請詳細說明並舉例。

9. 請問「能量訊號」與「功率訊號」的不同之處為何，請詳細說明並舉例。

2 第二章

本章節將循序介紹各種常見的訊號描述方式，並介紹訊號的基本特性，以及處理訊號時常用的基本運算，文中將使用LabVIEW程式設計為例幫助初學者快速了解訊號的基本知識與意涵。

G oal 目標

• 瞭解訊號的基本特性；
• 瞭解針對訊號的基本運算方式；

K ey 關鍵名詞

• 運算 (Manipulation)
• 諧波 (Harmonics)

簡介

 在簡單介紹過訊號的定義及分類後，接下來將介紹如何藉由數學式子去描述訊號的特性及運算。在處理訊號的過程中為了方便且清楚地解析訊號，常會將訊號以數學函式的方式表達，其中可以是一個或多個自變數所構成之函數，而自變數可以是時間、距離、位置、溫度或壓力等，且可以是單一變數甚至是多個變數的函數，以下將舉幾個例子：

1. 一維訊號(1 Dimensional)
 一維訊號指的是由單一自變數函數所構成之訊號，下圖表示空間中某個點上空氣壓力對時間的函數的語音訊號波形，由於函式僅有唯一一個自變數為「時間」，故本身即是一維訊號的一個例子。

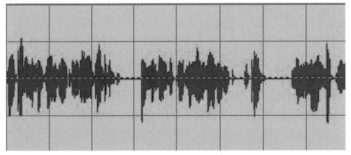

圖 2.1 語音訊號波型

2. 多維訊號(Multi-Dimensional)

多維訊號指的是由多自變數函數所構成之訊號，如下圖的灰階照片，以兩個空間座標 x 與 y 作為自變數來定義其畫面上每一點的色彩明亮度。其變數即為空間座標中的 x 和 y，應變數為明亮度，就是一個二維訊號的例子。

圖 2.1b 二維訊號：以灰階照片為例

現實生活中大部分的訊號皆是多自變數函式所構成之訊號，接著要舉的例子是灰階視訊影像，其原理是利用一張張黑白照片連續播放而組成的，也就是說每一個像格其實就是一個二維影像訊號，依續在某個時間點 t 產生，因此，黑白視訊影像即可加上時間軸 t，被視為一個自變數為空間座標中的(x,y)和時間變數 t 的三維訊號。

由上段的敘述不難了解，一廣義化定義之訊號可以是任何自變數之函數，然而本書將把焦點放在以時間為主的單一獨立變數訊號上，因此在下面的章節中，將以「時間訊號」為討論重點。而如何藉由數學描述時間訊號，則將在下一節開始介紹。

習作 2-1　　訊號的基本運算

目標：簡單說明訊號運算的意義與介紹接下來章節即將探討的內容。

　　　　幫助讀者學習如何對訊號與系統利用數學的方式進行解析是本書相當重要的任務，又因為信號在進行傳輸或處理的過程，可被視作是對訊號的本身做修正或轉換的過程。因此在進入更複雜的訊號討論前，本節將先介紹幾個訊號最基本的運算和轉換方式。

　　　　在上一章曾提到，時間訊號可以用數學函數或波形來表示，因此對於訊號進行基本運算時，同樣的也可以藉由對其數學函數或波形運算來進行。為了簡單的了解訊號之基本運算，以下的討論都將訊號表示為一個以時間為獨立變數之數學函數：

連續時間訊號：

$$y(t) = x(t) \quad , \quad t \in R \text{ (}t\text{為任意數)}$$

離散時間訊號：

$$y[n] = x[n] \quad , \quad n \in Z \text{ (}n\text{為整數)}$$

　　　　一般常見到的基本運算有下列，比例縮放、加法運算、乘積運算、微分和積分運算、時間縮放(Time Scaling)、時間反轉(Time Reversed)和時間偏移(Time Shifting)這幾種，且無論是對於連續時間訊號或者是離散時間訊號，皆成立。以下本書將分別介紹每個基本運算之特性。

習作 **2-1** 結束

習作 **2-2**　比例縮放 (Scaling)

目標：說明訊號的比例縮放運算，並藉由程式的實作讓讀者了解其意義。

　　　　比例縮放就是對整個訊號做「放大或縮小」。其數學意義就是將訊號乘上一個常數值 c，稱之比例因子(scaling factor)，當此常數絕對值大於 1 時，則稱此運算爲增幅(amplification)，倘若所乘之常數絕對值小於 1 時，則稱爲衰減(attenuation)。電子式放大器(amplifier)便是執行此種運算的裝置。其定義如下：

連續時間訊號：
$$y(t) = cx(t) \qquad , t \in R \ (t\text{爲任意數})$$

離散時間訊號：
$$y[n] = cx[n] \qquad , n \in Z \ (n\text{爲整數})$$

　　接下來要請讀者利用 LabVIEW 程式實作來練習一下比例縮放的概念。首先，請產生一個連續時間訊號 $x(t) = c \times cos\,(100\pi t)$，接著，調整 c 的值並觀察其效果。圖中紅色波(xxx)是當 $c = 1$時，不難發現綠色波($\cdots$)($|c| > 1$)的振幅比紅色線來的大，這就是增幅；相反的，白色波($\sim$)($|c| < 1$)的振幅比紅色波來得小，稱爲訊號的衰減。離散時間下的情況也是相同，讀者可以打開範例程式來練習(請見：ex 2-2 scaling continuous.vi 與 ex 2-2 scaling discrete.vi)。

連續時間訊號($y(t) = cx(t)$)：

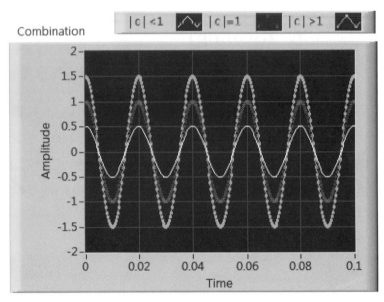

圖　2.2a　連續時間訊號比例縮放

離散時間訊號$(y[n] = cx[n])$：

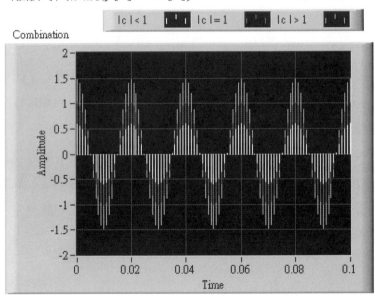

圖　2.2b　離散時間訊號比例縮放

習作 **2-2** 結束

習作 **2-3**　加法運算 (Addition)

目標：說明連續時間訊號及離散時間訊號的加法運算，並藉由 LabVIEW 程式的展示讓讀者了解其意義。

在許多的應用實例中，會需要將兩個或更多的訊號源「相加」以得到一個新的訊號，音響的混音器便是一個例子，它可將語音訊號及音樂訊號連結再一起，得到另一個新的訊號。數學上可透過訊號函式的相加，來達到此結果。定義如下：

連續時間訊號：

$$y(t) = x_1(t) + x_2(t)$$

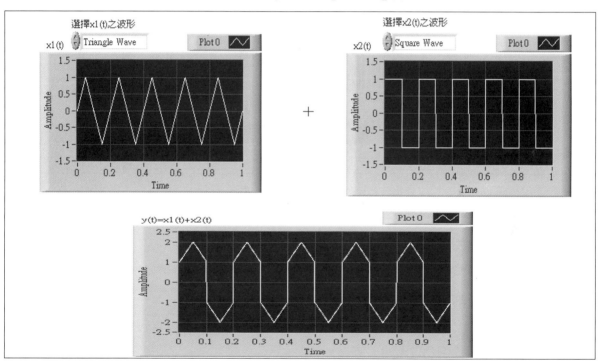

圖 2.3a 連續時間訊號加法運算

離散時間訊號：

$$y[n] = x_1[n] + x_2[n]$$

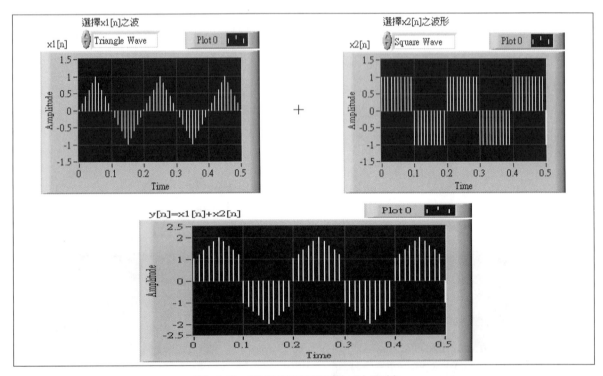

圖 2.3b 離散時間訊號加法運算

程式範例檔請見：

ex 2-3 addition continuous.vi

ex 2-3 addition discrete.vi

看出其中的意義了嗎？

習作 **2-3** 結束

習作 **2-4**　乘積運算 (Multiplication)

目標：說明連續時間訊號及離散時間訊號的乘積運算，並藉由 LabVIEW 程式的展示讓讀
　　　者了解其意義。

乘積運算又稱為調變(modulation)，除了上述將不同的訊號相加之外，
還可以透過訊號源相乘而來得到新的訊號。振幅調變也可簡稱為調幅
AM(Amplitude Modulation)，就是一個將訊號與載波訊號相乘產生新訊號
的結果，調幅無線電訊號就是一個實際的例子。

連續時間訊號下：

$$y(t) = x_1(t) \times x_2(t)$$

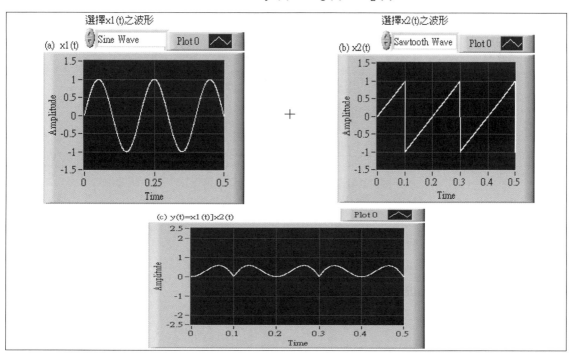

圖 2.4a 連續時間訊號乘法運算

離散時間訊號下：

$$y[n] = x_1[n] \times x_2[n]$$

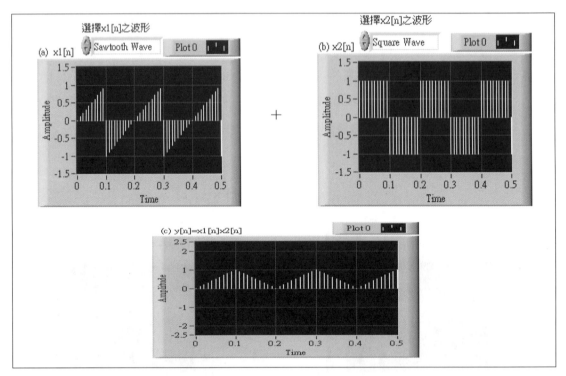

圖 2.4b 離散時間訊號乘法運算

程式範例檔請見：

ex 2-4 multiplication continuous.vi

ex 2-4 multiplication discrete.vi

看出其中的意義了嗎？

習作 **2-4** 結束

習作 **2-5** 微分和積分運算(Differentiation &Integration)

目標：介紹連續時間訊號及離散時間下訊號的微分與積分運算。

訊號的微分和積分也是在處理訊號過程中常見基本運算。其定義如下：

微分運算

訊號的微分運算指的是訊號對時間取導數的結果。在連續時間下即是$x(t)$對 t 取導數；離散時間則是 n 為整數條件下，取$x[n]$差分。

連續時間訊號：

$$y(t) = \frac{dx(t)}{dt}$$

積分運算

訊號的微分運算指的是訊號對時間取導數的結果。在連續時間下即是$x(t)$對 t 取反導數；離散時間則是 n 為整數條件下，取$x[n]$總和。

連續時間訊號：

$$y(t) = \int_{-\infty}^{t} x(\tau)\, d\tau$$

習作 **2-5** 結束

習作 2-6   時間縮放(Time Scaling)

目標：說明連續時間訊號及離散時間訊號的時間縮放運算，並藉由 LabVIEW 程式的展示
讓讀者了解其意義。

　　時間縮放就是調整訊號的時間比例，也可以解釋成訊號時間刻度的轉
換。當訊號時間 t 乘上一個常數 a 時，可得到訊號「壓縮」或「拉長」的
結果，當 a 大於 1 時，t 會變成原本的 $1/a$，此時時間刻度變小，等於訊
號被壓縮；當 a 介於 0 到 1 之間時，t 會變成原本的 a 倍，時間刻度變大，
意即訊號被拉長。舉例來說，倘若 x(t)代表的是聲音訊號，則 $x(2t)$便是
將時間變成原本的 1/2，聲音被壓縮變快，播放速度將比原本的聲音快兩
倍，相反的若將原先的聲音訊號變成 $x(\frac{1}{2}t)$，則時間變為 2 倍，聲音被拉
長變慢，此時聲音只能以原先一半的速度播放，連續時間訊號：
$y(t) = x(at)$，離散時間訊號：$y[n] = x[an]$。

從下圖中可發現，當 $a>1$ 時，經過一個完整波形的時間會變短，而當
$0<a<1$ 時，則需要更多的時間才能有一個完整的波形

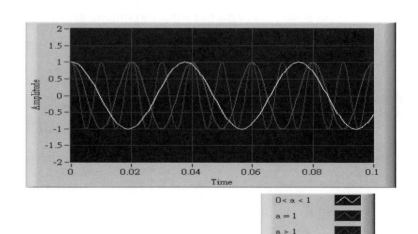

圖 2.6 ex 2-6 time scaling continuous.vi (Front Panel)

習作 **2-6** 結束

習作 2-7　時間反轉(Time reversal)

目標：說明連續時間訊號及離散時間訊號的時間反轉運算，並藉由 LabVIEW 程式的展示讓讀者了解其意義。

時間反轉是一種訊號在時間軸上上的轉換。當將連續時間訊號之時間 t 以 $-t$ 取代，$x(-t)$ 是 $x(t)$ 以時間 $t = 0$ 為軸反轉；同理，若是離散時間訊號則 n 以 $-n$ 取代，意即 $x[-n]$ 是 $x[n]$ 以 $n = 0$ 為軸反轉。將訊號以時間軸反轉，好比聲音訊號原本是從頭播放到尾，經反轉後將由最後往前播放。其定義如下：

連續時間訊號：$y(t) = x(-t)$

離散時間訊號：$y[n] = x[-n]$

特別值得注意的是，第一章習作 1-5 時介紹的奇訊號與偶訊號即是藉由時間反轉運算來定義的：

1. 假如 $x(-t) = x(t)$，即訊號經反轉後並沒有改變，與原先訊號相同，稱之為偶訊號。
2. 假如 $x(-t) = -x(t)$，即經反轉後訊號將變成原本訊號加上負號的話，稱之為奇訊號。

無論是連續時間訊號或是離散時間訊號都符合以上的定義，接下來要介紹的是如何以 LabVIEW 程式設計來展示時間反轉運算。

請依照下面步驟完成此範例程式。

程式設計方法(依步驟)

- 人機介面(Front Panel)

1. Express→Graph Indicators→Waveform Graph (Controls-Graph)新增兩個波形圖。

- 程式方塊圖(Block Diagram)

1. Programming→Structures→MathScript Node 新增數學函數運算元。在這個範例中我們利用 sawtooth()這個函數來產生一個波形。將輸出 y1 和 y2 連接到 Front Panel 上的 Waveform Graph

2. Programming→Structures→While Loop 令程式持續執行。

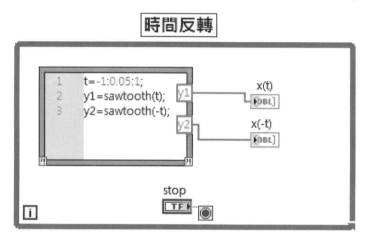

圖 2.7a ex 2-7 time reversal.vi (Block Diagram)

執行結果:

離散時間下的時間反轉 $y[n] = x[-n]$ (左為 $x[n]$,右為 $x[-n]$)

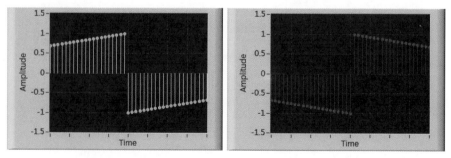

圖 2.7b ex 2-7 time reversal.vi (Front Panel)

習作 2-7 結束

習作 **2-8**　時間偏移(Time Shifting)

目標：說明連續時間訊號及離散時間訊號的時間偏移運算，並藉由 LabVIEW 程式的展示
讓讀者了解其意義。

訊號於時間軸之偏移是訊號處理過程中常見的轉換。可由下式表示：

連續時間訊號：$y(t) = x(t - t_0)$
離散時間訊號：$y[n] = x[n - n_0]$

上面的式子中的　t_0　和　n_0　即是訊號時間偏移的量，值得注意的是，雖然
訊號的位置有改變，但偏移前後之訊號大小、形狀則維持不變。其特性
整理如下：

1. 當$t_0 > 0$時，$y(t)$是$x(t)$沿著時間軸向右平移t_0的結果，稱之為訊號的
   延遲運算(delay)，即x(t)的每一點將延遲出現在$x(t - t_0)$上。
2. 當$t_0 < 0$時，$y(t)$是$x(t)$沿著時間軸向左平移t_0的結果，稱之為訊號的
   提前運算(advance)，即$x(t)$的每一點將提前出現在$x(t - t_0)$上。

上面所敘述之特性在離散時間情況下同樣也成立。以下將利用一
LabVIEW 程式展示時間偏移的意義。

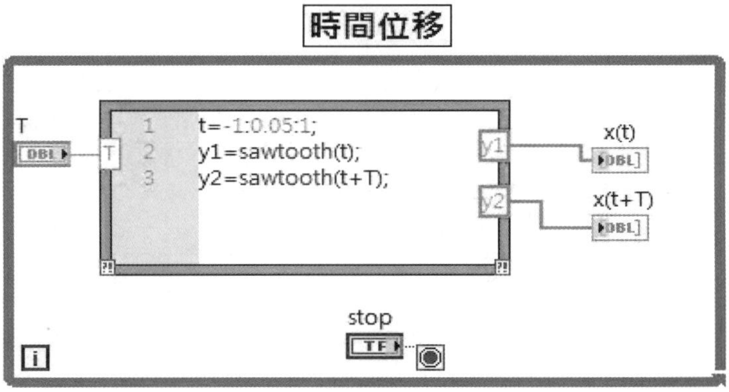

圖 2.8a ex 2-8 time shifting.vi (Block Diagram)

程式設計方法(依步驟)

- 人機介面(Front Panel)

1. Express→Graph Indicators→Waveform Graph (Controls-Graph)新增兩個波形圖。

2. Express→Numeric Control→Horizontal Pointer Slide，新增一個控制調

- 程式方塊圖(Block Diagram)

1. Programming→Structures→MathScript Node 新增數學函數運算元。在這個範例中我們利用 Sawtooth 這個函數來產生一個波形。將輸出 y1 和 y2 連接到 Front Panel 上的 Waveform Graph，這邊與前一個練習不同的是，我們將函數的時間變數加上一個 T 的變數，並將 T 的輸入端與 Front Panel 的控制調連接

2. Programming→Structures→While Loop 令程式持續執行。

執行結果：從下圖的執行結果中，可以看到，當 $T<0$ 時，訊號的波形整個往右邊移動。

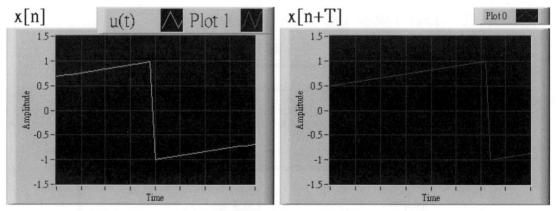

圖 2.8b ex 2-8 time shifting.vi (Front Panel)

習作 **2-8** 結束

習作 **2-9**　奇偶訊號之特性

目標：說明訊號如何能被拆解為奇偶訊號的組成，藉由公式的推導增加讀者概念。

奇偶分解

　　還記得第一章習作 1-5 曾提過的奇訊號與偶訊號嗎？其實現實生活中任何的訊號皆為偶訊號及奇訊號所構成，而其中偶訊號與奇訊號的組成則被稱為該訊號的「偶部」與「奇部」，亦即對於任一訊號而言，都可用奇偶函數的定義對其做分解，定義如下：

連續時間訊號：

$$x(t) = x(t)_{even} + x(t)_{odd}$$

離散時間訊號：

$$x[n] = x[n]_{even} + x[n]_{odd}$$

　　接下來則要說明如何以連續時間訊號為例證明上面的式子成立。首先，以 $t = -t$ 代入當等式中可得到：

$$x(-t) = x(-t)_{even} + x(-t)_{odd}$$

　　利用奇偶函數之定義將 $x(-t)_{even}$ 以 $x(t)_{even}$ 取代，$x(-t)_{odd}$ 以 $-x(t)_{odd}$ 取代後可得連立方程式：

$$x(t) = x(t)_{even} + x(t)_{odd}$$
$$x(-t) = x(t)_{even} - x(t)_{odd}$$

解開方程式後，可以得到一訊號經過奇偶分解後，其奇部與偶部分別為：

$$x(t)_{even} = \frac{1}{2}[x(t) + x(-t)]$$
$$x(t)_{odd} = \frac{1}{2}[x(t) - x(-t)]$$

共軛對稱

奇偶訊號的另一特性為共軛對稱。定義為，若一個複數訊號符合 $x(-t) = x^*(t)$，稱之為共軛對稱。其中，複數訊號指的是一個由實部與虛部所組成之訊號。以下將證明共軛對稱之特性：

令複數訊號 $x(t)$ 之數學函式為：$x(t) = a(t) + jb(t)$
其共軛複數的定義為：$x^*(t) = a(t) - jb(t)$

將 $t = -t$ 代入複數訊號 $x(t)$之數學函式中，得到：

$$x(-t) = a(-t) + jb(-t)$$

此時，假如 $x(t)$ 之實部為偶函數的話，則 $a(-t) = a(t)$；又若$x(t)$ 之虛部為奇函數的話，可知道 $b(-t) = -b(t)$。將其代入上式後，便可以得到：

$$x(-t) = a(-t) + jb(-t)$$
$$= a(t) - jb(t)$$
$$= x^*(t)$$

若一訊號符合上述之條件，稱為共軛對稱。

習作 **2-9** 結束

習作 **2-10** 訊號的週期性與諧波

目標：分別說明諧波及在連續時間及離散時間下訊號的周期性。

訊號的周期性指的是說，假如一個訊號經過 T_0 的時間偏移後，其性質仍不改變，這邊指的是除了時間偏移外，訊號的振幅、波長等性質均無改變，稱這樣的訊號為「週期性訊號」，數學定義如下：

$$x(t) = x(t + T_0)$$

滿足上式條件之 T 值，稱為訊號的週期，即 $x(t)$ 經歷一個循環所需要的時間。若此 T 值同時是訊號 $x(t)$ 歷經一個完整循環所需的「最小時間」的話，則稱 T 為訊號之基本週期，以 T_0 來表示。因此可以知道訊號 $x(t)$ 的週期 T 可以為基本週期 T_0 的任何整數倍，亦即 $2T_0$、$3T_0$、...、mT_0。因此可將上式改寫為：

$$x(t) = x(t + mT_0)$$

若找不出滿足 $x(t) = x(t + mT_0)$ 的 T_0，則為「非週期性訊號」。

諧波**(Harmonics)**

諧波是指頻率為其基本波頻率的整數倍的訊號，與音樂上常用之諧波意思相同，設一訊號基本頻率為 f，其諧波之頻率則為 $2f$、$3f$、$4f$ 以此類推，稱為「整數倍諧波」，依頻率不同可做為以下分類：

1. 偶諧波(Even harmonics)：當頻率為基本頻率的偶數倍時，稱之為偶斜波，即 $2f$、$4f$、$6f$...。
2. 奇諧波(Odd harmonics)：當頻率為基本頻率的偶數倍時，稱之為偶斜波，即 $1f$、$3f$、$5f$...。
3. Sub-harmonics：當頻率為基本頻率的 $1/x$ 時，稱之為 sub-harmonic，假若基本頻率為 440Hz，則其 Sub-harmonic 包含 220Hz $((1/2)f)$ 和 110Hz $((1/4)f)$ 等頻率。

習作 **2-10** 結束

習作 **2-11**　　訊號的描述 ─ 時域 vs. 頻域

目標：說明訊號的時域表示法與頻域表示法之不同及其意義。

　　　　對一個訊號的描述，就如對任何一個事物的描述一樣，可以從不同的角度出發，例如在描述一個人時，可以從它的身高、體重、性別等不同特徵來描述。舉例來說，我們可以說某甲是一個身高 163 公分的人，也可以說某甲是一個體重 53 公斤的人，或是我們可以描述某甲是個女生，就如同上面所說，這三種不同的描述都是正確無誤的，雖然描述過程不相同，然而全都是某甲的特徵。因此，就一個訊號而言，也如同人一樣有許多不同的特徵，所以當在描述訊號的時候，也可以根據其不同的特徵來做不同的描述。

　　　　一般對於訊號較常見的描述方式有兩種，一種稱為「時域(Time Domain)」，指的是描述訊號隨著時間變化的特性；另一種稱為「頻域(Frequency Domain)」，指的則是這個訊號是由哪些頻率所組成時，就可以用頻率的方式來描述該訊號。

　　　　不同的表示方法，就可從不同角度檢視多樣化的特性，舉例而言，一般從頻域的表示中可知，訊號在頻域的哪個頻率上有能量，但是此一資訊是無法直接由時域表示中獲得的。相反的，在時域的表示中，可得知訊號的最大值與最小值，然而在頻域的表示中此一資訊卻是非常不容易獲得。因此，唯有熟悉此兩種不同的描述方式，才可以有效率的分析及處理訊號。關於此兩種表示方式的詳細特性及轉換方式，將在第三部分的章節討論。

習作 **2-11** 結束

問題與討論

下為 $x(t)$ 之波形圖，利用訊號基本運算的特性畫出相對應的波形

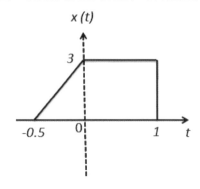

1. 利用時間倒轉特性畫出 $x(-t)$

2. 利用時間偏移特性畫出

   A. $x(t + 1)$

   B. $x(t - 0.7)$

3. 利用比例縮放的特性畫出

   A. $3x(t)$

   B. $1.5x(t)$

   C. $2/3x(t)$

4. 利用時間縮放的特性畫出

   A. $x(3t)$

   B. $x(1.5t)$

   C. $x(2/3t)$

5. 挑戰題 利用上述特性畫出下列波形

   A. $x(t + 1/2)$

   B. $x(1.5t - 2)$

   C. $x(-2t + 1)$

   D. $1.5x(-1.5t + 1.5)$

3 第三章

本章節將介紹常見的基本訊號 ─ 「弦波訊號」，並深入探討各種
函數所產生之弦波訊號之特性。弦波訊號為許多應用之基礎，本
書會介紹如何LabVIEW中各種的訊號產生方法，讓使用者能夠藉
由實作模擬訊號的方式增加對本章節內容的了解。

Goal 目標

- 瞭解不同函數所產生之弦波訊號；
- 瞭解弦波訊號之週期特性；

Key 關鍵名詞

- 正弦訊號
- 指數訊號
- 週期性

常見的基本訊號
(一)-弦波訊號

3

　　本章節將介紹以弦波訊號為主的幾種常見的基本訊號。前面章節曾提到，為了能更清楚的解釋並分析訊號，實務面上會將訊號以數學的方式表示，因此接下來本書將會藉由對一些常見的數學函式的探討，帶領讀者了解基本的弦波訊號的特性及意涵。

習作 3-1　正弦訊號(Sinusoidal signal)

目標：說明何謂正弦訊號，並藉由程式範例撰寫教學讓讀者學會如何透過 LabVIEW 程式
實作來模擬所要的訊號。

正弦訊號是最常見之基本訊號，現實生活中所有訊號皆可表示成弦
波訊號之線性組合，因此，在介紹其它訊號以前，本節將先為讀者介紹
正弦訊號的表示法及其基本特性。

在訊號的世界中，常以三角函數中的正弦函數(sin)及餘弦函數(cos)來
表示，由於這兩種弦波訊號只有相位上的差別(兩者相位相差$90°(\frac{\pi}{2})$) ，
其餘性質並無不同，因此在討論訊號的時候正弦函數及餘弦函數所表示
的訊號一律都稱為「正弦訊號」。本節將以餘弦函數(cos)來說明正弦訊
號的特性。

連續時間下之正弦訊號，常以下式來描述：

$$x(t) = Acos(\omega t + \varphi)$$

其中，A 為訊號之振幅大小；ω 為角頻率，單位是每秒多少弳度
(radians/s)；φ 為初始相位，亦即當 $t = 0$時之相角，單位為弳度(radians)。
在這邊特別說明的是，角頻率 $\omega = 2\pi f$，其中f為訊號之頻率，單位是赫
茲(Hz)。

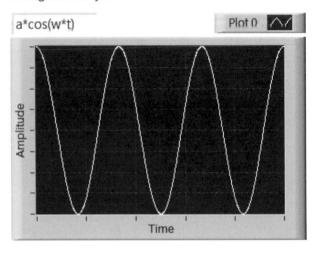

圖 3.1a $x(t) = A\cos(\omega t + 0)$

週期性

前段曾提到正弦訊號是一週期訊號，但在習作 2-10 曾提過週期訊號需要被證明，故以下即利用週期性訊號之特性來證明連續時間之正弦訊號具週期性。證明過程如下：

首先，假設正弦訊號 $x(t)$ 是一個週期性訊號，且 $x(t)$ 的週期為 T，依據週期的定義可知 $T = \frac{2\pi}{\omega}$，，因此代入下式：

$$x(t + T) = A\cos(\omega(t + T) + \varphi)$$
$$= A\cos(\omega t + \omega T + \varphi)$$
$$= A\cos(\omega t + \omega \frac{2\pi}{\omega} + \varphi)$$
$$= A\cos(\omega t + 2\pi + \varphi)$$
$$= A\cos(\omega t + \varphi)$$
$$= x(t)$$

從上式的推導不難發現 $x(t + T) = x(t)$，符合週期性訊號的要件，故可稱「連續時間下之弦波訊號為一週期性訊號」。

離散時間之正弦訊號：

離散時間下之正弦訊號，常以下式來描述：

$$x[n] = A\cos(\Omega n + \varphi)$$

與連續時間之正弦訊號相同，其中，A 為訊號之振幅大小; Ω 為數位化**角頻率**，單位是每秒多少弧度(radians/s)，且 $\Omega = 2\pi F = \dfrac{2\pi f}{f_s}$，其中$f$為訊號之頻率、$f_s$為取樣頻率(Sampling Rate, 每秒擷取多少樣本，為取樣周期 T_s 的倒數)、$F = \dfrac{f}{f_s}$為數位化頻率；φ為初始相位，亦即當 $t = 0$ 時之相角，單位為弧度(radians)。然而在這邊提醒讀者的是，離散時間之 n 值必須是整數。上述導入許多符號，我們在此先彙整一下，分別採用文字與數學符號表式，如下：

	時域 (Time Domain)	頻域 (Frequency Domain)
取樣 (Sampling)	取樣週期 (Sampling Period) 一個樣本為多少秒 (second / Sample, s/S)	取樣速率 (Sampling Rate) 每秒多少樣本 (Sample/second, S/s)
類比 (Analog)	秒 (second, sec)	頻率；角頻率
數位 (Digital)	次 (Time, time)	數位頻率；數位角頻率

	時域 (Time Domain)	頻域 (Frequency Domain)
取樣	T_s	$f_s = \dfrac{1}{T_s}$
類比	t	f ; $\omega = 2\pi f$
數位	n	$F = \dfrac{f}{f_s}$; $\Omega = 2\pi F = \dfrac{2\pi f}{f_s}$

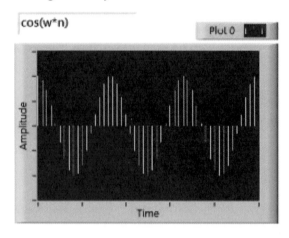

圖 3.1b $x[n] = Acos(\Omega n)$

週期性

　　然而，離散時間之正弦訊號與連續時間之正弦訊號有很大的不同的是，在任何情況下連續時間之正弦訊號都是一個週期性訊號，然而在離散時間下之正弦訊號卻不一定是一週期性訊號。爲什麼呢？以下將以一證明來爲讀者解釋：

　　假設此離散時間之正弦訊號是一週期性訊號的話，就會有一個週期 N，滿足下面情況：(由於爲離散時間之狀況，因此週期 N 與 n 相同必須爲整數)

$$x[n + N] = x[n]$$

將等式的左半部展開後得到：

$$x[n + N] = Acos(\Omega(n + N) + \varphi)$$
$$= Acos(\Omega n + \Omega N + \varphi)$$

由式子中可以得知，只有在 ΩN 等於 2π 的整數倍時，才有可能使得 $x[n + N] = x[n]$ 成立，亦即：

$$\Omega N = 2\pi m \ (radians) \ m \in Z, N \in Z$$

或

$$\Omega = \frac{2\pi m}{N} \left(\frac{radians}{cycle}\right) \quad m \in Z, N \in Z$$

故與連續時間情況不同的是，離散時間之正弦訊號只有在 $\Omega = \frac{2\pi m}{N}$ 且 $m \in Z, N \in Z$ 時才是週期性的訊號。

在此要再介紹一個分辨離散時間之正弦訊號是否爲週期性訊號的小技巧。從上面的推論不難發現 $x[n]$ 之角頻率 $\Omega = \frac{2\pi m}{N}$，其中 m 和 N 皆爲整數，故可以確定 $\frac{2m}{N}$ 必爲有理數，故：

$$\Omega = \frac{2\pi m}{N} = \pi \left(\frac{2m}{N}\right) = \pi R$$

其中 $R = \frac{2m}{N}$ 必爲有理數，因此可以知道 Ω 必有一個π之因子。由此可知，當在判斷離散時間之正弦訊號 $x[n]$ 是否具週期性時，只要判斷 Ω 是否爲 π 的有理數倍數，即可知其是否具周期性，例如：

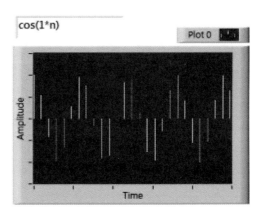

圖 3.1c(a) $x[n] = cos(n)$

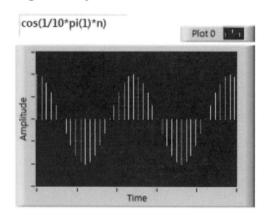

圖 3.1c(b) $x[n] = cos(0.1\pi n)$

在圖 3.1c(a)中的波形不具週期性；圖 3.1c (b)則有循環性之週期。

以下以一個簡易的 LabVIEW 範例程式來進行展示，幫助讀者學會如何使用 LabVIEW 產生如圖 3.1c 的正弦訊號。

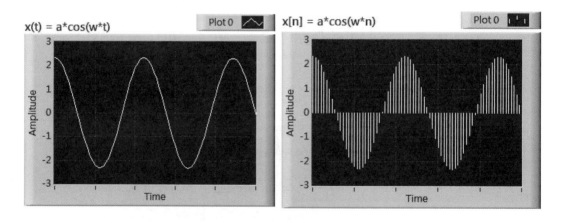

圖 3.1d(a) ex 3-1 sinusoidal signal.vi (Front Panel: Graph)

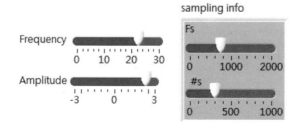

圖 3.1d(b) ex 3-1 sinusoidal signal.vi (Front Panel: Control)

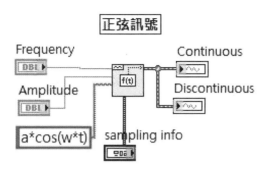

圖　3.1d(c) ex 3-1 sinusoidal signal.vi (Block Diagram)

程式設計方法(依步驟)

● 人機介面 (Front Panel)

1. Express→Numeric Controls→Pointer Slide(Horizontal Pointer Slide)新增兩個控制條作爲 Frequency 和 Amplitude 的控制。

2. Express→Graph Indicators→Waveform Graph (Controls-Graph)新增兩個波形圖，分別用來顯示連續時間和離散時間的狀況。這邊要注意的是，在顯示離散時間波形的那面板上，點選 Plot Legend，選擇 Common Plot 中的 comb (第二排中間)，改變顯示方式。

● 程式方塊圖(Block Diagram)

1. Signal Processing→Waveform generation→Formula Waveform 新增方程式波形產生器，我們先前的兩個控制條與接上，並在 formula 的地方新增一個 constant 用來輸入要用來產生訊號的函數。 最後將輸出端分別接上 Waveform graph，便能產生正弦訊號的波形了。

習作 **3-1** 結束

習作 **3-2**　指數訊號

目標：說明指數訊號在數學上的基本定義

　　　　指數訊號是一個相當重要的基本訊號，無論在連續時間或離散時間的狀況下，指數訊號與正弦訊號一樣，都是許多訊號的基礎，因此接下來要分別介紹的，便是連續時間及離散時間下指數訊號的表示方式。

連續時間之指數訊號：

$$x(t) = Be^{at}$$

離散時間之指數訊號：

$$x[n] = C\gamma^n$$

其中 $\gamma = e^\alpha$，故：

$$x[n] = Ce^{\alpha n}$$

值得一提的是，連續時間之指數訊號中的變數 B 和 a 常以複數的型式出現。且在離散時間下的狀況也類似，其中的 C、γ 及 α 也可以是複數型態。

由於指數訊號中的變數多以複數的型態出現，為了要幫助讀者更快的了解各種指數訊號，下面一節將簡單的複習一下複數(Complex Number)的表示法以及性質。

習作 **3-2** 結束

習作 3-3　複數 (Complex Number)及正交(Orthogonal)

目標：複習複數的表示法及其性質、正交的意義。

挑起高中時代的記憶，本節要先帶讀者回顧一下複數的基本特性。在數學上，常將複數 z 以直角坐標系(笛卡兒座標系)的方式來表示如下：

$$z = x + iy$$

其中 x 和 y 皆為實數，分別為複數 z 之實部(Real part)與虛部(Imaginary Part)，共同將 z 表示成直角座標上的一個點。

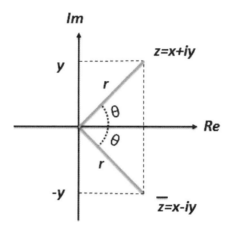

圖 3.3　由複數所構成之直角坐標系(藉 x, y 實數直接定義)

此外，亦可以將 z 想像成一個繞著單位圓走的點，並根據三角函數之定義，可將 z 改寫成寫成：

$$x = r\cos\theta \; ; y = r\sin\theta$$
$$r = |z| = \sqrt{x^2 + y^2}$$
$$\theta = tan^{-1}\frac{y}{x} = \angle z$$

其中 r 為 z 的振幅強度(亦可以稱作圓的半徑)；θ 為 z 之相角(phase)，也稱之相位。因此複數 z 經過整理後可寫成下面之等式：

$$z = x + iy = r\cos\theta + ir\sin\theta$$
$$= r(\cos\theta + i\sin\theta)$$
$$x = r\cos\theta = Re\{z\} \;(實部)；$$
$$y = r\sin\theta = Im\{z\} \;(虛部)$$

尤拉公式

十八世紀瑞士數學家和物理學家萊昂哈德·尤拉（Leonhard Euler）指出三角函數與複指數之間關係，並定義為**尤拉公式**：$e^{i\theta} = \cos\theta + i\sin\theta$，可用泰勒級數法或微積分法可用來證明，並採用複數平面方式來呈現，則新的座標系表示如下所示：

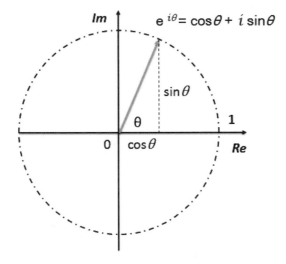

圖 3.3b 由複數所構成之直角坐標系(藉三角函數定義)

其中 r 爲 z 的振幅強度；θ爲 z 之相角(phase)，也可稱爲相位(phase)。然而，在訊號的概念下，θ不會是一個固定不變的值，連續時間情況下，它會隨著 t 的改變而改變，因此亦可將θ寫成 t 之函數，$\theta = \omega t$；此外，在離散時間狀況下，θ依據 n 值的不同而改變，因此寫成$\theta = \Omega n$，其中，ω及Ω分別表示連續時間及離散時間下訊號的角頻率，即每秒繞行多少弳度，單位爲 radian/s。

在這邊不斷談論到的「直角坐標系」，不論是 $z = x + iy$ 還是 $e^{i\theta} = \cos\theta + i\sin\theta$ 所構成的複數平面，其實都包含了「正交」的特性。所謂正交指的是座標系上的各個軸(可爲 N 維)之單位向量內積值爲零，隱含的意思就是變數可被唯一拆解成座標系上各軸單位向量的倍數(以 $e^{i\theta} = \cos\theta + i\sin\theta$ 爲例便是任一 $e^{i\theta}$ 可以被拆解成唯一的 $\cos\theta$ 及 $i\sin\theta$ 來表示)。已知內積公式如下：

$$a \cdot b = \sum_{k=1}^{n} a_k b_k$$

(設 $a = (a_1, a_2, a_3, a_4, a_5 \ldots a_n)$，$b = (b_1, b_2, b_3, b_4, b_5 \ldots b_n)$

已知 Re 軸的單位向量爲(1, 0)，Im 軸爲(0, 1)取其內積，可藉由上式與正交定義證明 $e^{i\theta} = \cos\theta + i\sin\theta$ 具正交性質如下：

$$(1,0) \cdot (0,1) = 1 \times 0 + 0 \times 1 = 0$$

再加上在習作 2-10 在討論訊號周期性時曾提及的諧波概念，所有的訊號就可以被唯一拆解成複指數訊號的組合，稱爲傅立葉表示式。

　　　說到這裡讀者可能會問，為什麼要將訊號拆解成複指數訊號的組合呢？其實這個步驟就如同當今天碰到要形容一個「人」的時候，為了要描述他，可能會用他的「體積」和「體重」來做形容，而當碰到「訊號」時所使用的，則是複指數訊號(Sin、Cos、自然頻率、i)的組合來形容罷了。而各變數(對人的話就是「體積」與「體重」)若具有正交性質，其物理意義所代表的就是這兩個變數的性質「完全不一樣」，就如同人的體積和體重，本來就不能混為一談，是吧？而在正交的前提下，每個人的體積與體重就可以唯一的被表示(每個人只會有一組體積和體重)。

　　　所以，由於前面不斷提到的 $x+iy$ 與 $e^{i\theta}=cos\,\theta+i\,sin\,\theta$ 等亦具正交性質，故所有訊號都可以利用它們的組合唯一的被表示，這也是為何要利用尤拉公式來表示訊號的原因，因為它具正交性，而這樣的表示法對於更進一步的訊號分析時將可以產生莫大的影響與助益。本章接下來將會為讀者進一步建立基礎知識，詳細的拆解方式與應用則會在本書的<u>第三部分(第九章到第十二章)</u>做深入討論。

　　　最後要注意的是，在數學上一般以 i 表示虛數的單位，然而在電子及訊號處理領域中，常以 i 表示電流，故為避免混淆的情形發生，後人亦習慣將訊號中的虛數單位以 j 來表示。

習作 **3-3** 結束

習作 3-4　實指數訊號

目標：說明連續時間及離散時間下的實指數訊號，並藉由 LabVIEW 程式展示讓讀者了解
其定義與意涵。

在習作 3-2 曾討論過，連續時間指數訊號中的變數 B 和 a 及離散時間指數訊號中的 C 和 γ 經常是以複數的形式出現。而「實指數訊號」的定義則是：若連續時間訊號中的 B 和 a 及離散時間訊號中的 C 和 γ 皆是實數，亦指虛部為零的話，即稱此訊號為「實指數訊號」。

連續時間之實指數訊號：

如前面所述，連續時間的指數訊號可表示為：

$$x(t) = Be^{at}$$

若 B 和 a 皆為實數的話，$x(t)$ 稱為連續時間之實指數訊號。其中 B 指的是當 $t = 0$ 時，指數訊號 $x(t)$ 之振幅大小。此外，根據 a 的值的不同，$x(t)$ 會有下列不同的情況發生：

Case 1：當 a 為正數時$(a > 0)$，$x(t)$ 隨 t 的增加成指數遞增。

Case 2：當 a 為負數時$(a < 0)$，$x(t)$ 隨 t 的增加成指數遞減。

Case 3：當 a 為零時 $a = 0$，$x(t) = B$，亦即是任何時間 t 下訊號值皆為常數 B。

其中 Case1 和 Case2 兩種訊號型態，常被用來描述原子彈爆炸或放射線衰減之過程等物理變化的現象。

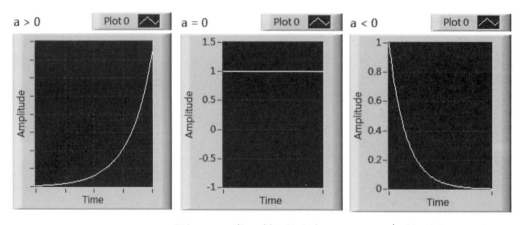

圖 3.4a 當 a 值不同時 $x(t) = e^{at}$ 的變化

在介紹過定義以後，接下來將以一個簡易的 LabVIEW 範例程式產生一個連續時間實指數訊號 $x(t) = Be^{at}$ 的波形來進行說明。

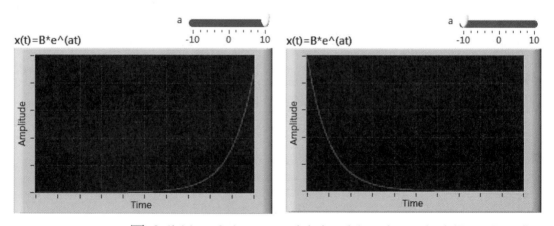

圖 3.4b(a) ex 3-4 exponential signal (continuous).vi (Front Panel)

圖 3.4b(a)的左右兩張圖分別顯示當 $a > 0$ 及 $a < 0$ 時實指數訊號的情況。讀者可以透過波形圖右上方的控制條來調整 a 值的大小。請讀者打開程式範例 ex 3-4 exponential signal (continuous).vi，動手改變 a 值的大小，看看波形會發生什麼有趣的事吧！

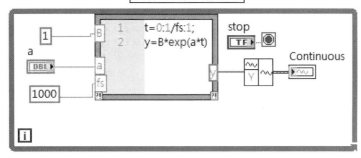

圖 3.4b(b) ex 3-4 exponential signal (continuous).vi (Block Diagram)

程式設計方法(依步驟)

● 人機介面(Front Panel)

1. Express→Numeric Controls→Pointer Slide(Horizontal Pointer Slide)新增一個控制條作爲調整 a 值的控制。

2. Express→Graph Indicators→Waveform Graph (Controls-Graph)新增一個波形圖。

● 程式方塊圖(Block Diagram)

1. Programming→Structures→MathScript Node 新增數學函數運算元，在這個框框中，我們可以在此編輯訊號波形的方程式。首先，先在左框上按右鍵選擇 Add Input，這時候可以新增外來的變數。這個程式中，新增了三個外來變數，分別爲 B、a、f_s，其中 B 和 a 是我們波形函數中的變數，f_s 是取樣速率。編輯完成後，再於右框上按右鍵選擇 Add ouput，這是將運算結果輸出的一個選項(在此程式中，要將波形 y 輸出。)

2. Programming→Waveform→Build Waveform，此 Icon 能將 MathScript Node 中的輸出 y 匯集成訊號的波形，因此得將 output y 與 Build Waveform 的 input Y 連上線，接著再將 Build Waveform 的 ouput 與 Waveform graph 的 icon 相連接，把訊號顯示於使用者面版上。值得

注意的是，MathScript Node 預設的 output 資料型態為 Scalar，但是 Build Waveform 需要的是 1D array 的資料，因此必須將 output y 的資料型態做轉換，在 y 上按右鍵，Choose Data Type → 1D Array→DLB 1D，如此即可以順利的產生波形圖。

3. Programming→Structures→While Loop (Functions-Struct.)令程式持續執行。

離散時間之實指數訊號：

離散時間的指數訊號常以下式表示：

$$x[n] = C\gamma^n$$

其中 $\gamma = e^{\alpha}$，故也可改寫成下式：

$$x[n] = Ce^{\alpha n}$$

雖然離散時間指數訊號可寫成類似連續時間指數訊號的表示方示，然而在實際操作上，$x[n] = C\gamma^n$ 的表示法更為實用。

假如離散時間實指數訊號 $x[n] = C\gamma^n$ 中之 C 和 γ 皆為實數，則根據γ值的不同，$x[n]$ 會出現下列幾種不同的情況：

Case1：$\gamma > 1$：$x[n]$的值隨著 n 增加呈指數遞增；

Case2：$0 < \gamma < 1$：$x[n]$的值隨 n 增加成呈數遞減；

Case3：$-1 < \gamma < 0$：$|x[n]|$的大小隨 n 的增加呈指數遞減，且當 n 為偶數時，$x[n]$為正數，當 n 為奇數時，$x[n]$為負數，因此$x[n]$在正負間交替；

Case4：$\gamma < -1$：：$|x[n]|$的大小隨 n 的增加呈指數遞增，且當 n 為偶數時，$x[n]$為正數，當 n 為奇數時，$x[n]$為負數，因此$x[n]$在正負間交替；

Case5：$\gamma = 1$：$x[n]$為 C 之常數序列；

Case6：$\gamma = -1$：$x[n]$為 $+C$ 與 $-C$ 交替組合成的序列；

如下圖所示：

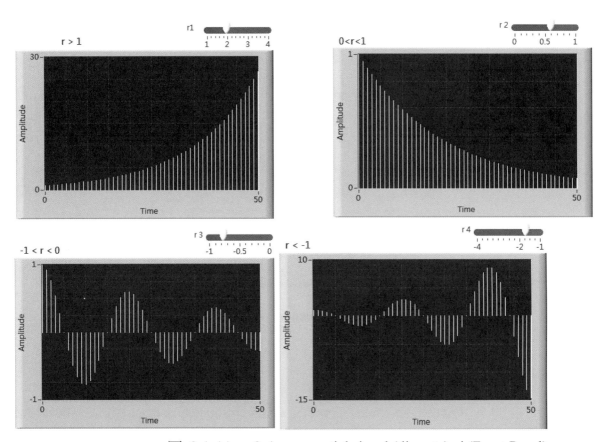

圖 3.4c(a) ex 3-4 exponential signal (discrete).vi (Front Panel)

經歸納後，可得下列規則：

1. $|\gamma| > 1$：$|x[n]|$ 隨 n 增加呈指數遞增
2. $0 < |\gamma| < 1$：$|x[n]|$ 隨 n 增加呈指數遞減
3. $|\gamma| = 1$：$|x[n]|$ 為 C 的常數序列
4. $\gamma < 0$：當 n 為偶數時，$x[n]$ 為正數；當 n 為奇數時，$x[n]$ 為負數；

故 $x[n]$ 在正負間交替變化。

在看過離散時間實指數訊號的特性後，請讀者自行試著動手產生圖 3.4c(a)的波形吧！

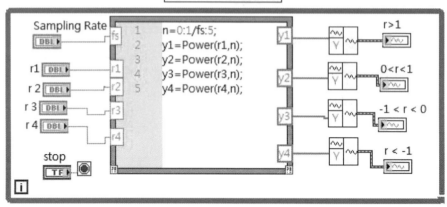

圖 3.4c(b) ex 3-4 exponential signal (discrete).vi (Block Diagram)

程式設計方法(依步驟)

● 人機介面(Front Panel)

1. Express→Numeric Controls→Pointer Slide(Horizontal Pointer Slide)新增 4 個控制條作為調整 r 值的控制。

2. Express→Graph Indicators→Waveform Graph (Controls-Graph)新增 4 個波形圖。點選 Plot Legend 選擇 common plot 中 comb(第二排中間) 的表示方式。

● 程式方塊圖(Block Diagram)

1. Programming→Structures→MathScript Node 新增數學函數運算元。這此與先前設計連續時間實指數訊號的方法相同，把要產生的函數寫在 MathScript Node 的框框內，並輸出結果。

2. Programming→Waveform→Build Waveform，我們將四個輸出分別接 上 Build Waveform Icon 分別產生波形圖。

3. Programming→Structures→While Loop 令程式持續執行。

習作 3-4 結束

習作 **3-5** 純虛指數訊號

目標：說明連續時間訊號及離散時間下的純虛指數訊號，並藉由 LabVIEW 程式的展示讓
　　　讀者增加感覺。

連續時間純虛指數訊號：

在 3-2 曾定義 $x(t) = Be^{at}$ 為連續時間下之指數訊號，倘若$x(t)$的 a
為純虛數時($Re\{a\} = 0$)，稱此訊號為純虛指數訊號，設以

$$a = 0 + i(\omega_0 t + \varphi)$$

代入(為了解說方便，在此假設 $B = 1$)，得：

$$x(t) = 1 \times e^{0 + i(\omega_0 t + \varphi)}$$
$$x(t) = e^{i(\omega_0 t + \varphi)}$$

其中，ω_0是基本角頻率，單位為每秒繞行多少弳度，radian/s；φ為當
$t = 0$ 時，$x(t)$之相角，稱為初始相位(initial phase)。由於知道$\omega_0 = 2\pi f_0$，
f_0 為基本頻率，故 $x(t)$ 也可改寫為：

$$x(t) = e^{i(\omega t + \varphi)} = e^{i(2\pi f t + \varphi)}$$

週期性

週期性為連續時間純虛指數訊號的一個重要的特性，因此下面我們將
證明連續時間純虛指數訊號是一個週期性訊號。
由週期性之定義可知若一連續時間訊號 $x(t)$ 具週期性，則必能找到一個
T 值，使 $x(t + T) = x(t)$ 成立。

在證明的一開始，先假設此 T 值存在，且將 $t = t + T$ 代入$x(t)$ 中後可以得到 $e^{i\omega(t+T)} = e^{i\omega t}$ 成立(在此假設初始相位 $\varphi = 0$)，如此 $x(t)$ 才具週期性。推導如下：

將 $t = t + T$ 代入 $x(t)$ 中：

$$e^{i\omega(t+T)} = e^{i\omega t}e^{i\omega T}$$

從上式可知，只有在 $e^{i\omega T} = 1$ 時，$x(t+T)$才會等於 $x(t)$ 即：

$$e^{i\omega t}e^{i\omega T} = e^{i\omega t} \times 1 = e^{i\omega t}$$

因此接下來要討論的，便是 T 在什麼情況下才會使得 $e^{i\omega T} = 1$：

1. $\boxed{當 \omega = 0}$，無論 T 值為何 e^{i*0*T} 都為 1，且可以知道 $x(t)$ 為常數訊號；

2. $\boxed{當 \omega \neq 0}$，ωT須為 2π 整數倍 ($\omega T = 2\pi k$)，才能使下式成立 ：

$$e^{i\omega T} = e^{i\omega\frac{2\pi k}{\omega}} = e^{2\pi k} = cos\,2\pi k + i\,sin\,2\pi k = 1$$

由此可知 $x(t+T) = x(t)$只在 $T = \frac{2\pi k}{\omega}$ $(k = \pm 1, \pm 2, \cdots)$ 時成立。而當 $k = 1$ 且 ω 等於基本頻率 ω_0 時，$T = \frac{2\pi}{\omega_0} = T_0$，則為 $x(t)$之基本週期。

由以上的討論可知，當 $T_0 = \frac{2\pi}{\omega_0}$ 時，$x(t)$ 是一個具基本週期 T_0之週期性訊號，同樣的道理，ωT_0 必須為2π之整數倍($\omega T_0 = 2\pi k$)，才能讓 $e^{i\omega T_0} = 1$，經下式推導後，最得到 ω 為 ω_0 之整數倍：

$$\omega = \frac{2\pi k}{T_0} = 2\pi k \times \frac{\omega_0}{2\pi} = k\omega_0 \quad, (k = \pm 1, \pm 2, \cdots)$$

將上式代入 $x(t)$ 中，得

$$x_k(t) = e^{ik\omega_0 t} \quad, (k = \pm 1, \pm 2, \cdots)$$

　　上式又被稱爲「諧波關係」，當 $k = 1$ 時，$x_1(t)$ 稱爲基本波；當 $k = 2$ 時 $x_2(t)$ 稱爲第二諧波；當 $k = 3$ 時 $x_3(t)$ 稱爲第三諧波，以此類推。故對任何 k 值而言，$x_k(t)$ 同樣是週期爲 T_0 之週期性訊號。

小結

　　連續時間的複指數訊號 $x(t) = e^{i\omega t}$ 具下列特性

1. 爲一擁有基本週期 T_0 之週期性訊號

2. 不同的 ω_0 值，對應到不同的訊號

3. 當 ω_0 愈大時，訊號振盪速率變快，週期變小

　　當 ω_0 愈小時，訊號振盪速率變慢，週期變大

離散時間純虛指數訊號：

　　如前面所述，離散時間之指數訊號可用表示成 $x[n] = Ce^{an}$，其中若 α 爲純虛數 $(Re\{a\} = 0))$的話，稱此訊號爲純虛指數訊號，若以

$$\alpha = 0 + i(\Omega n + \varphi)$$

代入，(爲了解說方便，在此假設 $C = 1$)，且初始相位 $\varphi = 0$ 得：

$$x[n] = e^{i\Omega n}$$

其中，Ω 是數位角頻率，單位爲每秒繞行多少弧度，radian/s

週期性

前面曾提到，離散時間訊號必須滿足 $x[n] = x[n+N]$ (n 和 N 都必需是大於 0 的整數)，才能稱為具有週性性。而下面要證明的，則是離散時間純虛指數訊號 $x[n]$ 是否具週期性之條件。

由週期性之定義可知若一連續時間訊號 $x(t)$ 具週期性，則必能找到一個 T 值，使 $x[n+N] = x[n]$ 成立。故在證明的一開始，先假設此 N 值存在，且將$n = n+N$代入$x[n]$中並想辦法使得$e^{i\Omega(n+N)} = e^{i\Omega n}$ 成立，如此 $x[n]$ 具週期性。推導如下：

將 $n = n+N$ 代入 $x[n]$ 中：

$$e^{i\Omega(n+N)} = e^{i\Omega n}e^{i\Omega N}$$

從上式可知，只有在 $e^{i\Omega N} = 1$ 時，$x[n+N]$ 才會等於 $x[n]$，即：

$$e^{i\Omega n}e^{i\Omega N} = e^{i\Omega n} \times 1 = e^{i\Omega n}$$

因此接下來，我們將討論 N 在什麼情況下才會使得 $e^{i\Omega N} = 1$：

1. 先考慮 $\Omega \neq 0$，為了使得 $e^{i\Omega N} = 1$，ΩN須為2π整數倍，即：

$$\Omega N = 2\pi k \quad , k \in Z(整數)$$

才會使得下式成立：

$$e^{i\Omega N} = e^{i2\pi k} = cos\,2\pi k + i\,sin\,2\pi k = 1$$

經整理後，可得：

$$\frac{N}{k} = \frac{2\pi}{\Omega}$$

由離散訊號的定義可知，$x[n]$只有在 n 為整數時才有定義，因此 N 必須為正整數，k 必須為整數，如此一來，$\frac{N}{k}$ 一定會是一個有理數 ($\frac{N}{k} \in Q$)，若要使得 $\frac{2\pi}{\Omega}$ 也為有理數，Ω 必須含有一個π的因子 ($\Omega = \pi m$，$m \in Q$)，因此只有在 $N = \frac{2\pi}{\Omega}k$，$\Omega = \pi m$ 且 k 為整數時，離散時間虛指數訊號 $x[n]$ 才具週期性。

2. 若 $\Omega = 0$，則 $x[n]$ 在每個 n 上皆為 1，$e^{i*0*N} = cos\,0 + i\,sin\,0 = cos\,0 = 1$，因此其週期未被定義。

根據上面討論可知，離散時間純虛指數訊號為 $x[n] = e^{i\Omega n}$，而當 $\Omega \neq 0$ 時，存在週期 N 及 k 滿足 $\frac{N}{k} = \frac{2\pi}{\Omega}$ 為一有理數，使得 $x[n] = x[n + N]$ 成立。若將該條件改寫成 $\Omega = \frac{2\pi}{N}k$，代入 $x[n]$ 可得到：

$$e^{i\Omega n} = e^{i\frac{2\pi}{N}kn}$$

若要使得 N 為滿足 $x[n] = x[n + N]$ 條件之最小值的話，須取

$$N_0 = \frac{N}{gcd(k, N)}$$

$gcd(k,N)$意指 k 及 N 之最大公因數，因此當 k 和 N 互質時(最大公因數為 1)， $N_0 = N$，稱之為基本週期。

談了這麼久，讀者一定很好奇，純虛指數訊號的波形到底長的什麼樣子吧？

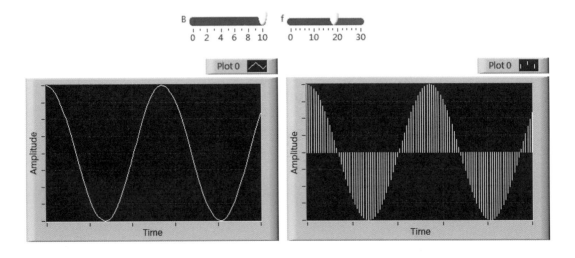

圖 3.5(a) ex 3-5 complex exponential signal.vi (Front Panel)

圖 3.5(a)即為純虛指數訊號的波形圖，讀者是否會覺得這樣的波形和之前學過的正弦訊號的波形圖很類似呢？習作 3-5 馬上就會進一步為讀者解釋「指數訊號」與「正弦訊號」之間的關係。

純虛指數訊號

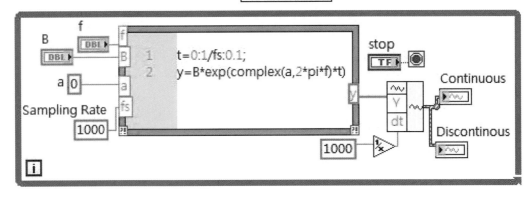

圖 3.5(b) ex 3-5 complex exponential signal.vi (Block Diagram)

程式設計方法(依步驟)

- 人機介面(Front Panel)

1. Express→Numeric Controls→Pointer Slide(Horizontal Pointer Slide)新增兩個控制條作。

2. Express→Graph Indicators→Waveform Graph (Controls-Graph)新增兩個波形圖，分別用來顯示連續時間和離散時間的狀況。這邊要注意的是，在顯示離散時間波形的那面板上，點選 Plot Legend，選擇 Common Plot 中的 comb (第二排中間)，改變顯示方式。

- 程式方塊圖(Block Diagram)

1. Programming→Structures→MathScript Node 新增數學函數運算元。這此與先前設計連續時間實指數訊號的方法相同，把要產生的函數寫在 MathScript Node 的框框內，並將結果輸出。函式 complex(x,y)其中 x 為複數之實部，y 為複數之虛部，因此在這個程中我們讓 x=a=0，即實部為零之純虛指數函數。

2. Programming→Waveform→Build Waveform，將兩個輸出分別接上 Build Waveform 的 Icon 分別產生波形圖。

3. Programming→Structures→While Loop 令程式持續執行。

習作 **3-5** 結束

習作 3-6   指數訊號與正弦訊號

目標：進一步說明指數訊號與正弦訊號的關係，並藉由 LabVIEW 程式展示讓讀者增加對
其意涵的感覺。

補充說明：*在數學的表示方式上，虛部亦可表示爲 i=j。例如z = x + iy = x + jy。*

連續時間下：

連續時間下之純虛指數訊號表示式如下：

$$x(t) = e^{j(\omega_0 t + \varphi)}$$

其中，ω_0爲基本角頻率，單位爲每秒繞行多少弧度，radian/s；φ 爲
當 $t = 0$時，$x(t)$之角度，稱之爲初始相位(initial phase)

根據尤拉公式可知：

$$e^{j\theta} = cos\,\theta + j\,sin\,\theta$$
$$e^{-j\theta} = cos\,\theta - j\,sin\,\theta$$

將 $\theta = \omega_0 t + \varphi$ 代入得到聯立方程式如下：

$$e^{j(\omega_0 t + \varphi)} = cos(\omega_0 t + \varphi) + j\,sin(\omega_0 t + \varphi)$$
$$e^{-j(\omega_0 t + \varphi)} = cos(\omega_0 t + \varphi) - j\,sin(\omega_0 t + \varphi)$$

解開聯立方程式後，可以得到：

$$cos(\omega_0 t + \varphi) = \frac{1}{2}(e^{j(\omega_0 t + \varphi)} + e^{-j(\omega_0 t + \varphi)})$$
$$sin(\omega_0 t + \varphi) = \frac{1}{2j}(e^{j(\omega_0 t + \varphi)} - e^{-j(\omega_0 t + \varphi)})$$

　　這邊要提醒的是，上述兩種弦波訊號在相位上相差 $\frac{\pi}{2}$ (90°)。
此外，亦不難發現餘弦函數及正弦函數其實即為 $x(t)$ 之實、虛部：

$$cos(\omega_0 t + \varphi) = Re\{x(t)\} = Re\{e^{j(\omega_0 t+\varphi)}\}$$
$$sin(\omega_0 t + \varphi) = Im\{x(t)\} = Im\{e^{j(\omega_0 t+\varphi)}\}$$

離散時間下：

　　離散時間下之弦波訊號與連續時間狀況下相同可用純虛指數訊號來
表示如下：

$$cos[\Omega n + \varphi] = \frac{1}{2}(e^{j[\Omega n+\varphi]} + e^{j[\Omega n+\varphi]})$$
$$sin[\Omega n + \varphi] = \frac{1}{2j}(e^{j[\Omega n+\varphi]} - e^{j[\Omega n+\varphi]})$$

亦可寫成：

$$cos[\Omega n + \varphi] = Re\{e^{j[\Omega n+\varphi]}\}$$
$$sin[\Omega n + \varphi] = Im\{e^{j[\Omega n+\varphi]}\}$$

　　馬上就用程式來驗證上面所說的關係吧。首先，建立一個與圖 3.6(a)
一樣的程式方塊圖：

指數訊號與正弦訊號

```
     f
B   ⟦DBL⟧  ⟦f⟧    1  t=0:1/fs:0.1;                          stop
⟦DBL⟧      ⟦B⟧   2  y1=Real(B*exp(complex(a,2*pi*f)*t    ⟦TF⟧ ◉
a  0       ⟦a⟧   3  y2=Imag(B*exp(complex(a,2*pi*f)*t
Sampling Rate ⟦fs⟧
   1000
```

圖 3.6(a) ex 3-1 sinusoidal signal.vi (Block Diagram)

您的結果是否與圖 3.6(b)及(c)相同呢？

$Re\{Be^{j(\omega_0 t)}\}$：

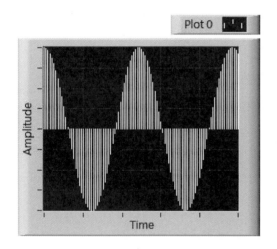
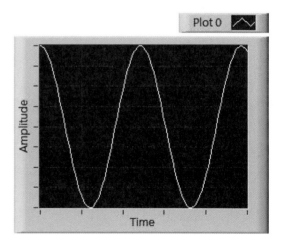

圖 3.6(b) ex 3-1 sinusoidal signal.vi (Front Panel)

$Im\{Be^{j(\omega_0 t)}\}$：

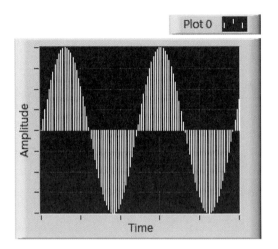 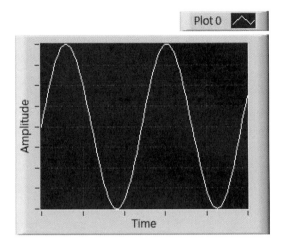

圖 3.6(c) ex 3-1 sinusoidal signal.vi (Front Panel)

習作 **3-6** 結束

習作 3-7　複指數訊號 － 隨指數衰減之正弦訊號

目標：說明連續時間訊號及離散時間訊號，並藉由圖片讓讀者了解如何藉由取樣將連續
　　　時間訊號轉換成離散時間訊號。

連續時間下：

已知，連續時間情況下之指數訊號可寫成：

$$x(t) = Ae^{at} \text{，} t \in R$$

考慮 A 及 a 皆為複數之情況，分別以極坐標和直角座標形式表示：

$$A = |A|e^{j\varphi}$$
$$a = r + j\omega_0$$

代入 $x(t)$ 中：

$$x(t) = Ae^{at} = |A|e^{j\varphi}e^{(r+j\omega_0)t} \text{，} t \in R$$
$$= |A|e^{j\varphi}e^{rt}e^{j\omega_0 t}$$

整理過後可得：

$$x(t) = |A|e^{rt}e^{j(\omega_0 t + \varphi)}$$

接著，利用尤拉公式將上式展開

$$|A|e^{rt}e^{j(\omega_0 t + \varphi)} = |A|e^{rt}[cos(\omega_0 t + \varphi) + j\,sin(\omega_0 t + \varphi)]$$
$$= |A|e^{rt}cos(\omega_0 t + \varphi) + j|A|e^{rt}sin(\omega_0 t + \varphi)$$

由上式可見 $x(t)$ 之實部擁有兩個因子，分別為實指數訊號 e^{rt} 及正弦訊號
$cos(\omega_0 t + \varphi)$，兩者將會對訊號產生重大的影響，故複指數訊號 $x(t)$ 必
定含有正弦訊號 $cos(\omega_0 t + \varphi)$ 及實指數訊號 e^{rt} 之特性。$x(t)$ 的變數有
ω_0、φ 及 r，已知 ω_0 為角頻率，影響訊號振盪之速率，且 φ 為初始相
位，而 r 對此訊號影響之討論如下：

1. 當 $r = 0$ 時，$e^{rt} = 1$，$x(t)$之實部與虛部皆為單純之弦波訊號；
2. 當 $r > 0$ 時，e^{rt}呈指數遞增，$x(t)$之實部與虛部為振幅呈指數增加之弦波訊號；
3. 當 $r < 0$ 時，e^{rt}呈指數遞減，$x(t)$之實部與虛部為振幅呈指數衰減之弦波訊號；

e^{rt}為實指數訊號之振幅，可藉之看出該訊號振盪幅度變化之趨勢。

離散時間下：

　　同樣的離散時間情況下之指數訊號可寫成：

$$x[n] = C\gamma^n \text{ , } n \in Z$$

此時，考慮 C 及α皆為複數之情況，且分別以極坐標和直角座標形式表示：

$$C = |C|e^{j\varphi}$$
$$\gamma = |\gamma|e^{j\Omega_0}$$

代入 $x[n]$ 中：

$$x[n] = Ce^{\alpha n} = |C|e^{j\varphi}|\gamma|^n e^{j\Omega_0 n} \text{ , } n \in N$$

經整理後得到：

$$x[n] = |C||\gamma|^n e^{j(\Omega_0 n + \varphi)}$$

接著，利用尤拉公式將上式展開：

$$|C|\left|\gamma\right|^n e^{j(\Omega_0 n + \varphi)} = |C|\left|\gamma\right|^n [cos(\Omega_0 n + \varphi) + j\,sin(\Omega_0 n + \varphi)]$$
$$= |C||\gamma|^n\,cos(\Omega_0 n + \varphi) + j|C||\gamma|^n\,sin(\Omega_0 n + \varphi)$$

由上式推導可知 $x[n]$ 之實部有兩個因子，分別為 $|C||\gamma|^n$ 及正弦訊號 $cos(\Omega_0 n + \varphi)$，兩者都會對訊號產生重大的影響。故由此可知，複指數訊號 $x[n]$ 必定含有正弦訊號 $cos(\Omega_0 n + \varphi)$ 及 $|C||\gamma|^n$ 之特性。已知變數 Ω_0 及 φ，分別為角頻率及初始相位，影響訊號振盪之速率。以下則為 $|\gamma|^n$ 對此訊號影響知討論：

1. 當 $|\gamma| > 1$ 時，$|\gamma|^n$ 呈指數遞增，$x[n]$ 之實部與虛部為振幅呈指數增加之弦波序列；
2. 當 $|\gamma| < 1$ 時，$|\gamma|^n$ 呈指數遞減，$x[n]$ 之實部與虛部為振幅呈指數衰減之弦波序列；
3. 當 $|\gamma| = 1$ 時，$|\gamma|^n = 1$，$x[n]$ 之實部與虛部皆為單純之等幅弦波序列；

接下來同樣的要以 LabVIEW 程式實作練習的方式增加讀者對本節內容的了解，請試著建立與圖 3.7(a) 相同的程式方塊圖，看看結果會如何！

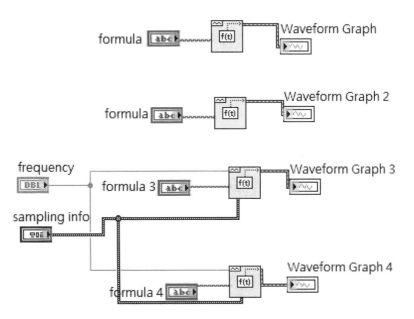

圖 3.7(a) ex 3-7 swing expo-sinusoidal signal.vi (Block Diagram)

程式設計方法(依步驟)

● 人機介面(Front Panel)

1. Express→Numeric Controls→Pointer Slide(Horizontal Pointer Slide)新增一個控制條用來調整頻率 Frequency 的大小。

2. Express→Graph Indicators→Waveform Graph (Controls-Graph)新增四個波形圖，分別用來顯示連續時間和離散時間的狀況。這邊要注意的是，在顯示離散時間波形的那面板上，點選 Plot Legend，選擇 Common Plot 中的 comb (第二排中間)，改變顯示方式。

3. Express→Text Control→String Control，新增四個 String Control 來輸入想要產生的訊號函數

- 程式方塊圖(Block Diagram)
1. Signal Processing→Waveform generation→Formula Waveform 新增方程式波形產生器，並接上控制頻率的控制調。將 formula 的輸入端與先前新增的 string control 接在一起後，於人機介面(人機介面)輸入想要產生的訊號函數。 最後將輸出端分別接上 Waveform graph。

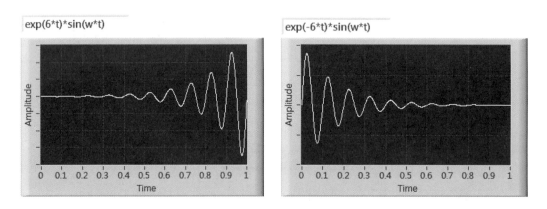

圖 3.7(b) ex 3-7 swing expo-sinusoidal signal.vi (Front Panel)

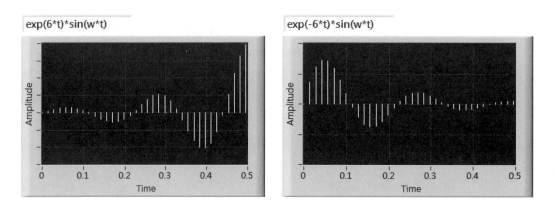

圖 3.7(c) ex 3-7 swing expo-sinusoidal signal.vi (Front Panel)

習作 **3-7** 結束

問題與討論

1. 下列何者為週期性訊號，又其週期為何？

   (1) $x_1(t) = cos(\frac{3}{5}\pi t)$；

   (2) $x_2[n] = \cos(\frac{3}{5}\pi n)$；

   (3) $x_3(t) = sin(\frac{3}{5}t)$；

   (4) $x_4[n] = \sin(\frac{3}{5}n)$；

2. 下列何者為週期性訊號，又其週期為何？

   (1) $x_5(t) = 3e^{j10t}$；

   (2) $x_6(t) = 3e^{j2\pi t}\cos(\frac{3}{5}\text{πt})$；

   (3) $x_7[n] = 3e^{j\frac{3}{7}(n+1)}$；

   (4) $x_8[n] = 3e^{j\frac{3}{7}(n+1)}\cos(\frac{3}{5}\text{π}n)$；

2. 挑戰題　在 LabVIEW 中，除了上面所提到的方式外，請找出其它能產生正弦波形的方式

4. 挑戰題　請將下列複數，以直角座標(笛卡爾形式)表示($z=x+jy$)：

   (1) $e^{j2\pi}$；

   (2) $1/3\ e^{j4/5\pi}$；

   (3) $-\sqrt{2}e^{j2\pi}$；

   (4) $-\sqrt{2}e^{j2/5\pi}$

   (5) $\sqrt{2}e^{-j\pi/2}$

4 第四章

本章將介紹另一些基本常見的訊號類型—「奇異訊號」、「方波」、「三角波」及「鋸齒波」，這些訊號不是弦波訊號，但亦可延伸出相當多的應用。

Goal 目標

• 瞭解奇異訊號基本的定義；
• 瞭解如何利用LabVIEW產生不同的訊號；

Key 關鍵名詞

• 奇異函數
• 步階訊號(Step Signal)
• 脈衝訊號(Impulse Signal)
• 斜波訊號(Ramp Signal)
• 方波、三角波、鋸齒波

常見的基本訊號 (二)-非弦波訊號

簡 介

奇異函數訊號是另一種基本訊號類型,其中以脈衝訊號最為重要,並且廣泛應用到訊號處理與系統描述上。另外,脈衝訊號亦衍生出幾個重要的基本訊號類型,例如:步階訊號、斜面訊號及脈衝偶訊號等奇異函數訊號,以下將分別解釋各種基本訊號之數學模型及特性。

習作 **4-1**　連續時間 — 單位步階訊號

目標：說明連續時間下的單位步階訊號，並藉由 LabVIEW 程式實作讓讀者了解如何藉由
LabVIEW 模擬單位步階訊號。

連續時間下之單位步階訊號常以 $u(t)$ 表示，定義如下：

$$u(t) = \begin{cases} 1 & , \ t > 0 \\ 0 & , \ t < 0 \end{cases}$$

其波形如圖所示：

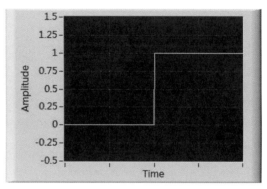

圖 4.1a $u(t)$ 之波形圖

必須注意的是，單位步階信號 $u(t)$ 在 $t = 0$處不是 0 也不是 1，為一個
不連續的點，因此 $u(0)$未被定義。假如將任意連續時間訊號 $x(t)$ 與單
位步階訊號 $u(t)$ 相乘後，可得到以 $t > 0$ 時，$x(t)$ 之訊號值，而
$t < 0$ 時，$x(t)u(t) = 0$。整理如下：

$$x(t)u(t) = \begin{cases} x(t) & , \ t > 0 \\ 0 & , \ t < 0 \end{cases}$$

訊號延遲

將步階函數進行時間偏移運算,可得到下圖的結果:

$$u(t) \cdot u(t+T) \cdot u(t) - u(t+T)$$

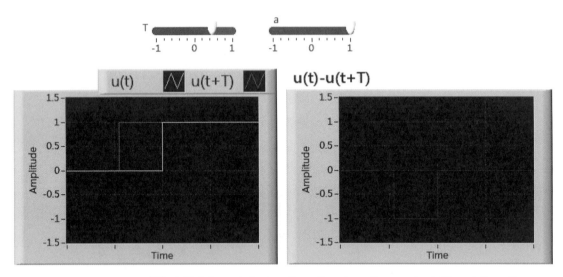

圖 4.1b(a) ex 4-1 step function (continuous).vi (Front Panel)

從圖 4.1b(a)可發現,實作上可以利用步階函數及時間偏移之特性得到任意之矩形訊號。程式實作部分請參照下面程式方塊圖製作:

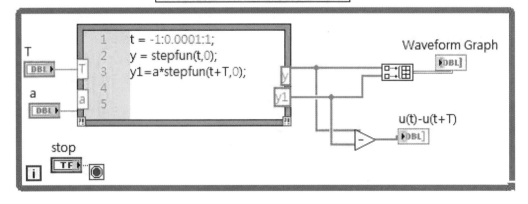

圖 4.1b(b) ex 4-1 step function (continuous).vi (Block Diagram)

程式設計方法(依步驟)

- 人機介面(Front Panel)

1. Express→Numeric Controls→Pointer Slide(Horizontal Pointer Slide)新增兩個控制條用來調整 a 和 T 的大小。

2. Express→Graph Indicators→Waveform Graph (Controls-Graph)新增兩個波形圖。

- 程式方塊圖(Block Diagram)

1. Programming→Structures→MathScript Node 新增數學函數運算元。這此與先前設計連續時間實指數訊號的方法相同，把要產生的函數寫在 MathScript Node 的框框內，並將結果輸出。

2. Programming→Array→Build Array，我們將兩個輸出接到 Build Array 的 icon 再將 output 與 Waveform graph 的 input 相連，就可以在同一個 waveform graph 上顯示兩個波形！

3. Programming→Numeric→Subtract，將兩個輸出訊號相減

4. Programming→Structures→While Loop 令程式持續執行。

習作 **4-1** 結束

習作 4-2　連續時間 ─ 單位脈衝訊號

目標：說明連續時間下之單位脈衝訊號，並藉由圖片讓讀者增加對單位脈衝訊號的感覺。

連續時間下之單位脈衝訊號定義之關係式如下：

$$\delta(t) = \begin{cases} non-exist, & t = 0 \\ \infty, & t \approx 0 \\ 0, & t \neq 0 \end{cases}$$

且滿足

$$\int_{-\infty}^{\infty} \delta(t)\, dt = 1$$

從上面兩式可以得知，單位脈衝函數 $\delta(t)$ 在 $t \neq 0$ 時之值皆為 0，然而，經過積分後訊號之面積卻要為 1，因此可看出單位脈衝訊號 $\delta(t)$ 為一從 $t = 0^- \sim 0^+$ 作用時間極短之訊號，在極短之時刻訊號從 0 跳到無限大後又跳回 0。

從上面的定義，相信還是很難讓讀者理解，為了能更清楚且直觀的解釋單位脈衝訊號 $\delta(t)$，讓我們進一步用下圖分析：

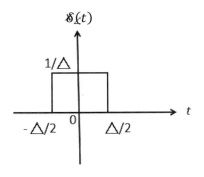

圖 4.2 $\delta(t)$ 之波形圖

如上圖矩形訊號所示，設其高爲 $1/_\Delta$，寬爲 Δ，因此可知該訊號之面積爲$1/\Delta \times \Delta = 1$，假設訊號之寬 Δ 趨近於 0 時，則其高 $1/_\Delta$ 會趨近於無窮大，因此在可看到這個狀況下脈衝訊號之面積集中在 $t \approx 0$ 的位置上，此訊號即爲脈衝訊號。

單位脈衝訊號特性

將單位脈衝訊號進行時間偏移運算，定義如下：

$$\delta(t - t_0) = \begin{cases} non - exist, & t = t_0 \\ \infty, & t \approx t_0 \\ 0, & t \neq t_0 \end{cases}$$

$$\int_{-\infty}^{\infty} \delta(t - t_0)\, dt = 1$$

如上式所示，單位脈衝訊號在任何 $t \neq t_0$ 的值都爲 0，只在 $t \approx t_0$時具強度 ∞。接下來要介紹幾個脈衝訊號的特性：

1. 取樣特性(Sampling property)

單位脈衝訊號具有取樣的特性，定義如下：

$$\int_{-\infty}^{\infty} x(t)\delta(t)\, dt = x(0)$$

(其中，$x(t)$ 爲連續時間訊號)

上段曾提到單位脈衝訊號在任何 $t \neq 0$ 的值都爲 0，只在 $t \approx 0$ 時具強度∞，因此若將連續時間訊號 x(t)與單位脈衝訊號 $\delta(t)$ 相乘後積分，可知此式只取出 $x(t)$ 在 $t \approx 0$ ($\delta(t)$有數值之處)的值，故$\int_{-\infty}^{\infty} x(t)\delta(t)\, dt$ 的結果，可視爲取出$x(t)$在$t \approx 0$ 時的函數值 $x(0)$。

2. 偏移特性 (Shifting property)

單位脈衝訊號具有偏移的特性，定義如下：

$$\int_{-\infty}^{\infty} x(t)\delta(t - t_0)\, dt = x(t_0)$$

若將連續時間訊號 $x(t)$ x(t) 與單位脈衝訊號 $\delta(t - t_0)$ 相乘後對時間 t 從 $-\infty \sim \infty$ 積分，可以得到 $x(t)$ 在 $t \approx t_0$ 時的函數值 $x(t_0)$。以下利用單位脈衝訊號之取樣特性來證明：

根據單位脈衝訊號取樣特性之定義

$$\int_{-\infty}^{\infty} x(t)\delta(t)\, dt = x(0)$$

又因已知訊號 $\int_{-\infty}^{\infty} \delta(t - t_0)\, dt = 1$，且因 $\delta(t - t_0) = \begin{cases} non-exist, & t = t_0 \\ \infty, & t \approx t_0 \\ 0, & t \neq t_0 \end{cases}$，

訊號 x(t) 將只在 t_0 附近有值，故上式可改寫成

$$\int_{-\infty}^{\infty} x(t_0)\delta(t - t_0)\, dt = x(t_0)\int_{-\infty}^{\infty} \delta(t - t_0)\, dt$$

故可得

$$\int_{-\infty}^{\infty} x(t_0)\delta(t - t_0)\, dt = x(t_0)$$

3. 時間縮放特性(Scaling property)

單位脈衝訊號的另一個重要性質是時間縮放，也有人稱作「展縮」，由於已知

$$\int_{-\infty}^{\infty} \delta(t)\, dt = 1$$

故當將 $\delta(t)$ 變成 $\delta(at)$ 時代入上式可得

$$\int_{-\infty}^{\infty} \delta(at)\, dt$$

可變成

$$\int_{-\infty}^{\infty} \delta(u) \frac{du}{|a|} = \frac{1}{|a|} \int_{-\infty}^{\infty} \delta(u) \, du = \frac{1}{|a|} = \int_{-\infty}^{\infty} \frac{1}{|a|} \delta(t) \, dt$$

故可由上式知：

$$\delta(at) = \frac{1}{|a|} \delta(t)$$

4. 單位脈衝訊號為偶函數

從時間縮放特性中，不難發現，單位脈衝訊號 $\delta(t)$ 是一個偶訊號，當 $a = -1$ 時滿足

$$\delta(-t) = \delta(t)$$

5. 單位脈衝訊號與單位步階訊號之關係

在前面談到單位步階訊號時曾提到 u(t)，其實 u(t)亦可藉由單位脈衝訊號來定義，其式如下：

$$\int_{-\infty}^{t} \delta(\tau) \, d\tau = \begin{cases} 1 & , \ t > 0 \\ 0 & , \ t < 0 \end{cases} = u(t)$$

表示出在 $t = 0$ 處會從 0 突然變到 1 的情形(因為 $\delta(\tau) \, d\tau$ 在 $\tau = 0$ 時會有值為 1，也就是當 $t > 0$ 為上界時會包含到 $t = 0$ 的情況)。若取其導數，則可得到單位脈衝訊號的強度，關係如下：

$$\frac{du(t)}{dt} = \delta(t)$$

由以上推論可知單位脈衝訊號與單位步階訊號者具有積分與導數之關係。

習作 4-2 結束

習作 4-3　連續時間 ─ 斜波訊號 (Ramp Signal)

目標：說明連續時間下的斜波訊號，並藉由圖片讓讀者對之產生感覺。

斜波訊號通常以 $r(t)$ 表示，定義如下：

$$r(t) = \begin{cases} t & , \quad t \geq 0 \\ 0 & , \quad t < 0 \end{cases}$$

波形如下：

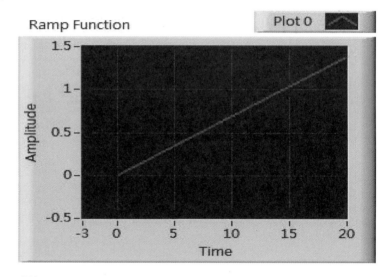

圖 4.3 ex 4-3 ramp signal (continuous).vi (Front Panel)

此外，斜波訊號可以寫成單位步階函數乘上時間的函數，如下：

$$r(t) = tu(t)$$

由上式可以看出，斜波訊號其實就是單位步階訊號對時間 t 積分後的結果：

$$r(t) = \int_{-\infty}^{t} u(t)dt$$

反之，單位步階訊號即是斜波訊號對時間 t 的微分：

$$\frac{dr(t)}{dt} = u(t)$$

又因爲知道單位步階訊號是單位脈衝訊號對時間 t 積分的結果：

$$u(t) = \int_{-\infty}^{t} \delta(t)\, dt$$

因此可得斜波訊號是單位脈衝訊號對時間 t 二次積分後的結果：

$$r(t) = \iint_{-\infty}^{t} \delta(t)\, dt$$

習作 **4-3** 結束

習作 4-4　離散時間 — 單位步階訊號

目標：說明離散時間下的單位步階訊號，並藉由程式實作讓讀者了解如何產生這樣的訊號並增加對其意涵的感覺。

離散時間下之單位步階訊號常以 $u[n]$ 序列表示，定義如下：

$$u[n] = \begin{cases} 1 & , \ n \geq 0 \\ 0 & , \ n < 0 \end{cases}$$

如圖所示：

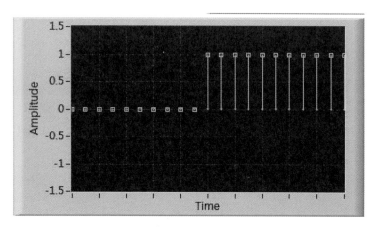

圖　4.4a　離散時間下之單位步階訊號

單位步階序列只有在 $n \geq 0$ 時的每個整數點上有值為 1，在 $n < 0$ 的狀況下每個整數點皆為 0。值得注意的是，與連續時間情況不同的是，離散時間之單位步階序列在 $n = 0$ 時是有定義的，這與連續時間單位步階訊號 $u[n]$ 在 $t = 0$ 時未定義之情況不同。

訊號延遲

同樣的，離散時間下的單位步階訊號也可以利用偏移運算，將之序列進行偏移，打開範例程式，調整 Delay 看看會有什麼變化。

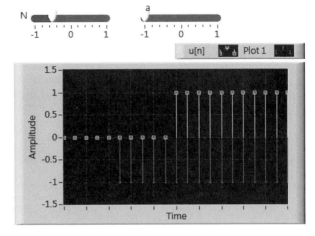

圖 4.4b(a) ex 4-4 step function (discrete).vi (Front Panel)

請依照下面程式方塊圖，建立圖 4.4b(a)之訊號波形：

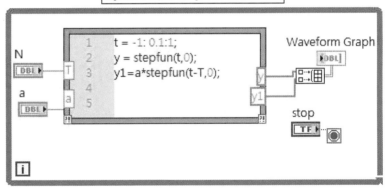

圖 4.4b(b) ex 4-4 step function (discrete).vi (Block Diagram)

有沒有對離散時間下的單位步階訊號有更進一步的感覺了呢？

習作 4-4 結束

習作 4-5　離散時間 — 單位脈衝訊號

目標：說明離散時間下的單位脈衝訊號，並藉由 LabVIEW 程式展示增加讀者對於單位脈衝訊號意涵的了解並讓讀者了解如何利用程式產生之。

離散時間下之單位脈衝序列常以 $\delta[n]$ 表示，定義如下：

$$\delta[n] = \begin{cases} 1 & , \ n = 0 \\ 0 & , \ n \neq 0 \end{cases}$$

其意示圖如下：

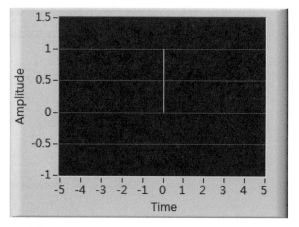

圖 4.5a 離散時間下之單位步階訊號

單位脈衝序列 $\delta[n]$ 只有在 $n = 0$ 時有值為 1。

取樣特性

因為單位脈衝序列 $\delta[n]$ 只有在 $n = 0$ 時有才有值，故可用於訊號的取樣，其中 $x[n]$ 為一離散訊號與 $\delta[n]$ 相乘後，可以得到當 $n = 0$ 時，$x[n]$ 的值($x[n]\delta[n] = x[0]\delta[n]$)。若將單位脈衝序列 $\delta[n]$ 偏移 k 個單位得 $\delta[n - k]$，則只有在 $n = k$ 處有值 1，因此如連續時間下單位脈衝訊號之概念，可利用 $x[n]\delta[n - k] = x[k]\delta[n - k]$ 做出離散時間訊號 $x[n]$ 在 $n = k$ 處之取樣。

習作 4-5 結束

習作 4-6　離散時間 ─ 斜波訊號

目標：說明離散時間下的斜波訊號，並藉由圖片讓讀者了解其意義。

離散時間下之斜波訊號通以 $r[n]$ 表示，定義如下：

$$r[n] = \begin{cases} n & , \ n \geq 0 \\ 0 & , \ n < 0 \end{cases}$$

由式子可看出每個 $r[n]$，即是離散時間下之單位步階訊號與時間 n 的乘積 $r[n] = nu[n]$，波形如下：

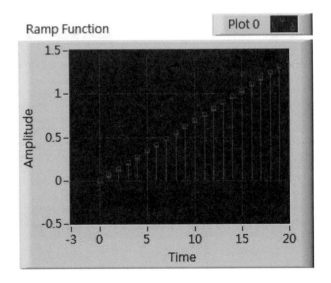

圖 4.6 ex 4-6 ramp function (discrete).vi (Front Panel)

看完本章所有對於奇異函數訊號的介紹後，可知奇異函數訊號以單位脈衝訊號為基礎，取其一次積分為單位步階訊號；取其二次積分為斜波訊號。除了先前所提之複指數訊號外，奇異函數訊號也是一種非常重要的基本訊號，可衍伸出相當多的應用，本書將在後面的章節予以介紹。

習作 **4-6** 結束

問題與討論

1. 請寫出 $x(t)$、$x_1(t)$ 和 $x_2(t)$ 三者之函數表示式及之間的關係？

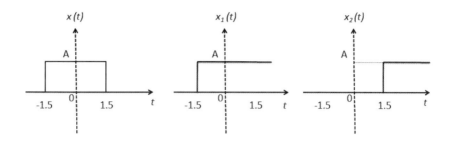

2. 請用 LabVIEW 產生下列各訊號的波形：

(1) $x_3(t) = u(t-1) + u(t-2) - u(t-3)$；

(2) $x_4(t) = u(t+1) + u(t-1) + 3u(t)$

(3) $x_5(t) = u(t-3) + 2u(t+1) - u(t+4) - 0.5(t-1)$；

3. 請用 LabVIEW 產生下列各訊號的波形：

(1) $x_6(t) = r(t-2) + r(t) + r(t+1)$；

(2) $x_7(t) = 2r(t+1) + r(t+2) - r(t-1) - r(t-2)$；

(3) $x_8(t) = r(t+1) + r(t+2) + r(t+4) + r(t+7) + r(t+11) + r(t+16)$；

4. 挑戰題　在 LabVIEW 程式設計中，請找出其它能產生方波的方式。

5. 挑戰題　在 LabVIEW 程式設計中，請找出其它能產生三角波的方式。

6. 挑戰題　在 LabVIEW 程式設計中，請找出其它能產生鋸齒波的方式。

總結一

到目前為止，已經介紹完所有關於訊號的基礎知識，在這一章中，將複習前面所學過的知識，幫助讀者再次複習對訊號的基本特性及各種基本訊號的型式。

目標

- 複習訊號的基本特性及運算
- 複習基本的訊號類型

關鍵名詞

- 連續時間訊號、離散時間訊號
- 弦波訊號
- 奇異訊號

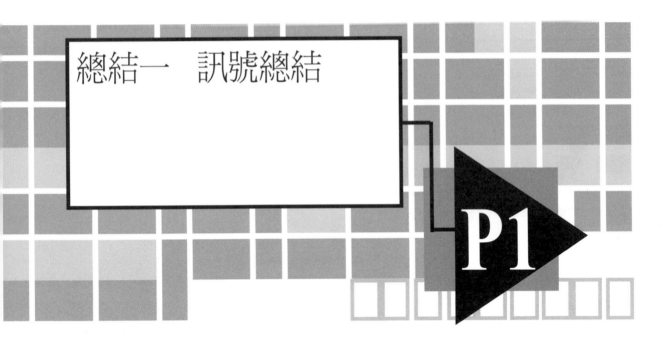

總結一　訊號總結

P1

　　前面四章介紹了關於「訊號」的一些基本概念以及基本的數學運算，包括「訊號的定義與分類」、「訊號的描述及特性」、「基本訊號 ─ 弦波訊號」及「基本訊號 ─ 非弦波訊號」等內容，親愛的讀者還記得曾提過哪些東西嗎？

訊號的定義與分類

在第一章中本書曾提到若將物理現象所攜帶的訊息量化，則可稱作「訊號」，如：聲音、電磁、圖像、影視等，都是常見到的訊號實例。在物理世界中，可以用許多不同的方式來呈現訊號所帶的訊息，也因此如何從訊號中解析出有意義的訊息，便是本書所要探討的問題。

依照不同的分類方式，訊號可有下列幾種不同的分類：

- 連續時間訊號 vs. 離散時間訊號
- 類比訊號 vs. 數位訊號
- 確定訊號 vs. 隨機訊號
- 能量訊號 vs. 功率訊號
- 奇訊號 vs. 偶訊號

讀者是否已經弄清楚訊號的各種分類了呢？

連續時間訊號 vs. 離散時間訊號

下圖中，哪一個是屬於連續時間訊號，哪一個是離散時間訊號呢？

(a)

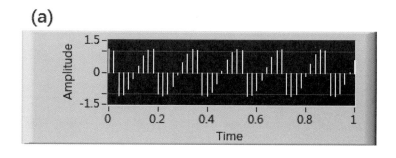

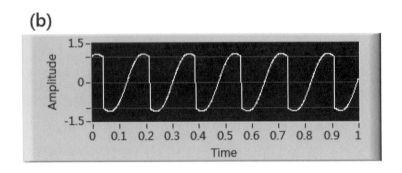

若從連續時間訊號及離散時間訊號的定義來分辨：

分類	定義
連續時間訊號	在連續時間訊號中，自變數是連續不間斷的值，訊號在「每個瞬間」的時間點上都是有意義的
離散時間訊號	離散時間訊號中的自變數並不是在每個瞬間時間點上都有意義，離散時間訊號只在「某些時刻點」上是有意義的

　　由上表可以辨別出(a)中的訊號只有在某些時刻點上有值，因此(a)為離散時間訊號；(b)中的訊號在每一個時間點上都有值，因此(b)為連續時間訊號。

類比訊號　vs.　數位訊號

請分辨下列圖中，哪一個是屬於數位訊號，哪一個是屬於類比訊號，又哪一個是連續時間訊號，哪一個是離散時間訊號呢？

(a)

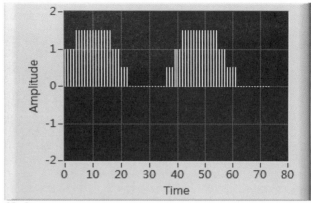

(b)

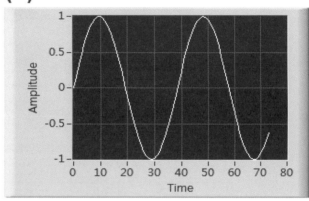

(c)

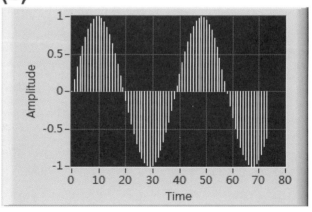

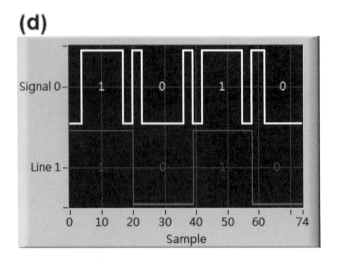

複習一下數位訊號與類比訊號的定義:

分類	定義
類比訊號	訊號的強度(振幅大小)可以由任意數值組成
數位訊號	訊號的強度(振幅大小)只能由特定 k 個可能值組成

由上述定義,可發現(a)與(d)的振幅都在某幾個固定的值,因此(a)和(d)為數位訊號;由(b)和(c)之振幅由-1 ~ 1 中的任意值組成的,因此為類比訊號。而由訊號在時間上的連續與否,可分出(b)和(c)是連續時間訊號,(a)和(d)為離散時間訊號。

確定訊號 vs. 隨機訊號
請分辨下列圖中,哪一個是屬於確定訊號,哪一個是屬於隨機訊號?

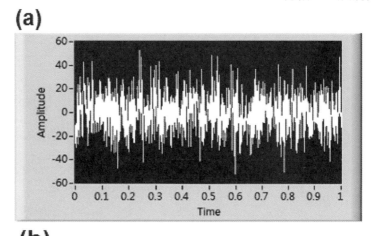

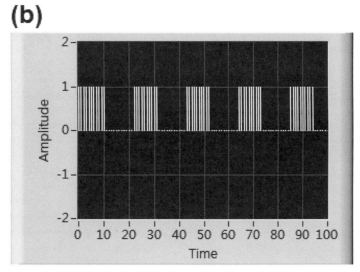

參考訊號及隨機訊號的定義：

分類	定義
確定訊號	當給定某個時間 t 時，我們便可知道該時間 t 對應之訊號值
隨機訊號	當給定某個時間 t 時，這一次所得到的訊

	號值與下一次所得到的訊號值可能會不 相同,訊號值無法預測

從(b)中可看到,訊號的變化是有規律的,因此(b)為確定訊號;然而(a)中的波形看不出任何規律,也因此(b)為隨機訊號。

能量訊號 vs. 功率訊號

請問下表中之(a)和(b),哪一個是能量訊號的定義,哪一個是功率訊號的定義呢?

分類	定義
(a)	訊號的總能量 E 是一個有限的值且平均功率 P 為零
(b)	訊號的平均功率 P 是一個有限的值且總能量 E 為無窮大

參照第一章:當訊號滿足$0 < E < \infty$且$P = 0$時,也就是(a)為能量訊號;當訊號滿足$E = \infty$ 且 $0 < P < \infty$,(b)為功率訊號。

奇訊號 vs. 偶訊號

偶訊號會對 y 軸對稱;而奇函數會對原點對稱,定義如下:

分類	定義
偶訊號	$x(-t) = x(t)$
奇訊號	$x(-t) = -x(t)$

訊號的基本運算

在第二章中則介紹訊號的一些簡單的基本運算，這些都是未來學習更進一步的訊號分析處理時的基礎，以下是在第二章中介紹過的基本運算：

- ◆ 比例縮放 (Scaling)
- ◆ 加法運算 (Addition)
- ◆ 乘積運算 (Multiplication)
- ◆ 微分和積分運算(Differentiation &Integration)
- ◆ 時間縮放(Time Scaling)
- ◆ 時間反轉(Time reversal)
- ◆ 時間偏移(Time Shifting)

請試著利用 LabVIEW 寫一程式來練習看看上面所有運算吧！首先，請依照下面的程式方塊圖撰寫一個 LabVIEW 程式(essentials.vi)：

訊號的基本運算

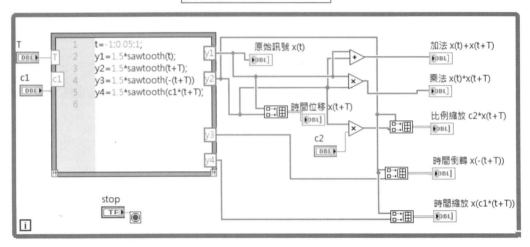

程式設計方法：

依照前幾章習作的方法，新增 MathScript Node 數學函數運算元。

1. 利用 Sawtooth 這個函數來產生波形，其中：
    1. $y1 = x(t)$ 原始波形，為振幅 1.5 之鋸齒波
    2. $y2 = x(t + T)$ 時間偏移
    $y3 = x(-(t + T))$ 時間反轉
    $y4 = x(c1 * (t + T))$ 時間縮放

2. 利用 $y1$ 及 $y2$ 所產生的訊號，來進行下列運算：
    1. 加法 $y5 = x(t) + x(t + T)$
    2. 乘法 $y6 = x(t) * x(t + T)$
    3. 比例縮放 $y7 = c2 * x(t + T)c$
3. 將結果用 Waveform Graph 於 Front Panel 上顯示。

執行結果：

　　　　打開附件程式，調整參數，練習看看結果是否如下：

(紅色是經過運算的結果，綠色為運算前的波形)

原始訊號 x(t)

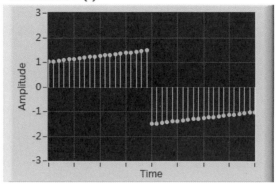

$$y1 \ = \ x(t)$$

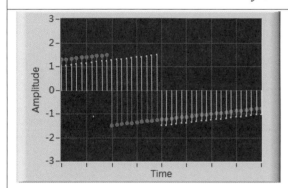

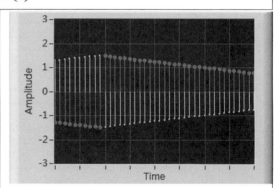

$$y2 \ = \ x(t+T)$$

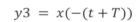

$$y3 \ = \ x(-(t+T))$$

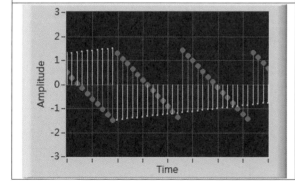

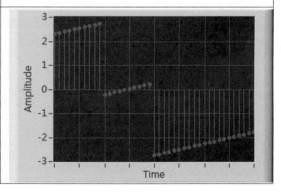

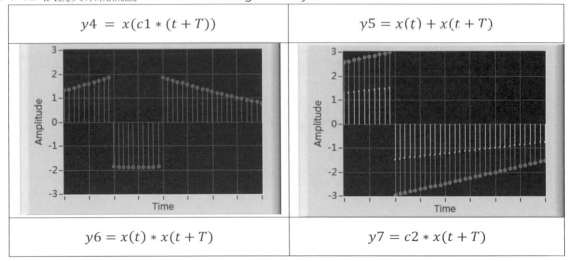

運算的定義統整如下表：

運算定義	連續時間訊號	離散時間訊號
加法運算 (Addition)	$y(t) = x_1(t) + x_2(t)$	$y[n] = x_1[n] + x_2[n]$
乘積運算 (Multiplication)	$y(t) = x_1(t)x_2(t)$	$y[n] = x_1[n]x_2[n]$
微分運算 (Differentiation)	$y(t) = \dfrac{dx(t)}{dt}$	$y[n] = \dfrac{dx[n]}{dn}$
積分運算 (Integration)	$y(t) = \displaystyle\int_{-\infty}^{t} x(\tau)\, d\tau$	$y[n] = \displaystyle\sum_{-\infty}^{n} x[k]$
比例縮放 (Scaling)	$y(t) = cx(t)$	$y[n] = cx[n]$
時間縮放 (Time Scaling)	$y(t) = x(at)$	$y[n] = x[an]$
時間反轉 (Time reversal)	$y(t) = x(-t)$	$y[n] = x[-n]$
時間偏移 (Time Shifting)	$y(t) = x(t - t_0)$	$y[n] = x[n - n_0]$

弦波訊號

　　第三章中，曾提到為了分析訊號，工程上常將以數學函式來表示訊號。因此，在第三章中以數學函式的表示介紹了許多弦波訊號。弦波訊號常以三角函式或指數函式的方式來表示，這是由於尤拉公式說明了三角函式與指數存在著關聯性。

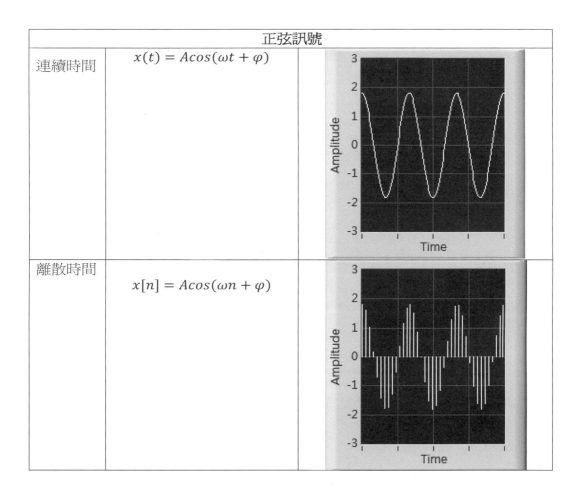

正弦訊號		
連續時間	$x(t) = A\cos(\omega t + \varphi)$	
離散時間	$x[n] = A\cos(\omega n + \varphi)$	

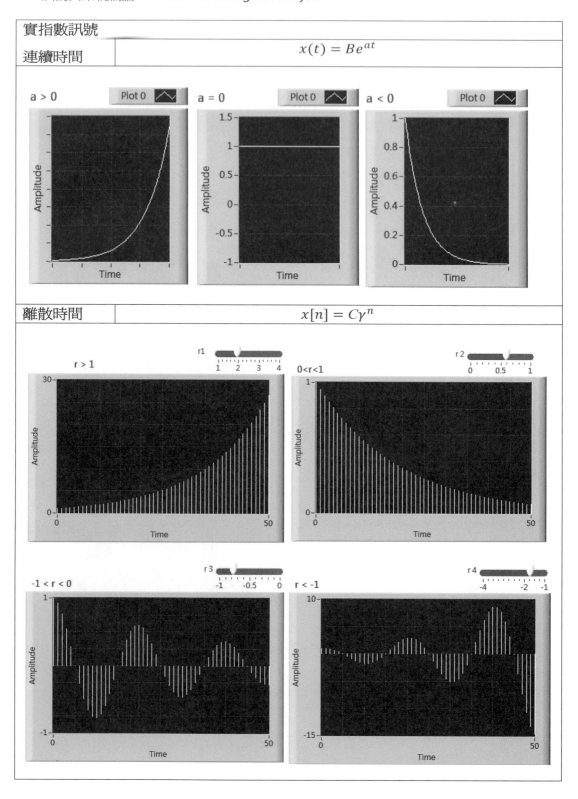

複指數訊號 – 隨指數衰減之正弦訊號

連續時間	$x(t) = |A|e^{rt}e^{j(\omega_0 t + \varphi)}$

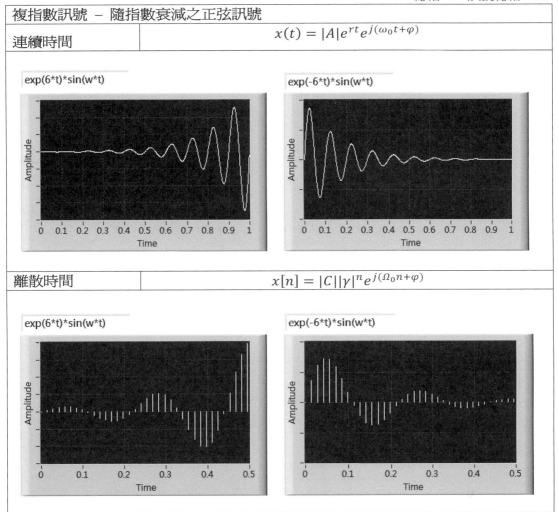

離散時間	$x[n] = |C||\gamma|^n e^{j(\Omega_0 n + \varphi)}$

　　還記得在介紹弦波訊號時，討論最多的即為該訊號是否成週期性，回顧一下週期性的定義，假如一訊號滿足下式，則稱其具有週期性。

$$x(t) = x(t + T_0)$$

　　第三章所介紹過的所有連續時間弦波訊號皆具週期性(詳細證明請參考第三章各節)，然而離散時間訊號並非如此，因此讀者在判斷週期性與否時，必需特別注意。

非弦波訊號

在第四章中,我們介紹了另一種基本常見的訊號類型「奇異函數」,這裡將重新為讀者們統整各奇異函數之定義與波形圖。

單位步階訊號 (Unit Step Function)		
連續時間	$u(t) = \begin{cases} 1 & , \ t > 0 \\ 0 & , \ t < 0 \end{cases}$	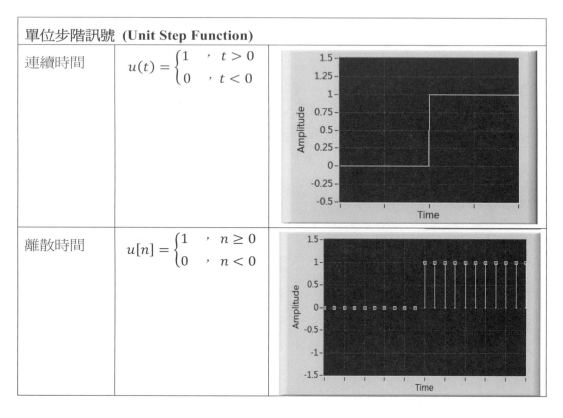
離散時間	$u[n] = \begin{cases} 1 & , \ n \geq 0 \\ 0 & , \ n < 0 \end{cases}$	

單位脈衝訊號 (Unit Impulse Function)		
連續時間	$\delta(t)$ $= \begin{cases} non-exist, & t = 0 \\ \infty, & t \approx 0 \\ 0, & t \neq 0 \end{cases}$ $\int_{-\infty}^{\infty} \delta(t)\,dt = 1$	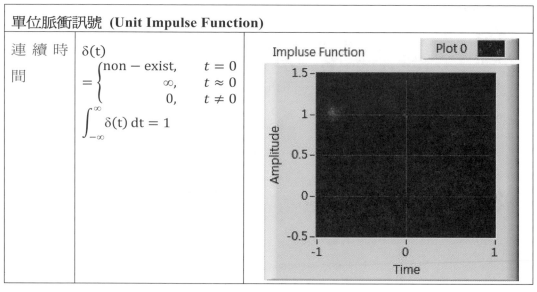

| 離散時間 | $\delta[n] = \begin{cases} 1 & , \quad n = 0 \\ 0 & , \quad n \neq 0 \end{cases}$ | 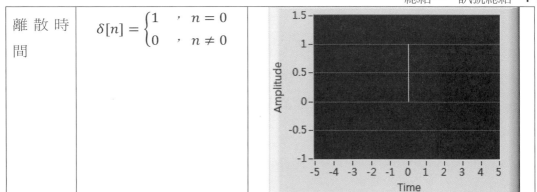 |

斜波訊號 (Ramp Function)

| 連續時間 | $r(t) = \begin{cases} t & , \quad t \geq 0 \\ 0 & , \quad t < 0 \end{cases}$
 $r(t) = \displaystyle\int_{-\infty}^{t} u(t)dt$
 $\dfrac{dr(t)}{dt} = u(t)$
 $r(t) = \displaystyle\iint_{-\infty}^{t} \delta(t)dt$ | 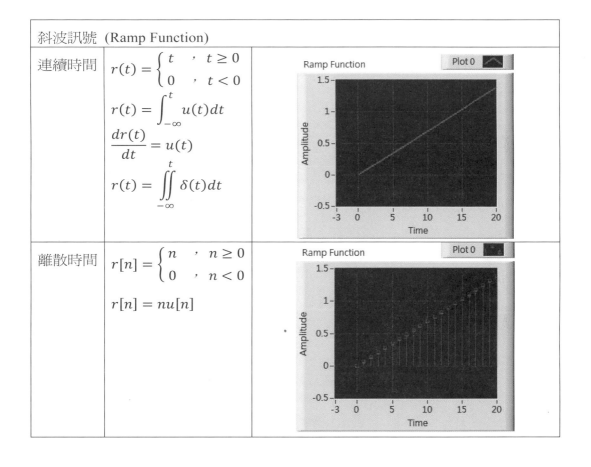 |
| 離散時間 | $r[n] = \begin{cases} n & , \quad n \geq 0 \\ 0 & , \quad n < 0 \end{cases}$
 $r[n] = nu[n]$ | |

　　奇異函數訊號以單位脈衝訊號為基礎，取其一次積分為單位步階訊號；取其兩次積分為斜波訊號。奇異函數訊號也是一種非常重要的基本訊號，可延伸出相當多的應用。

其它常見之波形 ─ 方波 三角波 鋸齒波

目標：利用 LabView 畫出方波、三角波及鋸齒波

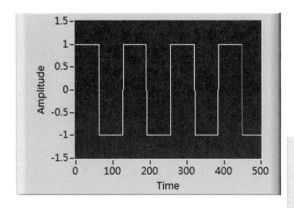

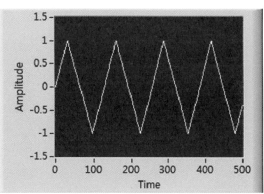

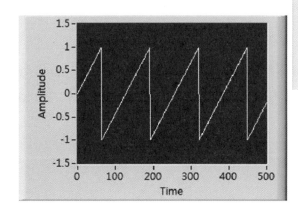

Figure P1.5(a) ex P1-2 other waveforms.vi (Front Panel)

請依照以下程式方塊圖，建立方波、三角波和鋸齒波。

Figure P1.5(b) ex P1-2 other waveforms.vi (Block Diagram)

程式設計方法(依步驟)

● 人機介面(Front Panel)

1. Express→Numeric Controls→Pointer Slide(Horizontal Pointer Slide)新增一個控制條用來調整 Sample 的數目。

2. Express→Graph Indicators→Waveform Graph (Controls-Graph)新增 3 個波形圖。

● 程式方塊圖(Block Diagram)

1. Signal Processing→Signal Generation→Square Wave

2. Signal Processing→Signal Generation→Triangle Wave

3. Signal Processing→Signal Generation→Sawtooth Wave

總結訊號

目標：總結第一到四章所學到的東西及其意義。

本書的第一部分談論「訊號」的四個章節分別介紹了有：

1. 什麼是訊號，以及日常生活中的許多範例以及分類方式；
2. 進行訊號分析時常用的複指數訊號、弦波訊號的組成式、表示式；
3. 進行系統分析時會用的脈衝訊號概念及以其組合爲基礎其表示式。

讀者在本部分務必要了解到：能夠利用複指數訊號完整並唯一的拆解訊號的主要原因在於其座標軸具備「正交性」；而利用偏移脈衝訊號組合訊號的原理則在於其「取樣」及「偏移特性」。

接下來「系統」以及「訊號轉換」的篇章中，則將要爲讀者做進一步的說明基於以上性質之下的數學模型，並介紹如何應用於實務上的問題。

5

第五章

本章節將循序介紹談論系統時常見的基本特性，並讓初學者可以瞭解此部份相關的基本程式撰寫方式。另外，問題與討論中，將延伸本章節所敘述的內容，以奠定對於系統基本觀念的了解。

G oal 目標

- 瞭解系統基礎概念與其基本特性的定義；
- 瞭解何謂數學模型與為何用以敘述系統；

K ey 關鍵名詞

- 系統 (System)
- 響應 (Response)
- 補償 (Offset)

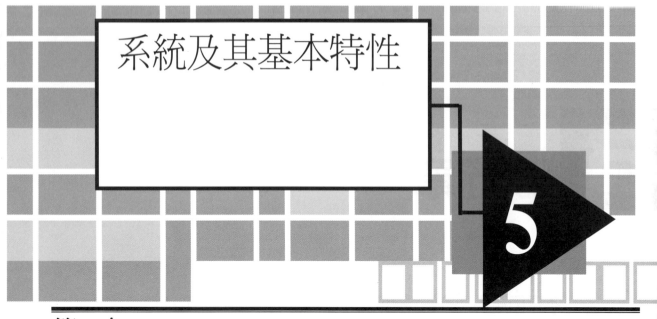

系統及其基本特性

5

簡 介

隨著關於訊號的介紹告一段落，接下來談的是系統。在資訊領域所謂的資訊系統、電信領域有所謂的通訊系統、幾乎各領域都有自己對於系統的定義，那麼，在訊號與系統中所談的「系統」究竟是什麼呢？根據定義，在訊號與系統中所談的「系統」為「輸入訊號的轉換程序，或輸入訊號以某些方式造成系統輸出的一種程序，結果於系統輸出端產生不同於輸入訊號的其他訊號」，簡而言之重點就在於訊號輸入與輸出間過程中究竟經歷什麼樣的轉換，可看作輸入函數 f 經由系統轉換函數 T 變成 g 的過程，數學上可表示為 $g(x) = T(f(x))$，示意圖如下：

圖 5.0a 系統定義示意圖

常見的例子有連續時間系統(*Continuous-time system*)與離散時間系統
(*Discrete-time system*) ，示意圖如下：

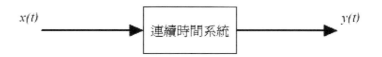

圖 5.0b 連續時間系統定義示意圖

連續時間系統是一種輸入連續時間訊號(連續的時間函數)，輸出也是連續
時間訊號(還是連續的時間函數)的系統。也常用$x(t) \rightarrow y(t)$符號來表示。

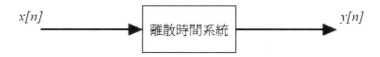

圖 5.0c 離散時間系統定義示意圖

而離散時間系統則是一種輸入離散時間訊號(非連續的時間函數)，輸出也
是離散時間訊號(還是非連續的時間函數)的系統。也常用$x[n] \rightarrow y[n]$符號
來表示。簡而言之「針對連續時間訊號作轉換的系統」一般稱之為連續
時間系統，而「針對離散時間訊號作轉換的系統」稱之為離散時間系統。

習作 5-1 範例系統

目標： 以離散時間系統爲例，藉由實際計算的方式增進對「系統」的感覺。

系統的定義爲訊號輸入與輸出間的過程，試想有一個離散的時間訊號，爲$x[n] = n + 1$意思就是 y 值會隨著 *n* 變化，當經過一個系統之後變成$y[n] = 2x[n] + 1$ ：

圖 5.1 範例系統示意圖

所以，藉由上述訊號數學式可得知 $x[n]$在 *n=1* 時值爲 2，*n=2* 時值爲 3，而$y[n] = 2x[n] + 1 = 2(n + 1) + 1 = 2n + 3$故 *n=1* 時值爲 5，*n=2* 時值爲 8、以此類推如下表，其餘未完成的部分可自行練習。

表 5.1 範例系統輸入輸出

n	1	2	3	4	5	6	…
$x[n]$	2	3					
$y[n]$	5	7					

好啦！在手動計算輸入訊號與輸出訊號的差異之後，是否對「系統」一詞的概念有了進一步的了解呢？如果還沒有了解請不用擔心，在下一個範例中將使用 LabVIEW 設計的程式，利用程式呈現訊號的面貌，讓數值運算變得更加容易理解。

習作 **7-1** 結束

習作 **5-2** 以 LabVIEW 程式模擬範例系統

目標：利用 LabVIEW 的程式撰寫一個簡單的系統作為範例，了解需要有哪些基本元件以構成一個系統，並藉由調整參數的練習對系統產生進一步的概念。

馬上就到了程式設計的部分了，該怎麼藉由 LabVIEW 來展示系統的奧妙呢？其實一點都不難，所謂的系統就是輸入訊號到系統輸出的一個過程。首先在這裡假設有一個系統可將輸入訊號放大 a 倍並加入 b 大小的補償(offset)，所以若輸入訊號(Input Signal)為 $x(t) = sin(2\pi ft)$，其中，$f = 10.1$ 在進到系統輸出的訊號 (Output Signal) 就會是 $y(t) = a \times sin(2\pi ft) + b$，其中，$f = 10.1$。以下以一個簡易的 LabVIEW 範例程式來進行展示，以增加讀者對於轉換輸入到輸出的感覺。

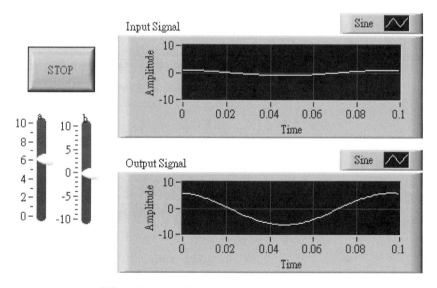

圖 5.2a ex 5-2 system.vi (Front Panel)

圖 5.2a 的示波器中顯示的波形可看到 Input Signal，與系統 Output Signal，左邊的控制條分別可調整 a 值與 b 值，上方為程式停止按鈕(STOP)。此

範例程式可明顯的看出 a 值大小對於訊號有放大作用，而 b 值對訊號 $x(t)$ 波形影響則在於訊號值高低變化；補償 b 越高時，訊號 $x(t)$ 準位也會越高。以下將介紹此範例程式的設計架構。

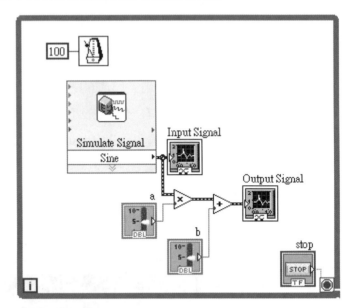

圖 5.2b ex 5-2 system.vi (Block Diagram)

程式設計方法(依步驟)

● 人機介面設計端(Front Panel)

1. Express→Numeric Controls→Pointer Slide(Vertical Fill Slide) (Controls-Numeric)新增兩個控制條分別控制縮放 a 與補償 b。

2. Express→Graph Indicators→Waveform Graph (Controls-Graph)新增兩個波形的繪圖版面。

● 程式方塊圖(Block Diagram)

1. Signal Processing→Waveform Generate→Simulate Signal 新增模擬訊號，並在此設計訊號 $x(t)$ 波形顯示程式的內容。

2. Programming→Numeric→Add, Multiply 加入加法、乘法運算元。

3. Programming→Structures→While Loop 令程式持續執行。

4. Programming→Timing→Wait Until Next Multiple 新增程式執行減速元件(為了降低顯示速率，不然會看不清楚訊號)並設成 100(讓一個迴圈跑 0.1 秒)。

習作 5-2 結束

習作 **5-3**　淺談響應(Response)及如何以偏移脈衝訊號的組合表示輸入訊號

目標：從單位脈衝開始，說明以偏移脈衝訊號的組合表示輸入訊號的數學式，並初步介紹何謂響應。

在訊號與系統的探討中系統的輸出 $y[n]$ 又被稱為響應(Response)，響應的意義為系統由於輸入而引起的反應，反應的因素通常包含了輸入訊號的值及系統特性的影響。

故當要討論系統特性時就得從輸入訊號與脈衝訊號談起，還記得在談論訊號種類時曾談論過的脈衝訊號嗎？不論是定義在離散時間底下的單位脈衝訊號「$\delta[n]$」：

$$\delta[n] = \begin{cases} 1, & n = 0 \\ 0, & n \neq 0 \end{cases}$$

還是定義在連續時間底下寬度為 0 時面積為 1 的單位脈衝訊號「$\delta(t)$」，因：

$$\delta(t) = \begin{cases} \infty, & t \approx 0 \\ 0, & t \neq 0 \end{cases}$$

滿足

$$\int_{-\infty}^{\infty} \delta(t)\,\mathrm{dt} = 1$$

$$\int_{-\infty}^{\infty} x(t)\delta(t)\,\mathrm{dt} = x(0)$$

故當欲使 $\delta(t)$ 在 $t \neq 0$ 的區間內都等於零時，$\delta(0) = \infty$，如下示意圖所示：

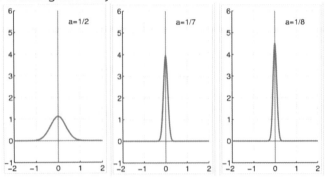

圖 5.3a 連續時間下單位脈衝訊號示意圖

本圖引述自 www.wikipedia.org/

當橫軸寬度趨近於無限小時，變成式：

$$\delta(t) = \begin{cases} \infty, & t \approx 0 \\ 0, & t \neq 0 \end{cases}$$

其最重要的特性就在於能夠定位時間軸上任一點的偏移脈衝訊號其訊號值，以此特性輸入訊號 x[n]在n_0的偏移脈衝函數值便可以如以下表示：

$$x[n]\delta[n - n_0] = x[n_0]$$

已知單位脈衝訊號在任何 $n \neq n_0$的值都為 0，只在$n = n_0$時具強度 1，因此若將離散時間訊號 $x[n]$與單位脈衝訊號$\delta[n - n_0]$相乘，可知 $x[n]$只有在$n = n_0$時會被影響，故$x[n]\delta[n - n_0]$可取出$x[n]$在$n = n_0$時的函數值$x[n_0]$(在第四章曾簡短提到過連續時間下的情況，稱此為單位脈衝訊號的取樣特性及偏移特性)。故$x[n]$在 k 的偏移脈衝函數值則可以表示成$x[k]\delta[n - k]$，表示在座標軸上一點$x[k]$，舉例：

$$x[\text{n}]\delta[n - 1] = \begin{cases} x[1], & n = 1 \\ 0, & n \neq 1 \end{cases}$$

$$x[\text{n}]\delta[n] = \begin{cases} x[0], & n = 0 \\ 0, & n \neq 0 \end{cases}$$

$$x[\text{n}]\delta[n + 5] = \begin{cases} x[-5], & n = -5 \\ 0, & n \neq -5 \end{cases}$$

可分別表示離散時間訊號$x[n]$在 1、0 與-5 時的訊號，故訊號 $x[n]$可表示

為其所有偏移脈衝的總和，式：

$$x[n] = \sum_{k=-\infty}^{\infty} x[k]\delta[k-n]$$

當討論到連續時間下的偏移脈衝總和時，由於求偏移脈衝總和其實就是

在算輸入訊號 x(t)的面積，所以在此必須使用到積分的技巧才能求出。

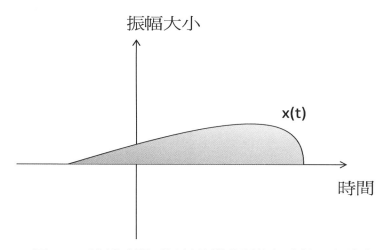

圖 5.3b 連續時間下以偏移單位脈衝組合輸入訊號之示意圖

為使說明更淺顯易懂，首先在此定義一脈衝函數為

$$\delta_\Delta(t) = \begin{cases} 1/\Delta, & 0 \le t < \Delta \\ 0, & \text{o.w} \end{cases}$$

以此為前提下，由於$\delta_\Delta(t-k\Delta) \times \Delta$在$k\Delta$時值為 1，故在此亦可以利用其

取樣特性，寫出類似離散訊號下利用偏移脈衝組合結合出輸入訊號的式

子：

$$x_\Delta(t) = \sum_{k=-\infty}^{\infty} x(k\Delta)\delta_\Delta(t - k\Delta)\Delta$$

此式的示意圖如圖 5.3c 所示，

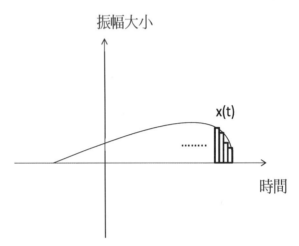

圖 5.3c 連續時間下以偏移單位脈衝組合輸入訊號之示意圖

將所有 x(t)拆成一個一個小小的長方形再利用與離散時間下偏移脈衝訊號組合類似的定義，把所有的長方形做加總。連續時間訊號即可則視做很多小段的此種偏移脈衝訊號的總和，其意義就如同去趨近 x(t)底下所包含的面積。又當Δ→ ∞，線段趨近於無線小時：

$$x(t) = \lim_{\Delta\to\infty}x_\Delta(t) = \lim_{\Delta\to\infty} \sum_{k=-\infty}^{\infty} x(k\Delta)\delta_\Delta(t - k\Delta)\Delta = \int_{-\infty}^{\infty} x(\tau)\delta(t - \tau)\,\mathrm{d}\tau$$

可得到連續時間下利用偏移脈衝訊號的組合表示的輸入訊號 $x(t)$ ，而 $x(t)$在t_0時的訊號值即為$x(t_0) = \int_{-\infty}^{\infty} x(t_0)\delta(t_0 - \tau)\,\mathrm{d}t$。

以下以一個簡易的 LabVIEW 範例程式來進行展示，以增加讀者對於轉換輸入到輸出的感覺。

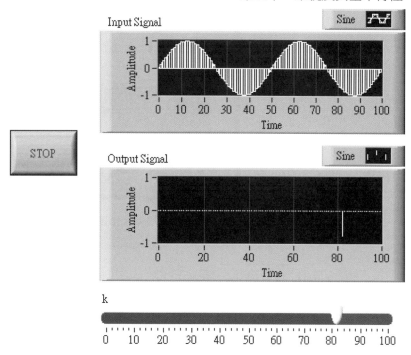

圖　5.3d(a) ex 5-3 combination.vi (Front Panel)

圖　5.3d(a)的示波器中顯示的波形可看到訊號 $x[n]$，與其偏移脈衝函數 $x[k]\delta[n-k]$，下面的控制條可調整 k 值，上方為程式停止按鈕(STOP)。藉由此範例程式可藉由調整 k 的位置明顯的看出何謂訊號的偏移脈衝函數，及為何所有偏移脈衝函數的總和即為原訊號。以下將粗略介紹此訊號範例程式的設計架構。

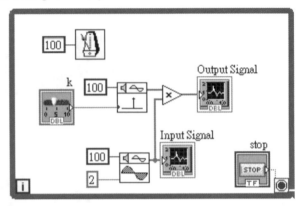

圖 5.3d(b) ex 5-3 combination.vi (Block Diagram)

程式設計方法(依步驟)

● 人機介面設計端(Front Panel)

3. Express→Numeric Controls→Horizontal Pointer Slide 新增控制條控制 k 值(限制 k 在 1 到 100 之間)。

4. Express→Graph Indicators→Waveform Graph (Controls-Graph)新增兩 個波形的繪圖版面。

● 程式方塊圖(Block Diagram)

5. Signal Processing→Signal Generation→Sign Pattern 新增 Sin 波模擬訊 號。

6. Signal Processing→Signal Generation→Impulse Pattern 新增 Impulse 模 擬訊號。

7. Programming→Numeric→Multiply 加入乘法運算元。

8. Programming→Structures→While Loop (Functions-Struct.)令程式持續執 行。

更進一步對於系統響應的探討會再第六章繼續。

習作 **5-3** 結束

習作 **5-4**　常見系統特性 — 記憶性(Memory)

目標：藉由幾個簡單的系統作爲範例了解記憶性與非記憶性的定義與判別方法。

　　習作 5-3 介紹完響應以後，接下來要探討的是常見的系統特性，當談到系統特性一定要談到的就是系統是否具備所謂的記憶性了。簡單來說輸出訊號僅與當時的輸入訊號有關的系統，都稱之爲不具記憶性的無記憶系統，明確的定義是：系統輸出只與當時輸入訊號有關的系統，其餘不論有參照過去的輸入訊號、未來的輸入訊號還是參照了過去的輸出訊號皆屬於具記憶性的記憶系統。

在此舉兩例以供了解記憶性的概念：如何判別 $y[n] = 3x[n] + x^3[n]$ 與 $y[n] = 3x[n-1] + x^3[n-2]$ 是否具有記憶性？

解 $y[n] = 3x[n] + x^3[n]$：

因爲 y[n]只與當下的輸入訊號 x[n]有關，故爲無記憶性。

解 $y[n] = 3x[n-1] + x^3[n+2]$：

因爲 y[n] 既參照了過去的輸入訊號 x[n-1]更與未來的輸入訊號 x[n+2]有關，故稱爲具記憶性。

其他實際範例：電流(I)經過電阻器(R)輸出電壓(V)式 $V(t) = I(t)R$
算不算是一個具記憶性之系統？

習作 **5-4** 結束

習作 5-5 常見系統特性 — 因果性(Causality)

目標：藉由幾個簡單的系統作為範例了解具因果性與不具因果性的定義與判別方法。

在記憶性之後緊接著要介紹的是因果性，有些系統輸出訊號僅與當時以及過去的輸入訊號有關，都稱為具因果性的因果系統，換句話說就是不會預期未來的輸入訊號值，僅以現在以及過去的輸入訊號轉換輸出。明確的定義：因果系統 = 系統輸出只與當時輸入訊號以及過去的輸入訊號有關的系統。

在此舉同樣的要舉兩例以增添讀者對因果性的感覺：如何判別$y[n] = 3x[n-1] + x^3[n]$與$y[n] = 3x[n-1] + x^3[n+2]$是否具有因果性？

解$y[n] = 3x[n-1] + x^3[n]$：

因為 $y[n]$與當下的輸入訊號 $x[n]$及過去的輸入訊號 $x[n-1]$有關，故為具因果性。

解$y[n] = 3x[n-1] + x^3[n+2]$：

因為 $y[n]$ 既參照了過去的輸入訊號 $x[n-1]$更與未來的輸入訊號 $x[n+2]$有關，故稱為不具因果性。

實際範例：請問電流(I)經過電阻器(R)輸出電壓(V)式$V(t) = I(t)R$
算不算是一個具因果性之系統？

習作 5-5 結束

習作 **5-6**　　常見系統特性 — 穩定性(Stability)

目標：藉由簡單的程示範例模擬系統特性了解具穩定性與不具穩定性的定義與判別方法。

緊接著因果性要介紹的是穩定性，有些系統輸出訊號不只與輸入訊號有關，更會自行無限增加，此類系統被稱爲輸出訊號發散的不穩定系統。明確的定義：穩定系統 ＝ 當輸入訊號爲有限數值時其輸出訊號數值亦爲有限(不發散)，當輸入訊號x(t) < *A*(有界)時其輸出 *y*(*t*)必也小於某B(非無限)。以與習題 5-2 同樣的程式爲例，當將控制條 a 換成∞以後，如下圖所示：

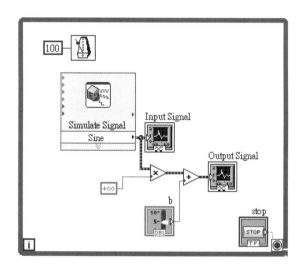

圖　5.6 ex 5-6 stability(5-2ch).vi (Block Diagram)

其輸入訊號$x(t) = sin(2\pi ft)$，其中，f = 10.1，系統輸出訊號
$y(t) = \infty \times sin(2\pi(10.1)t) + b = \infty$變成無限大，Y 軸的 Scale 怎麼調整都辦法達到頂點，因爲系統輸出完全發散了，是爲不穩定系統。

習作 **5-6** 結束

習作 5-7　常見系統特性 — 非時變性(Time-invariance)

目標：介紹非時變性的定義與判別方法。

接下來在習作 5-7 要探討的是非時變性(Time-invariance)，有些系統的轉換公式會隨著時間改變，則稱之為時變系統，在時變系統中輸出訊號不只與輸入訊號有關，更會根據當下的時間而有所不同，簡單來說就是一個系統昨天使用與今天使用其輸入訊號輸出訊號轉換公式會有變化而不同。反之不隨時間改變的系統則稱之為非時變性的非時變系統。更明確的定義：非時變系統 = 系統的表現與特性不隨時間改變的系統，而時變系統就是表現與特性隨時間改變的系統。

簡而言之，若某一離散時間系統若輸入訊號為 $x[n]$ 時其輸出訊號等於 $y[n]$，則輸出訊號為 $y[n\text{-}k]$ 時輸入即為 $x[n-k]$，一連續時間系統若輸入訊號為 $x(t)$ 時其輸出訊號等於 $y(t)$，則輸出訊號為 $y(t-\tau)$ 時輸入即為 $x(t-\tau)$。

問題來了，一般在醫院或電視影集中常見到的心電圖(ECG)量測訊號，以人體體表電位為輸入，螢幕訊號顯示為輸出，此系統是時變性還是非時變性？答：若內部原件能作到完全不受溫度、濕度及其他任何外界因素影響其材料特性，則為非時變性。由此可知，為了方便作系統分析，在現實生活當中，有進行系統分析時很多的應用其實都是被「假設」為非時變性的。至於為何非時變性較時變性系統易於分析，則會在第六章進一步討論。

習作 **5-7** 結束

習作 5-8 常見系統特性 — 線性(Linearity)

目標：藉由簡單的程示範例模擬系統特性了解具線性與不具線性的定義與判別方法。

緊接著在非時變性之後要介紹的是線性(Linearity)，線性意味著就是在輸出與輸入兩式之間具備所謂的疊加性，當輸入以四則運算式(加、減、乘、除)改變時，輸出式也會以同樣的四則運算改變。若$x_1(t) \to y_1(t)$ 且 $x_2(t) \to y_2(t)$為同一系統的輸入及輸出，則該系統為線性系統的充要條件為：

1. 加成性(additivity)：$x_1(t) + x_2(t) \to y_1(t) + y_2(t)$
2. 縮放性(scaling)或齊次性(homogeneity)：$ax(t) \to ay(t)$

且不論在連續時間或離散時間上，此對於線性的定義均成立，其通式如下所示：

1. $ax_1(t) + bx_2(t) \to ay_1(t) + by_2(t)$
2. $ax_1[n] + bx_2[n] \to ay_1[n] + by_2[n]$

以下以一個簡單的 LabVIEW 範例程式來進行展示，以增加讀者對於轉換輸入到輸出的感覺。

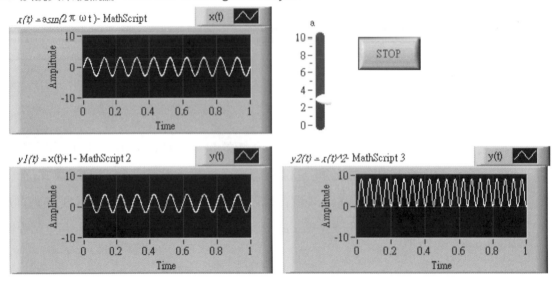

圖 5.8a ex 5-8 linearity.vi (Front Panel)

圖 5.8 的三個示波器中顯示的波形可看到輸入訊號 $x(t) = a \times sin(2\pi\omega t)$，與其兩個不同的系統輸出分別為一線性系統輸出 $y_1(t) = x(t) + 1$ 與一非線性系統輸出 $y_2(t) = x^2(t)$，右邊的控制條可調整 a 值，上方為程式停止按鈕(STOP)。藉由此範例程式可藉由調整 a 的值可看出當輸入訊號為 a 倍時線性與非線性系統輸出的差別。以下將粗略介紹此訊號範例程式的設計架構。

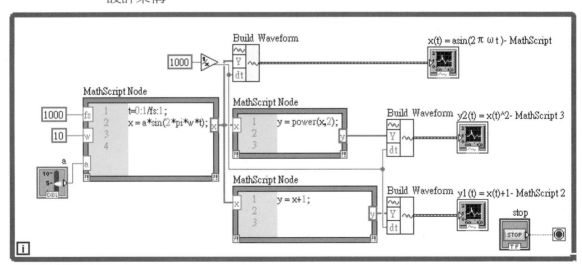

圖 5.8b ex 5-8 linearity.vi (Block Diagram)

程式設計方法(依步驟)

- 人機介面設計端(Front Panel)

5. Express→Numeric Controls→Vertical Pointer Slide 新增控制條控制 a 值(限制 a 在 0 到 10 之間)。

6. Express→Graph Indicators→Waveform Graph (Controls-Graph)新增三個波形的繪圖版面。

- 程式方塊圖(Block Diagram)

9. Mathematics→Scripts & Formulas→MathScript Node 新增三個數學式模組，分別鍵入輸入訊號、系統 1 及系統 2 的轉換函式。

10. Programming→WaveForm→Build WaveForm 新增波型產生器。

11. Programming→Structures→While Loop (Functions-Struct.)令程式持續執行。

　　非線性(non-linear)是指輸出輸入既不是正比例也不是反比例的情形，引數與變數之間不成線性關係，而成曲線或拋物線關係或不能定量，這種關係就叫做非線性關係。線性函數即一次函數，其圖像為一條直線。其它函數則為非線性函數，其圖像不是直線。線性關係是互不相干的獨立關係，而非線性則是變數之間又具相互作用關係，使得整體不再是簡單地等於部分之和，而可能出現不同於「線性疊加」的增益或虧損。

習作 **5-8** 結束

問題與討論

1. 設有一連續時間系統其輸入輸出為 $x(t)$ 與 $y(t)$，及一離散時間系統輸入為 $x[n]$ 輸出為 $y[n]$，請分辨以下所列之系統是否具備 i)線性 ii)非時變性：

   a) $y[n] = \log_{10}(|x[n]|)$

   b) $y(t) = \frac{dx(t)}{dt}$

   c) $y[n] = cos(2\pi x[n+1]) + x[n]$

   d) $y(t) = \frac{d}{dt}(e^{-t}x(t))$

   e) $y[n] = 2x[2^n]$

   (民 96 國立暨南國際大學電機所系統組入學考題)

2. 請分辨下列以 $y(t)$ 表示輸出，$x(t)$ 表示輸入的系統是否具有以下特性 a)非記憶性 b)非時變性 c)線性、以及 d)具因果性。

   1) $y(t) = [cos(3t)]x(t)$

   2) $y(t) = \begin{cases} 0, & x(t) < 0 \\ x(t) + x(t-2), & x(t) \geq 0 \end{cases}$

   3) $y(t) = \int_{-\infty}^{2t} x(\tau)d\tau$

   (民 97 交大電機學院通訊與網路科技產業研發碩士專班入學考題)

3. 考慮一系統，設其輸入為 $x(t)$ 輸出為 $y(t)$ 有關係式如下：

   $$y(t) = x(t^2)$$

   1)請證明此系統是否為線性？

   2)請證明此系統是否具備因果性？

   3)請證明此系統是否為非時變性？

   (民 97 交大電機學院碩士在職專班電信組入學考題)

6 第六章

本章節的內容相當重要，對於了解訊號與系統基礎概念而言，是相當重要的一環。本章將與大家進一步討論為何要以數學模型來敘述系統並介紹在談論系統及其特性時使用的數學模型及其運算方式。另外，問題與討論中，將延伸本章節所敘述的內容，以增進對數學模型的了解，以及奠定運用程式模擬、分析系統的能力。

目標

- 學習敘述系統及其特性時的數學模型；
- 實際推導公式以厚植對於相關議題的背景知識；
- 了解線性非時變系統的意義及用途；

關鍵名詞

- 線性非時變系統 (Linear Time Invariant System)
- 摺積 (Convolution)

系統分析概念與
線性非時變系統

6

簡 介

還記得在第五章曾提過系統的定義嗎？在實際計算訊號的輸入與輸出及藉由程式模擬手動調整參數更改輸入與輸出的關係之後是否對系統的意義有多一點的感覺了呢？但是在各個領域其實都有自己所謂的系統，分別都有不一樣的外在型態與用途，而當要進行分析時，這麼多面相會過於複雜，所以人們必須思考該如何簡化。

　　而數學模型讓人們能夠將現象量化，讓不同的研究者能夠針對同一個現象有溝通的橋樑，所以一般所採用的做法是利用數學的「模型」，讓系統能夠以標準化的方式被討論、分析，簡化成容易了解的型式。本章將進一步探討如何利用數學模型探討系統，其假設以及衍伸出的意義、並開始介紹一些特性在數學上如何描述。

　　要用數學式表示一個系統其實就是以輸入來表示輸出的一個轉換函式。就如同在高中課本學過的「函數」，四則運算中的「相加」表示的是這個系統疊加了輸入訊號例如：$y[n] = x[n] + 1$代表的就是系統針對輸入訊號 x[n]加上一個數值(在此為 1)，而相對於疊加則是四則運算中的「相減」，例如：$y[n] = x[n] - 1$便是代表系統刪減輸入訊號 $x[n]$一個數值(在此為 1)。四則運算中的「相乘」與「相除」代表的是對於輸入訊號的「縮放」換句話說就是將訊號「放大」或「縮小」。

　　另外，微分與積分的表示符號在系統的數學敘述中亦常被使用，微分的意義在於在特定時段輸入訊號的瞬間變量，而積分表示的則是累加特定時段內輸入訊號的數值。上述提及的四則運算及微積分在系統轉換函式中皆可同時出現，例如：$y(t) = 7\int_{-\infty}^{t} x(t)\,dt - 2\frac{dx(t)}{dt} + \frac{3}{8}x(t)$ 。其他還有特殊表示的式子例如摺積(Convolution)，因可利用於系統敘述，所以，被列入標準運算之一。

習作 6-1　從脈衝響應到系統特性

目標：以簡單的範例介紹系統特性以及脈衝響應的性質與意義。

　　所謂的「系統特性」其實便是由系統對於瞬間訊號值的響應而來的定義，又稱為脈衝響應(Impulse Response)，值為h，意指輸入單位脈衝訊號時的系統輸出。

　　脈衝響應的意義不僅只於輸入為單位脈衝訊號時系統的輸出，更進一步表示的是能夠被定義的系統特性，離散時間中即定義$h_{n-k}[n]$為系統在 n 時間對於偏移單位脈衝訊號$\delta[n-k]$的響應，亦為系統在特定時間的系統特性，下標 $n-$ k 則因系統可能隨時間改變是為具時變性而標。而連續時間中則同理定義$h_{t-\tau}(t)$為系統在 t 時間對於偏移單位脈衝訊號$\delta(t-\tau)$的響應，亦為系統在特定時間的系統特性。以下本書就一個簡易的 LabVIEW 範例程式來進行展示，以增加讀者對於脈衝輸入訊號與響應的感覺。

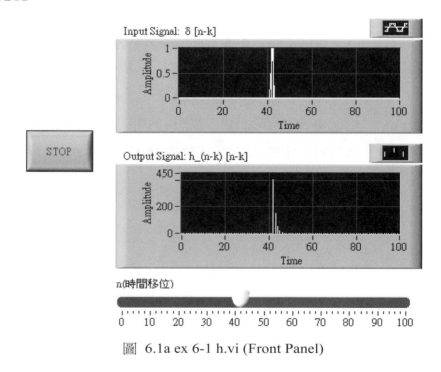

圖 6.1a ex 6-1 h.vi (Front Panel)

　　從圖 6.1a 的示波器中顯示的波形可看出單位脈衝訊號$\delta[n-k]$，及

以其作爲輸入訊號進入一系統後的脈衝響應$h_{n-k}[n-k]$。下面的控制條可調整代表時間偏移的 n 值，上方爲程式停止按鈕(STOP)。藉由此範例程式讀者可觀察被定義爲輸入一單位脈衝訊號後系統的響應的脈衝響應的意義，並可藉由調整 n 的位置觀察到在不同的時間系統特性函式h_{n-k}可能會因$n-k$的不同而改變的現象。以下將粗略介紹此訊號範例程式的設計架構。

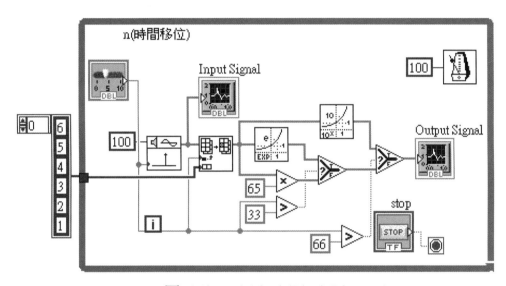

圖　6.1b ex 6-1 h.vi (Block Diagram)

程式設計方法(依步驟)

● 人機介面設計端(Front Panel)

1. Express→Numeric Controls→Horizontal Pointer Slide 新增控制條控制 n 值(限制 n 在 1 到 100 之間)。

2. Express→Graph Indicators→Waveform Graph (Controls-Graph)新增兩個波形的繪圖版面。

● 程式方塊圖(Block Diagram)

1. Signal Processing→Signal Generation→Impulse Pattern 新增 Impulse 模擬訊號。

2. Programming→Array→Array Constant 新增常數陣列。

3. Programming→Numeric→Numeric Constant 新增數值常數放到常數陣列中，為常數陣列定型。後再將常數陣列往下拉出六個元素，依序填入六個任意常數(此例為 6, 5, 4, 3, 2, 1)。

4. Programming→Array→Replace Array Subset 新增陣列子集置換。

5. Mathematics→Elementary→Exponential Functions→Exponential 新增自然指數函式。

6. Mathematics→Elementary→Exponential Functions→Power Of 10 新增 10 的指數函式。

7. Programming→Numeric→Multiply 新增乘法運算元。

8. Programming→Comparison→Greater? 新增比較大小運算元。

9. Programming→Comparison→Select 新增選擇運算元。

10. Programming→Structures→While Loop (Functions-Struct.)令程式持續執行。

讀者到這邊是否開始對系統的脈衝響應有進一步的感覺了呢？

習作 6-1 結束

習作 6-2　離散時間下以偏移脈衝響應的組合來表示系統響應

目標：以公式推導與意義解說的方式讓讀者了解在離散時間下如何以偏移脈衝響應的組合表示系統響應。

當要進行進一步的系統分析時，由於現實生活中的系統響應可能過於複雜，一般情形下爲了能夠簡易的分析會假設輸入與輸出間的轉換函式爲在習作 5-8 曾提過的「線性」。而從本節開始，爲了教授基本的分析方法，所有討論的系統都將在假設具備線性特性(5-8 所提到的「加成性」與「縮放性」)的前提下進行分析。

1. 加成性(additivity)：$x_1[n] + x_2[n] \rightarrow y_1[n] + y_2[n]$
2. 縮放性(scaling)或齊次性(homogeneity)：$ax_1[n] \rightarrow ay_1[n]$

要在數學上能夠描述一個系統必須將所有的特性拆解並且簡化，首先要做的事情就是把一般的信號看成偏移脈衝函數的線性組合。以離散時間訊號爲例，在上一章曾提過由於偏移脈衝函數$\delta[n+k]$僅在$n = -k$時爲 1，可以用來表示輸入訊號在$n = -k$時的值。而$h_{n-k}[n-k]$則表示系統在 n 時間對偏移單位脈衝$\delta[n-k]$的響應。由於在此所探討的系統具備加成性，故可知$\delta[n-1] + \delta[n-2] \rightarrow h_{n-1}[n-1] + h_{n-2}[n-2]$，系統的響應可由偏移脈衝響應的和來表示，當輸入訊號$x[n] = \sum_{k=-\infty}^{\infty}\delta[n-k]$時：

$$y[n] = \sum_{k=-\infty}^{\infty} h_{n-k}[n-k]$$

又由於系統具備縮放性，故$5\delta[n-1] \to 5h_{n-1}[n-1]$，其代表的意義就是當利用 5-3 所提過的方法將所有的偏移脈衝相加，組回原訊號$x[n]$如下式時，

$$x[n] = \cdots + x[-1]\delta[n+1] + x[0]\delta[n] + x[1]\delta[n-1] + \cdots$$

系統對於輸入訊號的響應就變成

$$y[n] = \cdots + x[-1]h_{n+1}[n+1] + x[0]h_n[n] + x[1]h_{n-1}[n-1] + \cdots$$

也就是說，因為系統的響應可拆解為系統對於所有偏移脈衝輸入訊號依其相較於單位脈衝輸入的倍數所產生的倍數單位脈衝響應之和。故當系統的輸入能夠以偏移脈衝函數和來表示時，系統的響應可被拆解成系統對於輸入訊號之所有偏移脈衝響應的組合，而$y[n] = \sum_{k=-\infty}^{\infty} h_{n-k}[n-k]$則可變成

$$y[n] = \sum_{k=-\infty}^{\infty} x[k]h_{n-k}[n-k]$$

所有以離散時間訊號為輸入的系統，其響應都可以如上通式般以一個序列的離散時間偏移脈衝響應來完全表示，根據這個結果，工程上就能夠以偏移脈衝響應的組合來完全表示任何一個系統的響應。以下以一個簡易的 LabVIEW 範例程式來進行展示，以增加讀者對於利用解析脈衝輸入訊號成脈衝響應後再組合成系統響應的感覺。

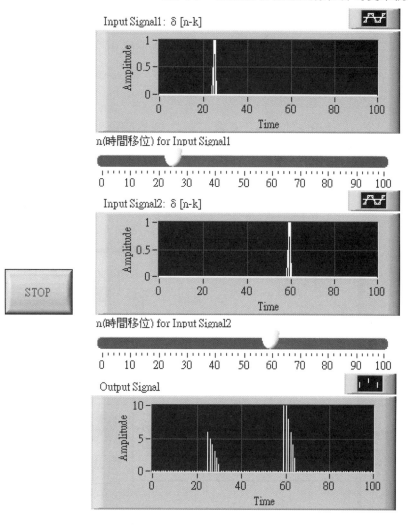

圖 6.2a ex 6-2 linearRep.vi (Front Panel)

　　與習作 6-1 不同的是，由於此例與之後的討論中所解析之轉換函式都得在線性的討論範圍下，此例中即無法再繼續使用類似 Exponential Functions 這樣的非線性函式作為系統轉換函式(例如：$e^{2+3} \neq e^2 + e^3$)。圖 6.2a 的畫面中顯示的波形可看到共有兩個皆為單位脈衝訊號$\delta[n-k]$的

輸入訊號可供選擇，及以其作為輸入訊號進入一系統後的脈衝響應 $h_{n-k}[n-k]$。下面的兩條控制條可分別調整兩個輸入訊號的時間偏移，左方為程式停止按鈕(STOP)。藉

由此範例程式讀者可藉由調整兩個輸入訊號的輸入時間藉以看出對於系統響應的影響及線性加成之意義，且由於是時變系統，當 n 值小於 50 時 h 函式為單純的等差級數，但超過 50 時 h 函式會變成原等差級數的兩倍。以下將粗略介紹此訊號範例程式的設計架構。

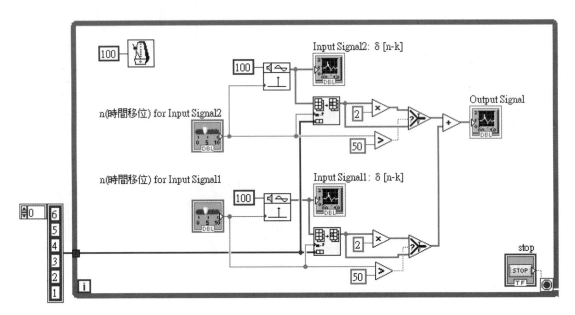

圖 6.2b ex 6-2 linearRep.vi (Block Diagram)

程式設計方法(依步驟)
● 人機介面設計端(Front Panel)
1. Express→Numeric Controls→Horizontal Pointer Slide 新增兩個控制條控制 n 值(限制 n 在 1 到 100 之間)。
2. Express→Graph Indicators→Waveform Graph (Controls-Graph)新增三個波形的繪圖版面。
● 程式方塊圖(Block Diagram)
1. Signal Processing→Signal Generation→Impulse Pattern 新增兩個 Impulse 模擬訊號。
2. Programming→Array→Array Constant 新增常數陣列。
3. Programming→Numeric→Numeric Constant 新增數值常數放到常數陣

列中，為常數陣列定型。後再將常數陣列往下拉出六個元素，依序填入六個任意常數(此例為 6, 5, 4, 3, 2, 1)。

4. Programming→Array→Replace Array Subset 新增兩個陣列子集置換。

5. Programming→Numeric→Add 新增加法運算元。

6. Programming→Numeric→Multiply 新增乘法運算元。

7. Programming→Comparison→Greater? 新增比較大小運算元。

8. Programming→Comparison→Select 新增選擇運算元。

9. Programming→Structures→While Loop (Functions-Struct.)令程式持續執行。

　　在上述的討論後讀者想必對於系統及響應與輸入間的關係在數學上以及現象上的意義都有進一步的了解，但是在本節末仍有最後的重要觀念要提醒各位。那就是系統本身的特性是 h，但之所以會有輸出其實是因為系統對於輸入會有響應，而不是因為系統有所謂 h 的特性值，輸入訊號也不是很自然的進入系統後就能夠得到輸出，而是在系統特性與系統輸出之間，有「回應」也就是「響應」(Response)的關係。

　　而響應的部份，除了系統本身會影響、輸入也會影響，所以習作 6-2 到習作 6-3 所討論的摺積和與摺積積分等數學式子的輸出 y 才會由輸入 x 及系統特性 h 所共同組成。

習作 6-2 結束

習作 6-3　連續時間下偏移脈衝響應的組合

目標：讓讀者建立觀念，從離散時間以偏移脈衝響應的組合進一步推廣到連續時間下的系統響應表示。

繼 6-3 介紹過離散時間下如何以偏移脈衝響應的組合來表示系統響應後，本節要介紹的就是如何在連續時間下同樣以偏移脈衝響應的組合表示系統響應。首先，5-3 談論響應的時候曾說明過連續時間下脈衝的觀念是由 $\lim_{\Delta \to 0} \delta_\Delta(t) = \begin{cases} 1/\Delta, & 0 \le t < \Delta \\ 0, & o.w \end{cases}$

而來，又與離散時間的情況一樣，$x_\Delta(t)$ 可表示成

$$x_\Delta[t] = \sum_{k=-\infty}^{\infty} x[k\Delta]\,\delta[t - k\Delta]\Delta$$

因為 $\delta_\Delta(t - k\Delta)$ 的值為 $1/\Delta$，故在此式中取 $\delta_\Delta(t - k\Delta)\Delta = 1$，故在 6-2 學到 $y[n] = \sum_{k=-\infty}^{\infty} x[k]h_{n-k}[n - k]$ 在定義 $h_{t-k\Delta}[t - k\Delta]$ 為輸入 $\delta_\Delta(t - k\Delta)$ 後系統所造成的脈衝響應的前提下，亦可改變表示式為

$$y_\Delta[t] = \sum_{k=-\infty}^{\infty} x[k\Delta]\,h_{t-k\Delta}[t - k\Delta]\Delta$$

不難發現，由於 $h_{n-k}[n - k]$ 是 $\delta[n - k]$ 的脈衝響應，當重新定義的 $\delta_\Delta[t - k\Delta]$ 值為 $\delta[n - k]$ 的 $1/\Delta$ 後，新的 $h_{t-k\Delta}[t - k\Delta]$ 與 $\delta_\Delta[t - k\Delta]$ 一樣都要乘上 Δ 倍才能做為單位脈衝使用，帶回原式。
又當 $\Delta \to 0$ 時

$$y(t) = \lim_{\Delta \to 0} y_\Delta(t) = \int_{-\infty}^{\infty} x(\tau)h_{t-\tau}(t - \tau)\, d\tau$$

故可得 $y(t) = \int_{-\infty}^{\infty} x(\tau)h_{t-\tau}(t - \tau)\, d\tau$，表示的是連續時間下，利用偏移脈衝響應的組合來表示某時間的響應。讀者到這邊是否開始對如何簡單的分析假設為線性的系統的有進一步的感覺了呢？

習作 6-3 結束

習作 6-4　摺積(Convolution)

目標：以簡單的範例介紹摺積的性質與意義。

接下來要介紹的是在下一節的討論將用到的「摺積(convolution)」，記得在習作 5-3 曾提過，所有輸入訊號皆可被表示成其偏移脈衝函數的總和，如離散時間下的 $x[n] = \sum_{k=-\infty}^{\infty} x[k]\delta[n-k]$ 以及連續時間下的 $x(t) = \int_{-\infty}^{\infty} x(\tau)\delta(t-\tau)\,dt$ 嗎？這個數學式因為常被使用，在數學上特別定義成一個運算子(operator)通稱「摺積」，表示式為「f * g」。

$$(f * g)(t) \stackrel{\text{def}}{=} \int_{-\infty}^{\infty} f(\tau)g(t-\tau)d\tau = \int_{-\infty}^{\infty} f(t-\tau)g(\tau)d\tau$$

相信這個式子對學過微積分的朋友來說應該並不陌生，在這邊要進一步考考各位，為何套用 $x(t)$ 與 $\delta(t)$ 後的 $\int_{-\infty}^{\infty} x(\tau)\delta(t-\tau)d\tau$ 就能夠表示 $x(t)$ 呢？試以作圖的方式表達摺積與偏移訊號和的意義。

首先假設有 $f(t)$ 與 $g(t)$ 分別由以下兩圖所表示的函式：

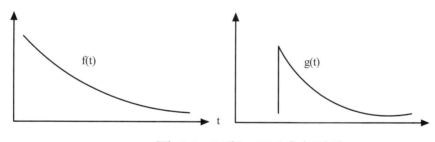

圖 6.4a $f(t)$ 與 $g(t)$ 函式之圖形

接下來置換 $f(t)$ 與 $g(t)$ 的自變數 t 為 τ：

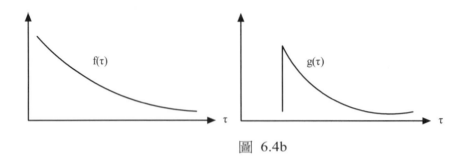

圖 6.4b

接著轉換$g(\tau)$為$g(-\tau)$：

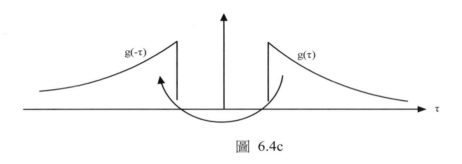

圖 6.4c

然後就可以得到$g(-\tau + t)$，也就是$g(t - \tau)$的函式圖如下：

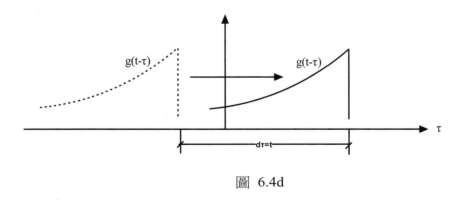

圖 6.4d

而$(f * g)(t) \overset{\text{def}}{=} \int_{-\infty}^{\infty} f(\tau)g(t - \tau)d\tau$的意義，當改變 t 其實就是改變$g(t - \tau)$的位置，作摺積的意義就是「對$f(\tau)$在與$g(t - \tau)$重疊到的部分，進行相乘並將其乘積全部相加。」

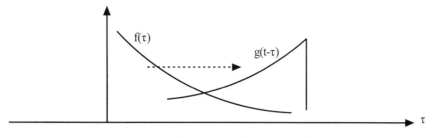

圖 6.4e 摺積運算示意圖

　　摺積之意義亦可視作「$f(\tau)$以依 t 值偏移的函式$g(-\tau)$作爲權重(weighting function)計算加權總和(weighted sum)。」而在 5-3 中曾提到過的輸入訊號可視作偏移訊號摺積積分結果的式子爲$x(t) = \int_{-\infty}^{\infty} x(\tau)\delta(t-\tau)d\tau$，又依定義$\delta(x)=\infty, \quad \&x=0 0, \quad \&x\neq0$ 及$\delta t=-\infty\infty\delta t dt=1$，可知訊號摺積積分結果的式子其實背後代表的意義即是在$-\infty$到∞之間以偏移 t 後的$\delta(-\tau)$作爲權重計算$x(\tau)$的加權平均數(weighted average)，其結果即爲 $x(t)$。

不懂嗎？再想想看爲什麼，試著動手畫圖吧！

習作 6-4 結束

習作 6-5　線性非時變系統(Linear Time Invariant System, LTI system)

目標：以簡單的範例定義線性非時變系統，並介紹其性質與意義。

在前面章節曾提及許多訊號的性質包括線性(Linearity)、記憶性(Memory)以及非時變性(Time Invariant)等性質，其實在現實生活中的訊號與系統非常的複雜、大多數的系統特性都是時變性的，就如同在前面所提到的$h_{t-\tau}$的值會因為信號輸入的時間點 t 與時間偏移τ值的不同而有所不同，例如不同時間點的溫度、濕度都有可能對系統產生不同的影響。但是時變性等諸多複雜特性的系統非常難以分析，所以要能夠被處理、分析主要的問題就在於如何在能夠完整表達系統特性的前提下對分析問題進行適當的簡化。

所以，為了能夠進一步的分析系統，一般的情況下會假設系統為「線性」而且「非時變」的，也就是說常使用的簡易分析法一般會先假設目標系統為「線性」之外，還會再加上 5-7 提到的「非時變」特性。以離散時間為例，當系統為線性時其系統響應可表示成式子$y[n] = \sum_{k=-\infty}^{\infty} x[k]h_{n-k}[n-k]$，若系統在加上「非時變」特性，其意思就是所有的 h 函式不會因時間改變而改變，只有一個 h 函式，也就是不會有下標$n-k$，依此，一個 LTI 系統就可以其偏移脈衝響應的總和完全表示其輸出$y[n]$如下式

$$y[n] = \sum_{k=-\infty}^{\infty} x[k]h[n-k] = x[n] * h[n]$$

這種表示法在離散時間情況下稱為摺積和(Convolution Sum)，而這樣定義下的系統就稱為線性非時變系統(Linear Time Invariant System，LTI System)，依此成為訊號與系統分析的基礎。而同理，連續時間下亦可將系統響應式扣除掉 h 的下標$t-\tau$後使用摺積積分(Convolution Integration)表示式

$$y(t) = \int\limits_{-\infty}^{\infty} x(t)h(t-\tau)\,d\tau = x(t) * h(t)$$

以下以一個簡易的 LabVIEW 範例程式來進行展示，以增加讀者對於線性非時變系統的感覺。

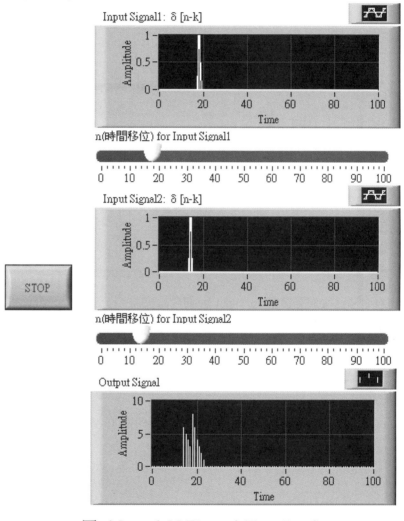

圖 6.5a ex 6-5 LTI sys.vi (Front Panel)

與 6-3 不同的是，由於此例探討的是 LTI 系統，既爲線性又具備非時變性，故此例中的轉換函式 h 不會因爲時間的不同有所改變，不論兩個輸入訊號在什麼時間輸入，都會各自造成相同的脈衝系統響應。藉由此範例程式讀者可藉由調整兩個輸入訊號的輸入時間觀察 LTI 系統的系統響應。以下將粗略介紹此訊號範例程式的設計架構。

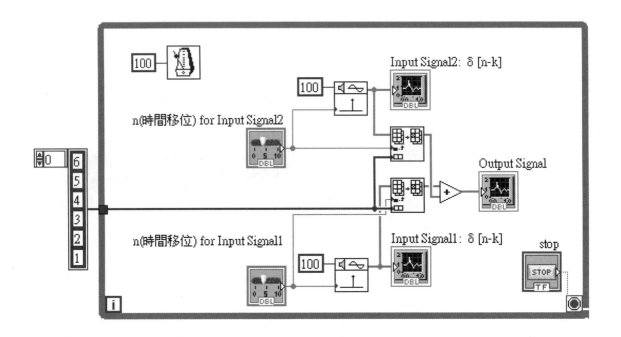

圖 6.5b ex 6-5 LTI sys.vi (Block Diagram)

程式設計方法(依步驟)
● 人機介面設計端(Front Panel)
1. Express→Numeric Controls→Horizontal Pointer Slide 新增兩個控制條控制 n 值(限制 n 在 1 到 100 之間)。
2. Express→Graph Indicators→Waveform Graph (Controls-Graph)新增三個波形的繪圖版面。
● 程式方塊圖(Block Diagram)
1. Signal Processing→Signal Generation→Impulse Pattern 新增兩個 Impulse 模擬訊號。

2. Programming→Array→Array Constant 新增常數陣列。

3. Programming→Numeric→Numeric Constant 新增數值常數放到常數陣列中，為常數陣列定型。後再將常數陣列往下拉出六個元素，依序填入六個任意常數(此例為 6, 5, 4, 3, 2, 1)。

4. Programming→Array→Replace Array Subset 新增兩個陣列子集置換。

5. Programming→Numeric→Add 新增加法運算元。

6. Programming→Structures→While Loop (Functions-Struct.)令程式持續執行。

習作 **6-5** 結束

習作 6-6　　LTI 系統的單位步階響應

目標：定義線性非時變系統的單位步階響應，並介紹其性質與意義。

　　除了像單位脈衝響應式 $h[n]$或 $h(t)$等相對於單位脈衝函式δ定義的系統特性式外，還有另一種常被使用的式子是從單位步階函式 u 所定義出來的單位步階響應(Unit Impulse Response)，象徵符號為 $s[n]$與 $s(t)$，定義為輸入訊號$x[n] = u[n]$與$x(t) = u(t)$時系統的響應，其值又等於單位步階函式與單位脈衝響應式的摺積，即

$$s[n] = u[n] * h[n]$$
$$s(t) = u(t) * h(t)$$

　　又因為摺積具交換律(在第七章會進一步做介紹)，故亦可將上式寫成 $s[n] = h[n] * u[n]$，表示的就是 $s[n]$可被視為輸入訊號 $h[n]$至一單位脈衝響應為 $u[n]$的系統之系統輸出

$$s[n] = \sum_{k=-\infty}^{\infty} h[k]u[n-k]$$

又因

$$u[n-k] = \begin{cases} 0, & n-k < 0 \\ 1, & n-k \geq 0 \end{cases}$$

知 k 大於 n 者$h[k]u[n-k]$的係數$u[n-k]$會歸零故

$$s[n] = \sum_{k=-\infty}^{\infty} h[k]u[n-k] = \sum_{k=-\infty}^{n} h[k]$$

從上式亦可看出若已知 $s[n]$，利用相減得到 $h[n]$

$$h[n] = s[n] - s[n-1]$$

而連續時間下的情況亦可同理從

$$s(t) = \int_{-\infty}^{\infty} h(\tau)u(t-\tau)\,d\tau$$

寫作

$$s(t) = \int_{-\infty}^{\infty} h(\tau)u(t-\tau)\,d\tau = \int_{-\infty}^{t} h(\tau)\,d\tau$$

及

$$h(t) = \frac{ds(t)}{dt} = s'(t)$$

由上式介紹不難了解系統單位脈衝響應式與系統單位步階響應式可相互對應，只要知道其中一個就可已經過轉換變成另一種表示式，十分方便。

　　接下來的兩章本書會利用本章所談的模型進一步分析 LTI 系統並陸續推導其性質及介紹線性系統分析上有用的工具。

習作 6-6 結束

問題與討論

1. 請嘗試計算以下兩訊號的摺積積分結果：

$$x(t) = \begin{cases} 1, & 0 < t < T \\ 0, & o.w. \end{cases}$$
$$h(t) = \begin{cases} 1, & 0 < t < T \\ 0, & o.w. \end{cases}$$

(民 94 國立宜蘭大學電子工程學系碩士班入學考題)

2. 設有離散時間系統其輸入為 x[n]脈衝響應式分別為h_1及h_2

$$x[n] = \delta[n] + 2\delta[n-1] + 3\delta[n-2] + 2\delta[n-3] + \delta[n]$$
$$h_1[n] = \delta[n] + \delta[n-1]$$
$$h_2[n] = \delta[n] - \delta[n-1]$$

設*表示摺積和，請計算$x[n] * h_1[n] * h_2[n]$。

(民 97 交大電機學院通訊與網路科技產業研發碩士專班入學考題)

3. 定義一訊號 x(t)之自相關性(autocorrelation)為

$$r_{xx} = \int_{-\infty}^{\infty} x(\tau)x(\tau+t)\,d\tau$$

請計算以下訊號之自相關性。

1) $x(t) = e^{-t}u(t)$
2) $x(t) = cos(\pi t)\,[u(t+1) - u(t-1)]$
3) $x(t) = u(t) - 2u(t-1) + u(t-2)$
4) $x(t) = u(t-a) - u(t-a-1)$

(民 95 國立暨南國際大學電機所系統組入學考題)

7 第七章

本章節會帶領讀者以LTI系統為例討論系統的基本性質以幫助進一步了解系統分析，更以習作的方式利用LabVIEW的程式範例的方式呈現，借由實際練習並試著比較不同參數之間的差異，使日後未來不論在研究還是在工作上的運用都能夠建立使用程式驗證分析相關議題的基礎。

G目標
oal

• 瞭解LTI系統的數學特性；
• 瞭解LTI系統的基本性質；

K關鍵名詞
ey

• 摺積 (Convolution)
• 線性非時變系統 (Linear Time Invariant System, LTI System)

以線性非時變系統
爲例探討系統基本
性質

7

簡　介

　　在前一章曾討論到系統可被拆解成偏移脈衝響應的表示式，又以 LTI 系統的特性可以以摺積和 $y[n] = \sum_{k=-\infty}^{\infty} x[k]h[n-k]$ 及摺積積分 $y(t) = \int_{-\infty}^{\infty} x(\tau)h(t-\tau)\,d\tau$ 等表示式完整呈現。延續在前一章討論的 LTI 系統，當要利用 LTI 系統來討論現實生活中的系統時，一定得先了解的是 LTI 系統除了上一章所提到的線性與非時變性外還會包含哪些基本性質。

習作 **7-1**　摺積的基本性質

目標：介紹摺積的性質與意義並以公式推導證明之。

由於要討論的是 LTI 系統響應的摺積表示法，首先要討論到的便是摺積的幾個基本特性。

1.　第一種要介紹的是交換律：

交換律是摺積的一個基本性質，在離散時間下 $x[n] * h[n] = h[n] * x[n]$ 在連續時間下 $x(t) * h(t) = h(t) * x(t)$。意指 x 與 h 的摺積順序改變時其特性與值不會改變。

2.　第二種要介紹的性質是分配律：

摺積在整個加法運算上是適合分配律的，所以在離散時間下 $x[n] * h1n + x[n] * h2n = xn * (h1n + h2[n])$ 在 連 續 時 間 下 $x(t) * h_1(t) + x(t) * h_2(t) = x(t) * (h_1(t) + h_2(t))$。可看作是輸入到具有脈衝響應 $h_1(t)$、$h_2(t)$ 兩個系統的一個輸入訊號，其輸出加在一起的結果會與同輸入訊號輸入具脈衝響應 $h_1(t) + h_2(t)$ 的一個系統其輸出相同。示意圖如下。輸入到具有脈衝響應 $h_1(t)$、$h_2(t)$ 兩個系統的一個輸入訊號，其輸出加在一起的結果

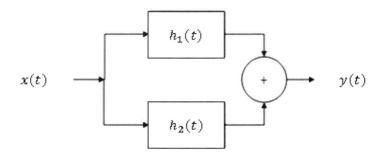

圖 7.1a 摺積性質：分配律之示意圖

與輸入訊號輸入具脈衝響應$h_1(t) + h_2(t)$的一個系統響應同。

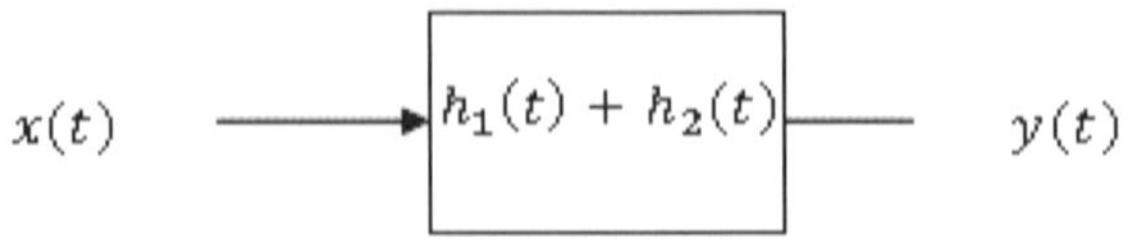

$$x(t) \longrightarrow \boxed{h_1(t) + h_2(t)} \longrightarrow y(t)$$

圖 7.1b 摺積性質：分配律之示意圖

3. 摺積的另一種重要而且有用的性質是結合律：

在離散時間下$x[n] * (h_1[n] * h_2[n]) = (x[n] * h_1[n]) * h_2[n]$，而在連續時間下$x(t) * (h_1(t) * h_2(t)) = (x(t) * h_1(t)) * h_2(t)$。可看作是先後輸入到具有脈衝響應$h_1(t)$、$h_2(t)$兩個系統的一個輸入訊號，其順序不會改變輸出結果，可結合交換律使用於系統階層式分析。

如何證明這三種定律？

1. 摺積和之交換律的證明：$x[n] * h[n] = h[n] * x[n]$

首先已知

$$x[n] * h[n] = \sum_{k=-\infty}^{\infty} x[k]h[n-k]$$

又設 $r = n - k$，故亦得 $k = n - r$ 帶回上式即得證。

$$\sum_{k=-\infty}^{\infty} x[k]h[n-k] = \sum_{k=-\infty}^{\infty} h[r]x[n-r] = h[n] * x[n]$$

2. 摺積和分配律$x[n] * h_1[n] + x[n] * h_2[n] = x[n] * (h_1[n] + h_2[n])$

首先已知

$$x[n] * (h_1[n] + h_2[n]) = \sum_{k=-\infty}^{\infty} x[k](h_1[n-k] + h_2[n-k])$$

又因連加符號具分配律，故可得摺積之分配律得證如下。

$$\sum_{k=-\infty}^{\infty} x[k](h_1[n-k] + h_2[n-k])$$

$$= \sum_{k=-\infty}^{\infty} x[k]h_1[n-k] + \sum_{k=-\infty}^{\infty} x[k]h_2[n-k]$$

$$= x[n] * h_1[n] + x[n] * h_2[n]$$

3. 摺積之結合律$x[n] * (h_1[n] * h_2[n]) = (x[n] * h_1[n]) * h_2[n]$

首先，直接展開原式得

$$x[n] * (h_1[n] * h_2[n]) = x[n] * \sum_{k=-\infty}^{\infty} h_1[k]h_2[n-k]$$

$$\sum_{k=-\infty}^{\infty} x[k] \times (h_1[n-k] * h_2[n-k])$$

$$= \sum_{k=-\infty}^{\infty} x[k] \sum_{i=-\infty}^{\infty} h_1[i] \times h_2[(n-k)-i]$$

又因為摺積和有交換律，連加符號有結合律，故上式又可轉換成

$$= \sum_{k=-\infty}^{\infty} \sum_{i=-\infty}^{\infty} x[k] \times h_1[i] \times h_2[(n-k)-i]$$

$$= \sum_{k=-\infty}^{\infty} \sum_{i=-\infty}^{\infty} x[k] \times h_1[(n-k)-i] \times h_2[i]$$

$$= \sum_{i=-\infty}^{\infty} h_2[i] \sum_{k=-\infty}^{\infty} x[k] \times h_1[(n-i)-k]$$

$$= \sum_{i=-\infty}^{\infty} h_2[i] \sum_{k=-\infty}^{\infty} x[k] \times h_1[(n-i)-k]$$

$$= h_2[n] * (x[n] * h_1[n])$$

又因摺積和具交換律，故可得下式，得證。

$$h_2[n] * (x[n] * h_1[n]) = (x[n] * h_1[n]) * h_2[n]$$

習作 **7-1** 結束

習作 7-2　LTI 系統之記憶性特質探討

目標：介紹如何在假設為 LTI 系統的前提下，以數學式的方式判別系統是否具記憶性。

記得在第五章曾列舉一些系統的常見特性嗎？系統特性有所謂「記憶與無記憶」、「可逆」與否、「因果性」、「穩定性」等多種特性，接下來本書將利用數學基於 LTI 系統的假設分析這些特性。

首先是記憶性與無記憶性，無記憶性系統是系統在任何時刻的輸出僅與同一時刻的輸入值有關。當假設一系統為 LTI 系統後，離散時間下的單位脈衝響應即可設為 $h[n]$，其 $y[n] = \sum_{k=-\infty}^{\infty} x[k]h[n-k]$ 之所有 $k \neq n$ 的 $h[n-k]$ 皆等於零，稱此系統為無記憶性，反之若一個離散時間 LTI 系統的單位脈衝響應 $h[n-k]$ 在 $k \neq n$ 時不為零則稱作有記憶性之特質。

基於此定義，請問以下定義單位脈衝響應為 h 之一系統是否具記憶性？

$$h[n-k] = \begin{cases} 15, & k = n \\ 0, & k \neq n \end{cases}$$

解：因為除了 $k = n$ 的情況之外 $h[n-k]$ 的值都是零，故知 $y[n] = \cdots + x[n]h[n-n] + \cdots = x[n]h[0] = 15x[n]$，系統並不具記憶性。而就如以上範例所提及一般，當一系統具備無記憶性(Memoryless)時其單位脈衝響應式可寫成 $h[n] = K\delta[n]$ 的形式，而系統響應式亦可寫作 $y[n] = Kx[n]$。

習作 7-2 結束

習作 7-3　LTI 系統之可逆性特質探討

目標：介紹如何在假設 LTI 系統的前提下利用數學的方式判別系統是否具備可逆性。

接下來討論的是系統可逆性。以連續時間下的單位脈衝響應為 $h(t)$ 的 LTI 系統為例，系統的可逆性就是「能夠找到一個與原系統串連後，系統響應等於原系統輸入的系統」。此系統又稱為原系統的「逆系統」，示意圖如下所示：

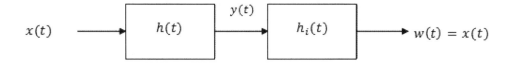

圖 7.3a 系統可逆性定義之示意圖

而一單位脈衝響應為 $h(t)$ 的系統，設其逆系統的單位脈衝響應為 $h_i(t)$，將二者串連後最後在逆系統端的輸出 $w(t)$ 會等於 $x(t)$，又 $h(t)$ 與 $h_i(t)$ 串聯之特性式可視作摺積的結果 $h(t) * h_i(t) = \delta(t)$，為恆等式，如下圖所示，是為恆等系統。

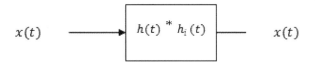

圖 7.3b 恆等系統示意圖

若一 LTI 系統是可逆的，就定另會有一個 LTI 的逆系統。基於此定義，請問以下定義單位脈衝響應爲 h 之一系統是否具可逆性？

$$h[n-k] = \begin{cases} 15, & k = 0 \\ 0, & k \neq 0 \end{cases}$$

解：因爲除了 $k = 0$ 的情況之外 $h[n-k]$ 的值都是零，故知 $y[n] = \cdots + x[0]h[n] + \cdots = x[0]h[n] = 15x[0]$，系統只是將 $x[n]$ 當下的脈衝訊號乘上 15 倍，故可以利用找尋反函式的方式找出其逆系統的系統特性是要能夠將原輸入訊號之當下脈衝訊號除以 15，可簡單的設爲：

$$h[n-k] = \begin{cases} 1/15, & k = 0 \\ 0, & k \neq 0 \end{cases}$$

由此知此系統具備可逆性，且兩系統特性相互爲對方之逆系統。同學可以自己動手做看看利用 LabVIEW 程式設計驗證簡單的波形變化。

習作 7-3 結束

習作 **7-4** LTI 系統之因果性特質探討

目標：介紹如何在假設爲 LTI 系統的前提下，以數學式的方式判別系統是否具因果性。

　　系統的因果性就是一個系統的輸出僅決定於現在和過去對系統的輸入值，以離散時間下的單位脈衝響應爲 $h[n]$ 的 LTI 系統爲例，如果一個 LTI 系統是因果的，則 $y[n]$ 必須與 $k > n$ 時的 $x[k]$ 無關，$k > n$ 的 $x[k]$ 相乘係數 $h[n-k]$ 必爲零，如下式所示(K 爲一 n 與 k 的函式)：

$$h[n - k] = \begin{cases} K(n,k), & k \le n \\ 0, & x > n \end{cases}$$

請問以下定義單位脈衝響應爲 h 之一系統是否具因果性？

$$h[n - k] = \begin{cases} 15, & k = n \\ 0, & k \ne n \end{cases}$$

解：因爲除了 $k = 0$ 的情況之外 $h[n - k]$ 的值都是零，故 $h[n - k]$ 在 $k > n$ 時皆爲零，符合因果性的定義，故稱此系統具因果性。

習作 **7-4** 結束

習作 7-5　　LTI 系統之穩定性特質探討

目標：介紹如何在假設為 LTI 系統的前提下，以數學式的方式判別系統是否具穩定性。

　　　穩定性的定義為「若一個系統對每一個有界的輸入其輸出皆為有界，則稱此系統為穩定」。一個穩定的 LTI 系統需要具備什麼條件，如何以數學證明此？首先假設一個有界的輸入訊號$x[n]$，設其所有點的絕對值皆有界$|x[n]| < B$，再導入單位脈衝響應為$h[n]$的 LTI 系統的摺積和式，計算出輸出的訊號$y[n]$絕對值大小：

$$|y[n]| = \left| \sum_{k=-\infty}^{\infty} x[k]\, h[n-k] \right|$$

因為乘積和的絕對值不會大於絕對值乘積的和 $|y[n]| \leq \sum_{k=-\infty}^{\infty} |x[n]||h[n-k]|$ 又對所有 k 和 n 的值都能使$|x[k]| < B$所以可借提出$|x[n]|$得到$|y[n]| \leq B \sum_{k=-\infty}^{\infty} |h[n-k]|$

　　故若系統的單位脈衝響應 h[n]具「絕對可加(absolutely summable)」性且其$\sum_{k=-\infty}^{\infty} |h[k]| < \infty$，則$|y[n]|$為有界。故稱系統的單位脈衝響應具絕對可加性為 LTI 系統穩定的保證與充要條件。請問以下定義單位脈衝響應為 h 之一系統是否具穩定性？

$$h[n-k] = \begin{cases} 15, & k = n \\ 0, & k \neq n \end{cases}$$

解：因為除了$k = n$的情況之外$h[n-k]$的值都是零，$\sum_{k=-\infty}^{\infty} |h[k]| = 15 < \infty$，符合穩定性的定義，故稱此系統具穩定性。

習作 7-5 結束

習作 **7-6**　LTI 系統之系統響應分析

目標：讓讀者學會利用六七章所提及之方法，在假設系統為 LTI 的前提下分析系統響應。

問：一 LTI 系統其輸入訊號為

$$x[n] = \begin{cases} b, & 0 \leq n \leq 3 \\ 0, & o.w. \end{cases}$$

且系統單位脈衝響應式為

$$h[n] = \begin{cases} a^n, & 0 \leq n \leq 6 \\ 0, & o.w. \end{cases}$$

試計算並利用 LabVIEW 程式撰寫展示其系統響應式。

答：由於已知通式 $y[n] = \sum_{k=-\infty}^{\infty} x[k]h[n-k]$，首先由 $h[n] = \begin{cases} a^n, & 0 \leq n < 6 \\ 0, & o.w. \end{cases}$ 可先切割時間軸區再各別進行計算，以下列出 $y[n]$ 各區間並分別計算其值。

1. 當 $n < 0$ 時，由於 $x[k]$ 與 $h[n-k]$ 沒有同時不為零的交集，故在 $n < 0$ 時 $x[k]h[n-k]$ 皆等於零，故系統響應 $y[n] = 0$。

2. 當 $0 \leq n \leq 3$ 時 $x[k]h[n-k] = \begin{cases} ba^{n-k}, & 0 \leq k \leq n \\ 0, & o.w. \end{cases}$ (因為 k 若大於 n，h 會變成零)，系統響應：

$$y[n] = \sum_{k=0}^{n} ba^{n-k} = b\sum_{k=0}^{n} a^{n-k} = b\sum_{r=0}^{n} a^r = b\frac{1-a^{n+1}}{1-a}$$

3. 當 $3 < n \le 6$ 時，$x[k]h[n-k] = \begin{cases} ba^{n-k}, & 0 \le k \le 3 \\ 0, & o.w. \end{cases}$，系統響應：

$$y[n] = \sum_{k=0}^{3} ba^{n-k} = b\sum_{k=0}^{3} a^{n-k} = ba^n \sum_{k=0}^{3} \left(\frac{1}{a}\right)^k$$

$$= ba^n \left(\frac{1-(1/a)^4}{1-\frac{1}{a}}\right) = ba^n \left(\frac{a^{-3}-a}{1-a}\right) = b\left(\frac{a^{n-3}-a^{n+1}}{1-a}\right)$$

$$\sum_{k=0}^{2} 3h[n] = 3\sum_{k=0}^{2} 2^{n-k} = 3 \times 2^n \sum_{k=0}^{2} \frac{1}{2^k} = 3 \times 2^n \times \frac{1-\frac{1}{2}^3}{1-\frac{1}{2}} h$$

$$= 3 \times \frac{2-2^{n-3}}{1-2}$$

4. 當 $6 < n \le 9$ 時，$x[k]h[n-k] = \begin{cases} ba^{n-k}, & (n-6) \le k \le 3 \\ 0, & o.w. \end{cases}$，系統響應式：

$$y[n] = \sum_{k=n-6}^{3} ba^{n-k}$$

設 $r = k - n + 6$，得 $n - k = 6 - r$

$$b\sum_{r=0}^{3-n+6} a^{6-r} = ba^6 \left(\frac{1-(a^{-1})^{10-n}}{1-a^{-1}}\right) = b\left(\frac{a^6-a^{n-4}}{1-a^{-1}}\right)$$

$$= \left(\frac{a^{n-3}-a^7}{1-a}\right)b$$

5. 當 $n > 9$ 時與 $n < 0$ 同，$x[k]h[n-k] = 0$，系統響應 $y[n] = 0$。

以上。

其實這樣的題目亦可使用程式撰寫來進行解題，以下將為讀者說明如何運用 LabVIEW 程式撰寫來解這樣的題目。

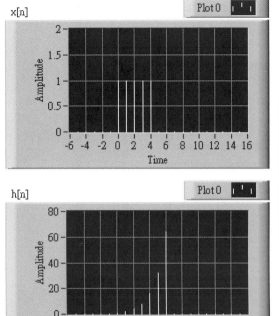

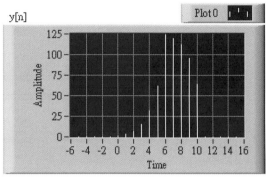

圖 7.6a ex 7-6 find y[n].vi (Front Panel)

圖 7.6a 的示波器中顯示的波形可看到系統輸入訊號$x[n]$，及系統單位脈衝響應$h[n]$、系統響應(最後結果)。藉由此範例程式讀者可觀察到被定義為在時間軸 n = 0, 1, 2, 3, 4 時各輸入一單位脈衝訊號的輸入訊號之波形，及系統的單位脈衝響應式h[n]之波形，還有對系統輸入 $x[n]$後的響應式$y[n]$。以下將粗略介紹此訊號範例程式的設計架構。

程式設計方法(依步驟)
● 人機介面設計端(Front Panel)
1. Modern→Graph→XY Graph 新增三個波形的繪圖版面。

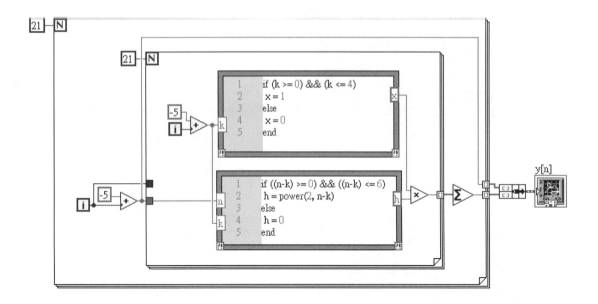

圖 7.6b ex 7-6 find y[n].vi (Block Diagram)

● 程式方塊圖(Block Diagram)

1. Programming→Structures→For Loop (Functions-Struct.)新增兩個 for loop 可令程式執行完所有 *n, k* 的情況(限制 *n, k* 在-5~15 之間，無須做到無限大) 只要將結果拉到外面就會將自動產生的所有結果變成陣列輸出。

2. 設定內外 For Loop 的迴圈數，以及 *n* 軸分割之間距大小。

3. Mathematics→Scripts and Formulas→MathScript Node 新增兩個 Script Node 分別輸入 x[k]與 h[n-k]的定義。

4. Mathematics→Numeric→Add Array Elements 在每個 *n* 迴圈中將所有 $x[k]h[n-k]$加總。

5. Cluster, Class, & Variant→Bundle 去結合橫軸 *n* 與縱軸 *y[n]*的值變成二維陣列輸入 XY Graph。

6. Programming→Numeric→Add 加入加法運算元。

7. Programming→Numeric→Multiply 加入乘法運算元。

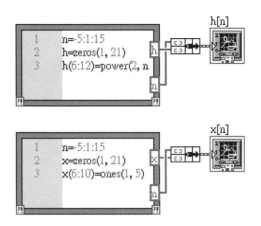

圖　7.6c ex 7-6 find $y[n]$.vi (Block Diagram)

- 程式方塊圖(Block Diagram)

1. Mathematics→Scripts and Formulas→MathScript Node 再新增兩個 Script Node 分別輸入 $x[n]$ 與 $h[n]$ 的定義。掌管 $x[n]$ 的 Script Node 裡面的式子先產生-5~15 以 1 遞增的等差級數，再藉此產生-10~10 之間的所有 $x[n]$，僅在 $t = 0,1,2,3,4$ 時 $x[n] = 1$，其餘設成零。而掌管 $h[n]$ 的 Script Node 則先產生從-5~5 以 1 累加的等差級數，再建立 h 的陣列並全部設成零，最後將 $n = 0,1,2,3,4,5,6$ 的子陣列填入 2^n，藉此產生 $h[n]$。

2. Cluster, Class, & Variant→Bundle 新增兩個 Bundle 結合橫軸 n 與縱軸 $x[n]$、$h[n]$ 的值變成二維陣列輸入 XY Graph，藉此顯示輸入訊號及系統單位脈衝響應函式在 n 軸上的值。

讀者到這邊是否開始對如何基於 LTI 假設之系統進行分析有進一步的了解了呢？沒關係，一步一步。

習作 7-6 結束

問題與討論

1. 試證明摺積積分的交換律、分配律與結合律。

2. 請問讀者以下定義單位脈衝響應為 h 之系統是否具記憶性？

$$h[n-k] = \begin{cases} 15^{n-k}, & 0 \leq k \leq n \\ 0, & o.w. \end{cases}$$

3. 請問讀者以下定義單位脈衝響應為 h 之系統是否具穩定性？

$$h[n-k] = \begin{cases} 15^{n-k}, & 0 \leq k \leq n \\ 0, & o.w. \end{cases}$$

4. 請問讀者以下定義單位脈衝響應為 h 之系統是否具因果性？

$$h[n-k] = \begin{cases} 15^{n-k}, & 0 \leq k \leq n \\ 0, & o.w. \end{cases}$$

5. 問：一 LTI 系統其輸入訊號為

$$x[n] = \begin{cases} b, & 0 \leq n \leq 3 \\ 0, & o.w. \end{cases}$$

   且系統單位脈衝響應式為

$$h[n] = \begin{cases} a^n, & 0 \leq n \leq 6 \\ 0, & o.w. \end{cases}$$

   試計算之並利用 LabVIEW 程式撰寫展示其系統響應式。

8 第八章

本章節將以LTI系統為例進一步討論系統的另外一項重要課題，利用線性常數微分方程(線性常數差分方程)來描述系統輸入與輸出的關係。透過兩種形式的表示法可以描述各種系統現象及序列特性，的對於一個初學的訊號與系統分析者而言，是個相當重要的一環。

G目標
oal

• 學習利用線性常數微分及差分方程來描述系統輸入與輸出的關係；
• 學習利用分析微分及差分方程的數學方法針對方程式進行分析；

K關鍵名詞
ey

• 線性常數差分方程 (Linear constant-coefficient differential equation)
• 線性常數微分方程 (Linear constant-coefficient difference equation)
• 方塊圖 (Block Diagram)

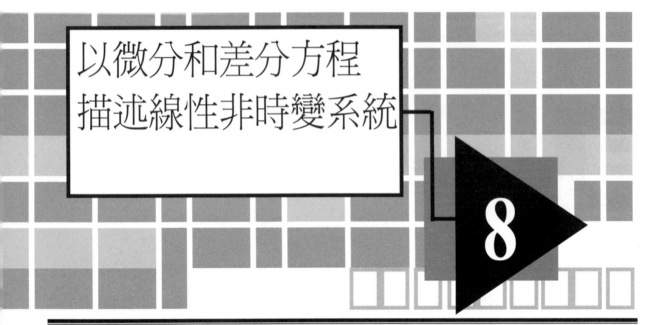

以微分和差分方程
描述線性非時變系統

8

簡　介

在分析系統時有另外兩項重要的工具分別是在分析連續時間系統時所使用的線性常數微分方程(linear constant-coefficient differential equation)及分析離散時間系統時所使用的線性常數差分方程(linear constant-coefficient difference equation)，這些工具一般被用來描述多個程序所造成的連續性變化，可描述各種系統輸入與輸出的關係。

習作 **8-1**　以線性常數微分方程描述連續時間系統輸入輸出

目標：從推導公式開始讓讀者對於如何利用線性常數微分方程的概念與解題技巧描述一系統之輸入與輸出的關係建立概念。

首先討論的是如何以線性常係數微分方程描述一連續時間系統輸入及輸出的關係。一般說來一個 N 階線性常數微分方程的都可以表示為：

$$\sum_{k=0}^{N} a_k \frac{d^k y(t)}{dt^k} = \sum_{k=0}^{M} b_k \frac{d^k x(t)}{dt^k}$$

微分方程的階數指的是微分方程中輸出 $y(t)$ 的最高階數，在此為 N。上式表達了系統內部程序的關係式，亦隱晦的表達出輸入與輸出間的關係，而一個重要的工作便是從此類關係式中解出系統響應式。

又由於此關係式只表示了系統輸入與輸出間各階的關係，當欲將此式寫成「$y(t) = \cdots$」的系統響應式時，除了當 $N = 0$ 時的

$$y(t) = \frac{1}{a_0} \sum_{k=0}^{M} b_k \frac{d^k x(t)}{dt^k}$$

其中 $a_0 \neq 0$ 可算出唯一解外，其他 $N > 1$ 的式子所能解出的系統響應式卻可能有無限多種，故對其他 $N > 1$ 的關係式則必須加上初始靜止 (Initial Rest)的限制，假設在連續時間下若 x(t) 在 $t < t_0$ 時皆為零，則 $y(t)$ 在 $t < t_0$ 時亦等於零，如式：

$$y(t_0) = \frac{dy(t_0)}{dt} = \cdots = \frac{d^{N-1}y(t_0)}{dt^{N-1}} = 0$$

如此，基於此限制所討論的常係數微分方程才能夠唯一的表達一系統。換而言之，利用大於一階的常係數微分方程表達關係式的系統，若要能夠限定表達唯一對應的系統響應，其系統必須是 LTI 且具因果性的。

以此為前提下，當輸入訊號 $x(t)$ 確立即可進行求解相對於 $x(t)$ 的 $y(t)$，其解 $y(t)$ 稱為完整解(complete solution)，可完全描述相對於 $x(t)$ 的 $y(t)$ 表現出來的現象。一般來說輸入 $x(t)$ 的響應完整解 $y(t)$ 是微分方程的特殊解(particular solution) $y_p(t)$ 及齊次解(homogeneous solution) $y_h(t)$ 的和所組成 $y(t) = y_p(t) + y_h(t)$。特殊解 $y_p(t)$ 的解法為假設 $y_p(t)$ 與輸入訊號 $x(t)$ 為相同型式之數學式(被稱為強制響應(Forced Response))後求解，而 $y_h(t)$ 則是設輸入皆為零時微分方程的解，式：

$$\sum_{k=0}^{N} a_k \frac{d^k y(t)}{dt^k} = 0$$

又被稱做自然響應(Natural Response)。

為求完整解第一步驟得先設定初始靜止的t_0(常為 0)，後先解特殊解(y_p)，常見的解法為設輸出訊號 $y(t)$ 為一常數 $H(s)$ 乘上輸入訊號 $x(t)$，式$y(t) = H(s) \times x(t)$。由下面式子例證：

連續時間下設 $x(t) = e^{st}$ (設為複指數輸入)，
$$\text{則 } y(t) = \int_{-\infty}^{\infty} h(\tau)x(t-\tau)\, d\tau = \int_{-\infty}^{\infty} h(\tau)e^{s(t-\tau)}\, d\tau$$
$$= e^{st} \int_{-\infty}^{\infty} h(\tau)e^{-s\tau}\, d\tau = H(s)e^{st},$$
$$H(s)\text{亦為複數常數，為 } \int_{-\infty}^{\infty} h(\tau)e^{-s\tau}\, d\tau。$$

接續在解特殊解後進行齊次解(y_h)求解，常見的解法為假設一與輸入訊號相同形式的輸出訊號($y_h(t) = \sum_{i=1}^{N} c_i e^{r_i t}$)代入原方程式求輸入式為零時微分方程的解，式 $\sum_{k=0}^{N} a_k \frac{d^k y(t)}{dt^k} = 0$ 求 r_i，舉下面的式子為例：

而連續時間下設 $y_h(t) = \sum_{i=1}^{N} c_i e^{r_i t}$ ，

代入原方程式求輸入式為零時之微分方程求r_i：

$$\sum_{k=0}^{N} a_k \frac{d^k y(t)}{dt^k} = 0 = \sum_{i=1}^{N} c_i e^{r_i t}$$

最後在求出$y_p(t)$與$y_h(t)$以後建立起完整解方程式 $y(t) = y_p(t) + y_h(t)$。再利用初始狀態(Initial Condition)假設(假設其$t < t_0$時$y(t) = 0$)求得齊次解所有常係數c_i後，代回原式即為完整解。下一節將介紹離散時間下的情況。

習作 **8-1** 結束

習作 **8-2**　　以線性常數差分方程描述離散時間系統輸入輸出

目標：從推導公式開始讓讀者對於如何利用線性常數差分方程的概念與解題技巧描述一系統之輸入與輸出的關係建立概念。

　　　　介紹完連續時間下可用來描述輸入與輸出關係式的「線性常係數微分方程後，接下來討論的是可以用於描述離散時間系統輸入及輸出的關係的「線性常數差分方程式」亦可以同樣表示成類似的形式：

$$\sum_{k=0}^{N} a_k y[n-k] = \sum_{k=0}^{M} b_k x[n-k]$$

上式稱為「線性常係數差分方程式一般式」，求解過程可以完全按 8-1 所提過之常係數微分方程求解的方式進行，y[n]的解能夠寫成滿足上式的特殊解及滿足 $\sum_{k=0}^{N} a_k y[n-k] = 0$ 齊次方程式的解。此一般式亦可轉換形式成為

$$y[n] = \frac{1}{a_0} \left(\sum_{k=0}^{M} b_k x[n-k] - \sum_{k=1}^{N} a_k y[n-k] \right)$$

此為線性常係數差分方程式的遞回式，讀者應不難發現在此式中只要知道 $y[n-1], ..., y[n-N]$ 即可得到 $y[n]$，當 $N = 0$ 時更可以表示成下式：

$$y[n] = \sum_{k=0}^{M} \left(\frac{b_k}{a_0} \right) x[n-k]$$

又稱為「非遞回式」，不難發現其式其實就是在第七章不斷提及的系統響應的摺積和表示式，而其脈衝響應式為

$$h[n] = \begin{cases} \dfrac{b_0}{a_0}, & 0 \le n \le M \\ 0, & o.w. \end{cases}$$

差分方程一般式和遞回式與 8-1 提過的微分方程一樣，只表示了系統輸入與輸出間各階的關係，故當欲將此式寫成「$y[n] = \cdots$」的系統響應式時，除了 $N = 0$ 可算出唯一解外，其他 $N > 1$ 的式子所能解出的系統響應式亦可能有無限多種，故對其他 $N > 1$ 的關係式則必須加上初始靜止(Initial Rest)的限制，假設在離散時間下若 $x[n]$ 在 $n < n_0$ 時皆為零，則 $y[n]$ 在 $n < n_0$ 時亦等於零。在所欲描述之系統是 LTI 且具因果性的前提下，基於此限制所討論的線性常係數差分方程便能夠唯一的表達一系統。

在此前提下，當輸入訊號 $x[n]$ 確立即可求完整解(complete solution)，$y[n]$，而 $y[n] = y_p[n] + y_h[n]$ 。特殊解 $y_p[n]$ 的解法為假設 $y_p[n]$ 與輸入訊號 $x[n]$ 為相同型式之數學式(被稱為強制響應(Forced Response))後求解，而 $y_h[n]$ 則是以下設輸入皆為零時微分方程的解：

$$\sum_{k=0}^{N} a_k y[n-k] = 0$$

又被稱做自然響應(Natural Response)。

為求完整解第一步驟得先設定初始靜止的 t_0 (常為 0)，後先解特殊解(y_p)，常見的解法為設輸出訊號 $y[n]$ 為一常數 $H[z]$ 乘上輸入訊號 $x[n]$，式 $y[n] = H[z] \times x[n]$。由下面式子例證：

離散時間下設 $x[n] = z^n$ (設爲複指數輸入)，

則 $y[n] = \sum_{k=-\infty}^{\infty} h[k]x[n-k] = \sum_{k=-\infty}^{\infty} h[k]z^{n-k}$

$= z^n \sum_{k=-\infty}^{\infty} h[k]z^{-k} = H[z]z^n$ ，

$H[z]$ 亦爲複數常數，爲 $\sum_{k=-\infty}^{\infty} h[k]z^{-k}$ 。

接續在解特殊解後進行齊次解(y_h)求解，常見的解法爲假設一與輸入訊號相同形式的輸出訊號($y_h[n] = \sum_{i=1}^{N} c_i r_i^n$)代入原方程式求輸入式爲零時微分方程的解，式 $\sum_{k=0}^{N} a_k y[n-k] = 0$ 求 r_i 舉下面式子爲例：

離散時間下設 $y_h[n] = \sum_{i=1}^{N} c_i r_i^n$ ，

代入原方程式求輸入式爲零時微分方程求 r_i：

$$\sum_{k=0}^{N} a_k y[n-k] = 0 = \sum_{i=1}^{N} c_i r_i^{N-k}$$

最後在求出 $y_p[n]$ 與 $y_h[n]$ 以後建立起完整解方程式$y[n] = y_p[n] + y_h[n]$。再利用初始狀態(Initial Condition)假設(假設其 $n < n_0$ 時 $y[n] = 0$)求得齊次解所有常係數c_i後，代回原式即爲完整解。

下一節將開始利用實際的範例來應用所學。

習作 8-2 結束

習作 8-3　線性常數微分方程基本題型

目標：以簡單的範例介紹如何利用解線性常數微分方程之概念解析系統。

　　　　為了要增加讀者對藉由線性常數微分方程表示系統的概念的了解，在這邊以一一階微分方程為例進行解析：

$$\frac{dy(t)}{dt} + 2y(t) = x(t)$$

考慮當輸入訊號$x(t) = Ke^{3t}u(t)$(利用步階訊號限制在零以前沒有值)，且 k 為常數，其中 K 表示一實數，求輸出訊號$y(t) = ?$。由於完整解是由一齊次解與一特殊解所構成，當進行求解時首先假設一與輸入訊號相同形式的輸出訊號代入以求特殊解，由於在$t > 0$時$x(t) = Ke^{3t}$因此假設在$t > 0$時有一個形式為Ye^{3t}，且 Y 為常數的特殊解，設$y_p = Ye^{3t}$，代入原方程式可得：

$$\frac{dYe^{3t}}{dt} + 2Ye^{3t} = Ke^{3t}$$

$\frac{dYe^{3t}}{dt} = 3Ye^{3t}$，又兩邊同消去$e^{3t}$可得$3Y + 2Y = K$，

故求得$Y = \frac{K}{5}$，$y_p = \frac{K}{5}e^{3t}$，$t > 0$

　　　　接著求 $y_h(t)$，首先修正原方程式為齊次微分方程，令$\frac{dy(t)}{dt} + 2y(t) = 0$。接著假設齊次解的形式為 $y_h(t) = Ae^{st}$，代入原方程式可得：

$$\frac{dAe^{st}}{dt} + 2Ae^{st} = 0$$

求得 $s = -2$，代入原 Ae^{st} 得 $y_h(t) = Ae^{-2t}$

$y_p(t)$ 及 $y_h(t)$ 代回完整解式子可得 $y(t) = Ae^{-2t} + \frac{K}{5}e^{3t}$，$t > 0$

已知 $t > 0$ 後才有輸入訊號，在此假設起始條件是靜止的，所以 $t \le 0$ 時 $y(t) = 0$。為了求 A 的值，以 $y(0) = 0$ 代入

$$y(t) = Ae^{-2t} + \frac{K}{5}e^{3t}$$

可得

$$0 = A + \frac{K}{5}$$
$$A = -\frac{K}{5}$$

最終求得在 $t > 0$ 時：

$$y(t) = \frac{K}{5}(e^{3t} - e^{2t})$$

依照初始狀態的假設當 $t > 0$ 才有輸出，故加入第四章曾提及之步階函數的概念可得：

$$y(t) = \frac{K}{5}(2e^{3t} - e^{2t})u(t)$$

即為所求之系統響應式。

習作 8-3 結束

習作 **8-4**　線性常數差分方程基本題型

目標：以簡單的範例介紹如何利用解線性常係數差分方程之概念解析系統。

爲了增加讀者對藉由線性常係數差分方程表示系統的概念的了解，在這邊以一一階差分方程爲例進行解析：

$$y[n] - (\frac{1}{5})y[n-1] = x[n]$$

解：首先將之改寫作遞回式的形式：

$$y[n] = x[n] + (\frac{1}{5})y[n-1]$$

後設 $x[n] = K\delta[n]$ 及初始靜止在 0，則知：

$$y[0] = x[0] + (\frac{1}{5})y[-1] = K$$

(因爲有初始靜止的假設，故可將 $y[-1]$ 視爲零)

$$y[1] = x[1] + (\frac{1}{5})y[0] = (\frac{1}{5})K$$
$$y[2] = x[2] + \left(\frac{1}{5}\right)y[1] = (\frac{1}{5})^2 K$$
$$y[3] = x[3] + \left(\frac{1}{5}\right)y[2] = (\frac{1}{5})^3 K$$

$$\dots.$$

即可得

$$y[n] = (\frac{1}{5})^n K$$

又依偏移脈衝響應表示式可得 $h[n] = (\frac{1}{5})^n u[n]$

習作 8-4 結束

習作 8-5　利用方塊圖(Block Diagram)表達系統特性

目標：讓讀者學會如何利用方塊圖表達線性常係數差(微)分方程並了解其意義。

除了用算式表達系統關係之外，另一種常見的方式就是利用簡單的方塊圖來展示線性常係數差分或微分方程式了。如在 8-4 節曾提過的差分方程式 $y[n] - (\frac{1}{5})y[n-1] = x[n]$ ，在這裡，我們可以將 $y[n-1]$ 表達為 $Dy[n]$，也就是說 $y[n] = (\frac{1}{5})Dy[n] + x[n]$ 即可採用以下方塊圖來表達：

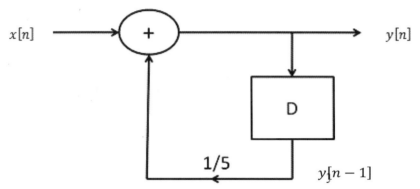

圖 8.5a 以方塊圖表達系統特性：$y[n] = (\frac{1}{5})y[n-1] + x[n]$

這種表示方式除了在判讀理解上較直覺之外，最大的幫助更在於當建立了以簡單的元件的假設為前題之下所組裝的系統在電路設計時可直接參照這樣的方塊圖設計實作，藉此減少人力與時間成本的損耗。

要繪製方塊圖首先需定義基本元件，一般定義的元件有很多但在此僅討論最基礎，最簡單常用的幾項。首先以離散時間訊號為例定義訊號加法器、倍數增益器與單位延遲的表示方式如下頁圖 8.5b 所示：

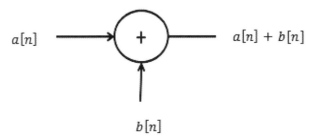

圖 8.5b(a) 訊號加法器

$$a[n] \longrightarrow Ka[n]$$

$$K$$

圖 8.5b(b) 訊號倍數增益器

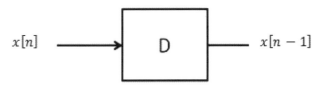

圖 8.5b(c) 訊號單位延遲器

在定義以上的表示法後，就可以將

$$y[n] - ay[n-1] = bx[n]$$

這樣的式子，改畫成這樣的圖：

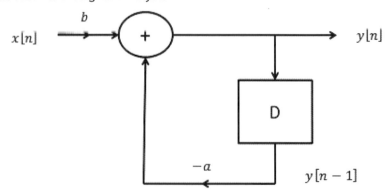

圖 8.5c $y[n] - ay[n-1] = bx[n]$

同樣的，連續時間下的式子(以一階線性常係數微分方程式為例)：

$$\frac{dy(t)}{dt} + ay(t) = bx(t)$$

雖然亦可以在定義加法器、倍數增益器與微分器，並將式子改寫

$$y(t) = \frac{b}{a}x(t) - \frac{1}{a}\frac{dy(t)}{dt}$$

之後以方塊圖的方式呈現，唯在現實生活中微分器不易實作，就算實做了在應用面上仍會因過度敏感造成許多錯誤與雜訊等許多問題。故一種方式是利用數學推導的方式利用其他元件取代微分器，在此例中將以積分器的方式取代微分器：

由於已知

$$\frac{dy(t)}{dt} + ay(t) = bx(t)$$

故

$$\frac{dy(t)}{dt} = bx(t) - ay(t)$$

又因爲已知系統具因果性及 LTI 特性下$y(-\infty)$爲零，故將$bx(t) - ay(t)$從負無限大積分到 t 時，可得：

$$y(t) = \int_{-\infty}^{t} bx(\tau) - ay(\tau)d\tau$$

在定義積分器爲以下圖示

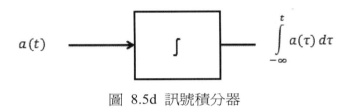

圖 8.5d 訊號積分器

之後，即可繪出與此方程式同義之方塊圖如下：

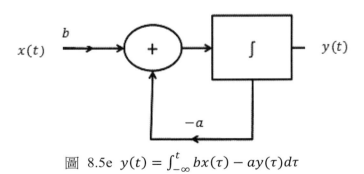

圖 8.5e $y(t) = \int_{-\infty}^{t} bx(\tau) - ay(\tau)d\tau$

上面所討論的方塊圖中的實作其實都隱含了系統具因果性與 LTI 等假設，在初始的情況下究竟是靜止還是有值都會影響到系統的輸出，回歸到數學式子的討論，若非有初始靜止的假設則需做以下此類的改寫：

$$y(t) = y(t_0) + \int_{-\infty}^{t} bx(\tau) - ay(\tau)d\tau$$

在前面的討論雖然僅舉了一階的離散、連續時間系統為例做討論，但方塊圖的概念可基於此延展與發揮，高階方程式運算，以及加入其他不同的元件亦為常見的使用。

習作 8-5 結束

問題與討論

1. 考慮一具因果性之 LTI 系統，設其輸入為 $x[n]$ 輸出為 $y[n]$，具一線性常係數差分方程式如下：

$$y[n] = x[n] + x[n-1] + x[n-2]$$

請計算此系統的脈衝響應式。

(民 94 國立宜蘭大學電子工程學系碩士班入學考題)

2. 考慮一具因果性之 LTI 系統，設其輸入為$x[n]$ 輸出為$y[n]$，具一線性常係數差分方程式如下：

$$y[n] - ay[n-1] = x[n], \text{ with } |a| < 1$$

1)請計算並畫出此系統的脈衝響應。
2)請計算並畫出此系統的步階響應。

(民 89 國立清華大學電機工程研究所 乙組入學考題)

3. 考慮一 LTI 系統，設其輸入為$x[n]$ 輸出為$y[n]$，具一線性常係數差分方程式如下：

$$y[n] + 0.5y[n-1] = x[n-1] + 0.5x[n-2] - 0.2x[n-3]$$

1)請計算此系統響應式。
2)請計算此系統之脈衝響應式。

(民 97 交大電機學院通訊與網路科技產業研發碩士專班入學考題)

P2 總結二

到目前為止，讀者已經了解到訊號以及系統的概念與數學上的分析方式，更撰寫了一些簡單的LabVIEW程式來輔助分析並增加對於觀念的了解。接下來本書將整合各章的精華在本章中複習，並提供整合式範例供大家做為邁向本書第三部分前的最後複習

G 目標
oal

• 複習Ch5~Ch8章節內容；
• 藉由整合式範例幫助讀者進行第二部分複習；

Key 關鍵名詞
ey

• 以摺積表示的系統響應式
• 線性非時變系統

總結二　系統總結

P2

簡　介

　　記得在第一章的內容開始談到幾乎各領域都有自己對於系統的定義，而為化繁為簡，在「訊號與系統」中所談的「系統」為「輸入訊號的轉換程序，或輸入訊號以某些方式造成系統輸出的一種程序，結果於系統輸出端產生不同於輸入訊號的其他訊號」，簡而言之重點就在於訊號輸入與輸出間過程中究竟經歷什麼樣的轉換，可看作輸入函數 f 經由系統轉換函數 T 變成 g 的過程，數學上可表示為$g(x) = T(f(x))$，而常見的例子有連續時間系統(*Continuous-time system*)與離散時間系統(*Discrete-time system*)，在符號上分別用$x[n] \to y[n]$與 $x(t) \to y(t)$ 來表示。

　　在討論系統時除了談論如何將輸入訊號轉換成輸出訊號外，前人還定義了常見的系統特性，其中包括了記憶性、因果性、線性、穩定性與時變性如下表所示：

特性	定義
記憶性	系統輸出只與當時輸入訊號有關的系統
因果性	系統輸出只與當時輸入訊號以及過去的輸入訊號有關的系統
穩定性	當輸入訊號為有限數值時其輸出訊號數值亦為有限(不發散),當輸入訊號x(t) < A(有界)時其輸出 y(t)必也小於某 B(非無限)
線性	具備加成性 (additivity) 與縮放性 (scaling)
時變性	系統的表現與特性不隨時間改變的系統,而時變系統就是表現與特性隨時間改變的系統

　　後來本書從 x[n]如何利用單位脈衝函數的取樣及偏移特性,談到如何以偏移單位脈衝訊號的組合表達輸入訊號以利於系統分析,舉出了 $x[n] = \sum_{k=-\infty}^{\infty} x[k]\delta[n-k]$ 與 $x(t) = \int_{-\infty}^{\infty} x(\tau)\delta(t-\tau)\,d\tau$ 兩個式子,並介紹了在這樣的基礎上發展出系統的數學分析模型,包括了對系統脈衝響應 h_{n-k} 與 $h_{t-\tau}$ 的定義,直到在假設為系統為線性的情況下系統響應能寫作偏移脈衝響應的組合,離散時間情況下的:

$$y[n] = \sum_{k=-\infty}^{\infty} x[k]h_{n-k}[n-k]$$

及在假設

$$\hat{x}[t] = \sum_{k=-\infty}^{\infty} x[k\Delta]\,\delta[t-k\Delta]\Delta$$

及

$$\hat{y}[t] = \sum_{k=-\infty}^{\infty} x[k\Delta]h_{t-k\Delta}[t-k\Delta]\Delta$$

後推得連續時間下的：

$$\lim_{\Delta\to 0} y(t) = \lim_{\Delta\to 0} y[n] = \int_{-\infty}^{\infty} x(\tau)h_{t-\tau}(t-\tau)\,d\tau = y(t)$$

最後更在非時變的系統的假設下，由於 h 不因時間改變故皆可假設為h_0而最後將 h 的下標皆去除後導入摺積和與摺積積分的概念如下式：

$$y[n] = \sum_{k=-\infty}^{\infty} x[k]h[n-k] = x[n] * h[n]$$

$$y(t) = \int_{-\infty}^{\infty} x(t)h(t-\tau)\,d\tau = x(t) * h(t)$$

這些模型讓各式現實生活中複雜的系統能夠被簡化成以數學標準化、量化的方式形諸一門學問來進行分析，此亦為「訊號與系統」這門學問的產生之基礎動機。

在了解到 LTI 系統的假設與數學分析模型後，本書更介紹了此模型的特性與隱含的假設，知摺積式具有：

定律	數學表示式
交換律	$$x[n] * h[n] = h[n] * x[n]$$ $$x(t) * h(t) = h(t) * x(t)$$
分配律	$$x[n] * h_1[n] + x[n] * h_2[n] = x[n] * (h_1[n] + h_2[n])$$ $$x(t) * h_1(t) + x(t) * h_2(t) = x(t) * (h_1(t) + h_2(t))$$
結合律	$$x[n] * (h_1[n] * h_2[n]) = (x[n] * h_1[n]) * h_2[n]$$ $$x(t) * (h_1(t) * h_2(t)) = (x(t) * h_1(t)) * h_2(t)$$

及如何利用此模型對系統常見特性進行分析

特性	定義	數學表示
記憶性	系統輸出只與當時輸入訊號有關的系統	$y[n] = \sum_{k=-\infty}^{\infty} x[k]h[n-k]$ 之所有 $k \neq n$ 的 $h[n-k]$ 皆等於零，稱此系統為無記憶性
可逆性	能夠找到一個與原系統串連後，系統響應等於原輸入系統	具可逆性：當能夠找得出一反函式 h_i 使 $h(t) * h_i(t) = \delta(t)$ 時稱可逆
因果性	系統輸出只與當時輸入訊號以及過去的輸入訊號有關的系統	具因果性：$$h[n-k] = \begin{cases} K(n,k), & k \leq n \\ 0, & x > n \end{cases}$$ (K 為一 n 與 k 的函式)
穩定性	當輸入訊號為有限數值時其輸出訊號數值亦為有限(不發散)，當輸入訊號 $x(t) <$	具穩定性：1. h[n]具「絕對可加(absolutely summable)」性

	A(有界)時其輸出 $y(t)$ 必也小於某 B(非無限)	2. 其$\sum_{k=-\infty}^{\infty}|h[k]| < \infty$
線性	具備加成性(additivity) 與縮放性(scaling)	具線性： 1. $x_1(t) + x_2(t) \rightarrow y_1(t) + y_2(t)$ 2. $ax(t) \rightarrow ay(t)$
時變性	系統的表現與特性不隨時間改變的系統，而時變系統就是表現與特性隨時間改變的系統	具非時變性： h_{n-k} 及 $h_{t-\tau}$ 不隨時間 n, k, t, τ 改變，任一時刻的 h 皆與 h_0 同故除去下標後以 h。

在第二部分的最後一章則介紹到分析系統時的另外兩項重要的工具，分別是在分析連續時間系統時所使用的線性常數微分方程(linear constant-coefficient equation)及分析離散時間系統時所使用的線性常數差分方程(linear constant-coefficient difference equation)。這兩項重要的工具一般被用來描述多個程序所造成的連續性變化，可以描述出各種系統輸入與輸出的關係，其表示式下表所示：

離散 vs. 連續	一般式	階數為零時的表示式
離散時間	$$\sum_{k=0}^{N} a_k y[n-k]$$ $$= \sum_{k=0}^{M} b_k x[n-k]$$	有唯一解： $$y[n] = \frac{1}{a_0}(\sum_{k=0}^{M} b_k x[n-k] - \sum_{k=1}^{N} a_k y[n-k])$$
連續時間	$$\sum_{k=0}^{N} a_k \frac{d^k y(t)}{dt^k} = \sum_{k=0}^{M} b_k \frac{d^k x(t)}{dt^k}$$	有唯一解： $$y(t) = \frac{1}{a_0} \sum_{k=0}^{M} b_k \frac{d^k x(t)}{dt^k}$$

而離散時間下之表示式，亦可利用遞迴定義轉換成所謂遞回式

$$y[n] = \frac{1}{a_0}(\sum_{k=0}^{M} b_k x[n-k] - \sum_{k=1}^{N} a_k y[n-k])$$

已知 $y[n-1], \ldots, y[n-N]$ 即可得到 $y[n]$，當 $N = 0$時亦可表示成

$$y[n] = \sum_{k=0}^{M} (\frac{b_k}{a_0}) x[n-k]$$

又稱爲「非遞回式」，其實就是系統響應的摺積和表示式，脈衝響應式爲

$$h[n] = \begin{cases} \dfrac{b_0}{a_0}, & 0 \le n \le M \\ 0, & o.w. \end{cases}$$

不論是線性常係數微分方程式，還是線性常係數差分方程式，由於只單純敘述關係，故若使用 N 大於等於一階的式子來描述一系統輸入與輸出間關係時，若在未指定使用情境(condition)的前提下欲轉換成系統響應式，則會有無限多組對應之可能。故一般使用此種表示法時都會指定初始靜止這樣的定義，在假設若在$n < n_0$之前$x[n] = 0$，$y[n]$在$n < n_0$時也必須是零(連續時間下亦同理)

$$y(t_0) = \frac{dy(t_0)}{dt} = \cdots = \frac{d^{N-1}y(t_0)}{dt^{N-1}} = 0$$

的前提下系統響應式能被唯一定義。在此前提下，當輸入訊號 $x[n]$ 確立即可求完整解(complete solution)，$y[n]$，而 $y[n]$ 又可被分成特殊解 $y_p[n]$ 與齊次解 $y_h[n]$，特殊解 $y_p[n]$ 的解法為假設 $y_p[n]$ 與輸入訊號 $x[n]$ 為相同型式之數學式(被稱為強制響應(Forced Response))後求解，而 $y_h[n]$ 則是設輸入皆為零時微分方程的解，式：

$$\sum_{k=0}^{N} a_k y[n-k] = 0$$

又被稱做自然響應(Natural Response)。

求完整解詳細步驟如下：

1. 先設定初始靜止的 t_0 (常為 0)

2. 利用設輸出訊號 $y[n]$ 為一常數 $H[z]$ 乘上輸入訊號 $x[n]$，式 $y[n] = H[z] \times x[n]$ 以解特殊解 (y_p) ($H[z]$ 是複數常數，為 $\sum_{k=-\infty}^{\infty} h[k] z^{-k}$。)

3. 假設一與輸入訊號相同形式的輸出訊號($y_h[n] = \sum_{i=1}^{N} c_i r_i^n$)代入原方程式求輸入式為零時微分方程的解以進行齊次解(y_h)求解：

   離散時間下設 $y_h[n] = \sum_{i=1}^{N} c_i r_i^n$，
   代入原方程式求輸入式為零時微分方程求 r_i：

   $$\sum_{k=0}^{N} a_k y[n-k] = 0 = \sum_{i=1}^{N} c_i r_i^{N-k}$$

4. 最後在求出 $y_p[n]$ 與 $y_h[n]$ 以後建立起完整解方程式 $y[n] = y_p[n] + y_h[n]$。再利用初始狀態(Initial Condition)假設(假設其 $n < n_0$ 時 $y[n] = 0$)求得齊次解所有常係數 c_i 後，代回原式即為完整解。

　　而連續時間下的 $y(t)$ 其解法則如解離散時間下的線性常係數差分方程式的概念一般，先各別解出 y_p 與 y_h 再利用初始靜止的假設合併解出最後的系統響應式(完整解)。

　　以下將再與讀者一起研究一些較爲常見的整合式的習題，以加深對第二部分「系統」討論的印象。

習作 P2-1 系統響應分析(一)

目標：讓同學學會利用六七章所提及之方法，在假設系統為 LTI 的前提下分析系統響應，並使用 LabVIEW 程式設計展示結果。

問：一離散時間下之 LTI 系統其輸入訊號為

$$x[n] = 3^n u[-n-1] + (\frac{1}{3})^n u[n]$$

且系統單位脈衝響應式為

$$h[n] = (\frac{1}{4})^n u[n+3]$$

問：

1) 試在運用摺積和之結合律的前提下計算 $y[n]$。

2) 試利用 LabVIEW 程式設計畫出 $y[n]$。

答 1)：已知摺積和之結合律：$x[n] * h_1[n] + x[n] * h_2[n] = x[n] * (h_1[n] + h_2[n])$ 故可利用結合律將式子改寫，首先定義 $x_1[n] = 3^n u[-n-1]$ 與 $x_2[n] = (\frac{1}{3})^n u[n]$，可知

$$y[n] = x[n] * h[n] = (x_1[n] + x_2[n]) * h[n]$$
$$= x_1[n] * h[n] + x_2[n] * h[n]$$

預計算此可分別計算 $x_1[n] * h[n]$ 與 $x_2[n] * h[n]$ 再加總即得所求，故式子可改寫為

$$3^n u[-n-1] * \left(\frac{1}{4}\right)^n u[n+3] + \left(\frac{1}{3}\right)^n u[n] * \left(\frac{1}{4}\right)^n u[n+3]$$
$$= \sum_{k=-\infty}^{\infty} x_1[k]h[n-k] + \sum_{k=-\infty}^{\infty} x_2[k]h[n-k]$$
$$= \sum_{k=-\infty}^{\infty} 3^k u[-k-1] \times \left(\frac{1}{4}\right)^{n-k} u[(n-k)+3]$$

$$+ \sum_{k=-\infty}^{\infty} \left(\frac{1}{3}\right)^k u[k] \times \left(\frac{1}{4}\right)^{n-k} u[(n-k)+3]$$

首先求 $\sum_{k=-\infty}^{\infty} x_1[k] * h[n-k]$，由

$$x_1[k] = \begin{cases} 3^k, & k \leq -1 \\ 0, & k > -1 \end{cases}$$

$$h[n-k] = \begin{cases} \left(\frac{1}{4}\right)^{n-k}, & k \leq n+3 \\ 0, & k > n+3 \end{cases}$$

可得 $y_1[n]$：

1. 當 $n+3 > -1$ 時(即 $n > -4$ 時)，系統響應

$$y_1[n] = \sum_{k=-\infty}^{-1} 3^k \times \left(\frac{1}{4}\right)^{n-k}$$

2. 當 $n+3 \leq -1$ 時(即 $n \leq -4$ 時)，系統響應

$$y_1[n] = \sum_{k=-\infty}^{n+3} 3^k \times \left(\frac{1}{4}\right)^{n-k}$$

然後求 $\sum_{k=-\infty}^{\infty} x_2[k] * h[n-k]$，由

$$x_2[k] = \begin{cases} \left(\frac{1}{3}\right)^k, & k \geq 0 \\ 0, & k < 0 \end{cases}$$

$$h[n-k] = \begin{cases} \left(\dfrac{1}{4}\right)^{n-k}, & k \leq n+3 \\ 0, & k > n+3 \end{cases}$$

取 $x_2[k]$ 與 $h[n-k]$ 範圍中皆不等於零的交集，可得 $y_2[n]$：

$$y_2[n] = \sum_{k=0}^{n+3} \left(\frac{1}{3}\right)^k \times \left(\frac{1}{4}\right)^{n-k}$$

又已知 $y[n] = x_1[n] * h[n] + x_2[n] * h[n] = y_1[n] + y_2[n]$，故由上式 $y_1 \cdot y_2$ 可得

1. 當 $n+3 > -1$ 時(即 $n > -4$ 時)，系統響應

$$y[n] = \sum_{k=-\infty}^{-1} 3^k \times \left(\frac{1}{4}\right)^{n-k} + \sum_{k=0}^{n+3} \left(\frac{1}{3}\right)^k \times \left(\frac{1}{4}\right)^{n-k}$$

2. 當 $n+3 \leq -1$ 時(即 $n \leq -4$ 時)，系統響應

$$y[n] = \sum_{k=-\infty}^{n+3} 3^k \times \left(\frac{1}{4}\right)^{n-k} + \sum_{k=0}^{n+3} \left(\frac{1}{3}\right)^k \times \left(\frac{1}{4}\right)^{n-k}$$

以下為讀者說明如何運用 LabVIEW 程式撰寫更迅速的進行解題。

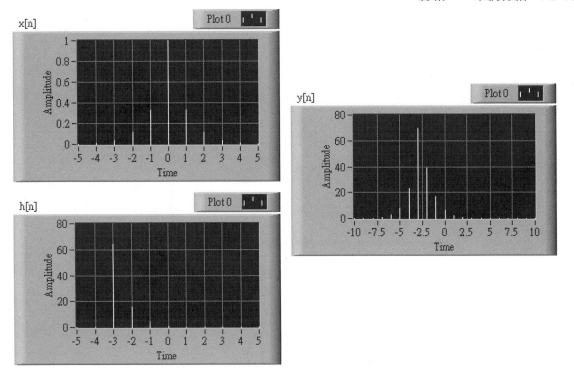

Figure P2-1(a) ex P2-1 find y(t).vi (Front Panel)

Figure P2-19(a)的示波器中顯示的波形可看到系統輸入訊號 $x[n]$、系統單位脈衝響應 $h[n]$，即系統響應(最後結果)。藉由此範例程式讀者可觀察到在上述的定義之下輸入訊號之波形，及系統的單位脈衝響應式 $h[n]$ 之波形，還有對系統輸入 $x[n]$ 後的響應式 $y[n]$。以下將粗略介紹此訊號範例程式的設計架構。

程式設計方法(依步驟)
● 人機介面(Front Panel)
1. Modern→Graph→XY Graph 新增三個波形的繪圖版面。

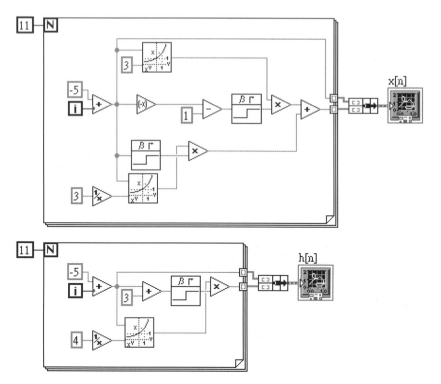

Figure P2-1(b) ex P2-1 find $y[n]$.vi (Block Diagram)

首先介紹的是 $y[n]$ 與 $h[n]$ 的設計。

● 程式方塊圖(Block Diagram)

1. Programming→Structures→For Loop (Functions-Struct.)新增兩個 for loop 可令程式執行完所有 n 的情況(限制 n 在-5~5 之間，不做到無限大) 只要將結果拉到外面就會將自動產生的所有結果變成陣列輸出。

2. 分別輸入 $x[k]$ 與 $h[n-k]$ 的定義。

3. Programming→Numeric→Add 加入加法運算元。

4. Programming→Numeric→Multiply 加入乘法運算元。

5. Programming→Numeric→Negate 加入負數函式

6. Programming→Numeric→Reciprocal 加入倒數函式

7. Mathematics→Elementary→Exponential Functions→Power of X 加入指數函式

8. Mathematics→Elementary & Special Functions→Exponential Functions→Gating Function→Step Function 加入單位步階函式

9. Cluster, Class, & Variant→Bundle 去結合橫軸 n 與縱軸 $x[n]$、$h[n]$ 的值變成二維陣列輸入 XY Graph。

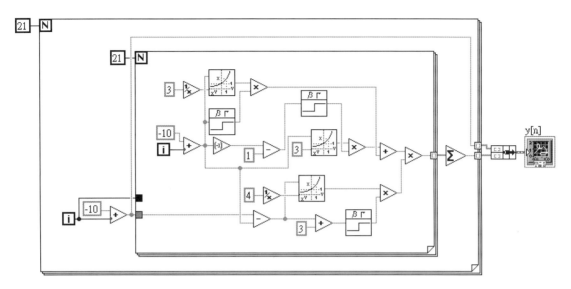

Figure P2-1(c) ex P2-1 find *y*[*n*].vi (Block Diagram)

介紹完　*x*[*n*]　與　*h*[*n*]　的設計後，接下來要介紹的是　*y*[*n*]　的設計，其實 *y*[*n*]　的設計僅是　*x*[*n*]　與　*h*[*n*]　的延伸，兩個元件的概念可以以上數同 理加入兩個迴圈，一個執行所有 *k* 的情況，一個執行所有的 *n*，最後輸出 即為　*y*[*n*]。

- 程式方塊圖(Block Diagram)
- Programming→Structures→For Loop (Functions-Struct.)新增兩個 for loop 可令程式執行完所有 *n* 與 *k* 的情況(限制 *n* 在-5~5 之間，而 *k* 在 -10~10 之間，不做到無限大) 只要將結果拉到外面就會將自動產生 的所有結果變成陣列輸出。
- 分別輸入　*x*[*k*]　與　*h*[*n* − *k*]　的定義於裡面的 For Loop。

讀者到這邊是否又對如何基於 LTI 假設之系統進行分析有更進一步的了 解了呢？

習作 P2-1 結束

習作 **P2-2**　系統響應分析(二)

目標：讓同學學會利用六七章所提及之方法，在假設系統為 LTI 的前提下分析系統響應，
　　　並使用 LabVIEW 程式設計展示結果。

問：一連續時間下之 LTI 系統其輸入訊號為

$$x(t) = \sum_{k=-\infty}^{\infty} \delta(t - kT)$$

且系統單位脈衝響應式為

$$h(t) = \begin{cases} 1 + t, & -1 \le t \le 0 \\ 1 - t, & 0 \le t \le 1 \\ 0, & o.w. \end{cases}$$

試分別計算當 a)$T = 4$、b)$T = 2$、c)$T = 3/2$、d)$T = 1$ 時的系統響應式，
並利用 LabVIEW 程式撰寫展示其結果。

答：
由於已知$y(t) = \int_{-\infty}^{\infty} x(\tau)h(t - \tau)\, d\tau$，首先由 $x(t) = \sum_{k=-\infty}^{\infty} \delta(t - kT)$ 知
$x(t)$ 在每隔 T 間隔發出單位脈衝訊號

$$x(t) = \sum_{k=-\infty}^{\infty} \delta(t - kT) = \sum_{k=-\infty}^{\infty} 1 \times \delta(t - kT) = \sum_{k=-\infty}^{\infty} x(kT)\delta(t - kT)$$

$$x(\tau) = \begin{cases} 1, & \tau = aT, a \in Z \\ 0, & o.w. \end{cases}$$

又由於知道 $y(t)$ 式的意義其實就是對於每個偏移脈衝訊號的組合,故式 $y(t) = \int_{-\infty}^{\infty} x(\tau)h(t-\tau)\,d\tau$ 在此例加入 $x(t)$ 的概念後可改寫式子為

$$y(t) = \int_{-\infty}^{\infty} x(\tau)h(t-\tau)\,d\tau = \sum_{k=-\infty}^{\infty} x(kT)h(t-kT)$$
$$= \sum_{k=-\infty}^{\infty} 1 \times h(t-kT)$$

帶入 $T = 4,\ 2,\ \frac{3}{2}, 1$ 後可得 $y(t)$ 分別在

$$h(t) = \begin{cases} 1+t, & -1 \le t \le 0 \\ 1-t, & 0 \le t \le 1 \\ 0, & o.w. \end{cases}$$

的前提下,等於 $\sum_{k=-\infty}^{\infty} h(t-4k)$、$\sum_{k=-\infty}^{\infty} h(t-2k)$、$\sum_{k=-\infty}^{\infty} h(t-\frac{3}{2}k)$、$\sum_{k=-\infty}^{\infty} h(t-k)$。

以下使用程式撰寫來進行解題,為讀者說明如何運用 LabVIEW 程式撰寫來解這樣的題目。

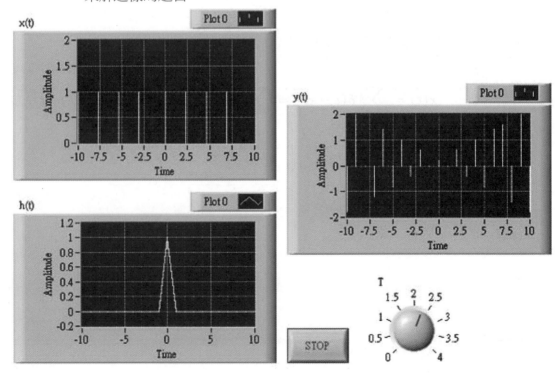

Figure P2-2(a) ex P2-2 find y(t).vi (Front Panel)

Figure P2-2(a)的示波器中顯示的波形可看到系統輸入訊號　$x(t)$、系統單位脈衝響應　$h(t)$，及系統響應($y(t)$，最後結果)。藉由此範例程式讀者可觀察到被定義為在時間軸上從零為基準點所有整數倍數的 T 點時各輸入一單位脈衝訊號的輸入訊號之波形，及系統的單位脈衝響應式　$h(t)$之波形，還有對系統輸入　$x(t)$　後的響應式$y(t)$。

由於　$x(t)$　的定義為$\sum_{k=-\infty}^{\infty} \delta(t - kT)$此習題要算的即是在不同 T 的情況下響應變化，故在右下角加入旋鈕之設計，讓讀者能夠手動即時調整 T 值(注意其值不可小於 1)以改變　$y(t)$。以下將粗略介紹此訊號範例程式的設計架構。

程式設計方法(依步驟)
● 　人機介面(Front Panel)
1. 　Modern→Graph→XY Graph 新增三個波形的繪圖版面。
2. 　Modern→Numeric→Dial 加入一數字旋鈕

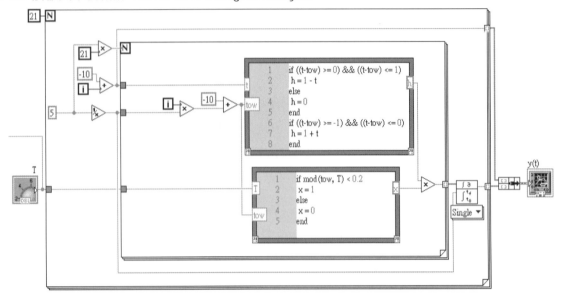

Figure P2-2(b) ex P2-2 find $y(t)$.vi (Block Diagram)

● 程式方塊圖(Block Diagram)

1. Programming→Structures→For Loop (Functions-Struct.)新增兩個 for loop 可令程式執行完所有 t, τ 的情況(限制 t, τ 在-10~10 間，無須做到無限大) 只要將結果拉到外面就會將自動產生的所有結果變成陣列輸出。

2. 設定內外 For Loop 的迴圈數，以及 τ 軸分割之間距大小。

3. Mathematics→Scripts and Formulas→MathScript Node 新增兩個 Script Node 分別輸入$x(t)$ 與 $h(t)$的定義。$x(t)$ 的部分需特別注意因為 mod(tow, T) 雖表示取 $tow \div T$ 的餘數應與零相比才是所謂 T 的整數倍，但由於所有電腦裡表示的連續時間數字其實都還是由離散數值序列所構成，故在有限記憶體的使用下常不易找出 $tow \div T$ 的餘數正好等於零者，故取 $tow \div T$ 的餘數的近似，本例取小於 0.2。

4. Mathematics→Integration and Differentiation→Numeric Integration 在每個 t 的迴圈中將所有 $x[\tau]h[t-\tau]$ 作積分。

5. Cluster, Class, & Variant→Bundle 去結合橫軸 t 與縱軸 $y(t)$ 的值變成二維陣列輸入 XY Graph。

6. Programming→Numeric→Add 加入加法運算元。

7. Programming→Numeric→Multiply 加入乘法運算元。

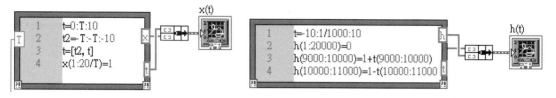

Figure P2-2(c) ex P2-2 find $y(t)$.vi (Block Diagram)

8. Mathematics→Scripts and Formulas→MathScript Node 再新增兩個 Script Node 分別輸入 $x(t)$ 與 $h(t)$ 的定義。掌管 $x(t)$ 的 Script Node 裡面先產生 0~10 以 T 遞增等差級數，再產生$-T$~ -10 以 T 遞減的等差級數，藉此產生 -10~10 之間的所有$x(t)$。而掌管 $h(t)$ 的

   Script Node 則先產生從 -10~10 以 0.001 累加的等差級數，再建立 h 的陣列並全部設成零，最後將 -1~0 的子陣列填入$1 + t$，而 0~1 子陣列則填入$1 - t$，藉此產生 $h(t)$。

9. Cluster, Class, & Variant→Bundle 新增兩個 Bundle 結合橫軸 n 與縱軸 $x(t)$、$h(t)$ 的值變成二維陣列輸入 XY Graph，藉此顯示輸入訊號及系統單位脈衝響應函式在 t 軸上的值。

10. Programming→Structures→While Loop (Functions-Struct.)最後加入 While Loop 令程式持續執行。

讀者到這邊是否又對如何基於 LTI 假設之系統進行分析有更進一步的了解了呢？

習作 P2-2 結束

問題與討論

1. 請計算具備以下脈衝響應之 LTI 系統的步階響應：

    1) $h[n] = nu[n]$

    2) $h(t) = e^{-|t|}$

    (民 96 國立暨南國際大學電機所系統組入學考題)

2. 如上述，請以 LabVIEW 程式設計展示其步階響應函式並思考其意義。

3. 一個系統設其輸入為 $x(t)$，輸出為 $y(t)$ 有關係式如下：

    $$y(t) = x(t-2) + x(2-t)$$

    請證明此系統是否具備 1)記憶性、2)非時變性、3)線性、4)因果性、5)穩定性。

    (民 94 國立宜蘭大學電子工程學系碩士班入學考題)。

4. 假設一系統

    $$x[n] = \alpha^n u[n]$$

    1)試畫出 $g[n] = x[n] - \alpha x[n-1]$

    2)利用 1)的結果與摺積和的概念推導具備以下條件之 $h[n]$ 序列：

    $$x[n] * h[n] = \left(\frac{1}{2}\right)^n \{u[n+2] - u[n-2]\}$$

    (民 90 國立暨南國際大學電機所系統組入學考題)

9 第九章

在前一章提到的LTI理想系統中，了解到系統的輸出其實是輸入訊號的綜合組合。而在本章則將介紹一些數學函數的性質，並將由數學角度所看到的性質結合訊號意義，以利實際應用上能做訊號系統的分析與設計。對於不同性質的訊號以及不同性質的系統，均有各自合適的組合分析模型。

G 目標
oal

- 瞭解訊號基本性質與數學函數之間的特性；
- 瞭解訊號數學模型綜合組成的表示；
- 實際練習，並瞭解初步訊號程式的內容架構，以做為日後撰寫相關議題的程式設計基礎；

K 關鍵名詞
ey

- 拉普拉斯轉換式 (Laplace transform)
- 指數階層
- 正交性 (Orthogonal)

簡　介

在找尋複雜的微積分方程式的解答時，LTI 為常用的運算方式

$$f(t) \to F(s) = \int_0^\infty f(t)e^{-st}dt$$

藉由乘上 e 的 $-st$ 次方，成功將方程式簡化成以 s 為變數的方程式，並利用數學模型對稱的特性(符合前提假設的情況下)，讓許多複雜微積分方程式得以找到解答。

習作 **9-1** 拉普拉斯轉換的數學性質

目標：了解函數隨變數增大時結果的變化與成長的速度對探討函數時的數學意義。

在介紹公式所代表的概念前，首先要介紹的是「指數階層」，指數階層是一種函數成長的指標，所有的函式都可以在此指標上被定義：以 $f(t) = e^{at}$ 為例，當變數 $t \to \infty$ 時，函數 $|f(t)|$ 數值的成長速度(數值 e^{at} 隨 t 增大的速率)與 a 直接相關，故 $f(t)$ 的指數階層就是 a 指數階。

更多的例子：

$f_1(t) \leq Me^{at}$, M=常數 ，$f_1(t) \geq O(e^{at})$, $f_1(t)$ 為 a 指數階

$f_2(t) = 5e^{3t} \geq O(e^{3t})$為 3 指數階

$f_3(t) = sint \geq O(e^{0t})$為 0 指數階(成長速度有限)

在介紹完指數階層後，接下來要說明的是何謂「拉普拉斯轉換式」。所謂的拉普拉斯轉換式，就是在任一 $f(t)$ 為 a 指數階時，存在有$s > a$的前提下，將 $f(t)$ 乘上 e^{-st}，也就是除e^{st}。

此轉換式的意義在於，由於在 $s > a$的前提下，e^{st}的成長速度會比 e^{at} 快速，藉由乘上 e^{-st} 變成 $f(t)e^{-st}$，函數f(t)會被壓低「s 指數階」，使得 $f(t)$ 不再是一個以 a 指數階快速成長的複雜函數。在這樣的轉換下，$f(t)$ 的成長速度明顯被壓低而能夠顯現出 $f(t)$ 其他基本的數學性質。

乘上 e^{-st} 後 $f(t)$ 的 domain 會由以 t 為變數的 t domain 函數轉為以 s 為變數的 s domain 函數。此時，由於去除了 a 指數階快速成長的變因，

因此往往在 *s* domain 下函數會變得較容易求解,這就是廣泛爲人所使用的拉普拉斯轉換(Laplace Transform)。

在前面簡單介紹過拉普拉斯的基本概念與性質後,接下來將以一個簡易的 LabVIEW 範例程式來進行說明。

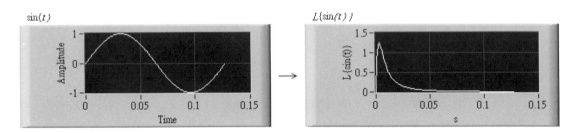

圖 9.1a ex 9-1 laplace.vi (Front Panel)

上圖簡單的範例,左邊爲讀者熟悉的 *sin(t)*波形圖,而右邊則爲經過拉普拉斯轉換後,所得的轉換函數圖,可看出其函數成長與時間變化並無直接的關連性。

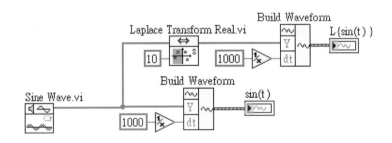

圖 9.1b ex 9-1 laplace.vi (Block Diagram)

程式設計方法(依步驟)

● 人機介面設計端(Front Panel)

1. Express→Graph Indicators→Waveform Graph (Controls-Graph)新增波形的繪圖版面。

● 程式方塊圖(Block Diagram)

1. Signal Processing→Signal Generation→Sine Wave 新增正弦產生器，若想設定振幅(Amplitude)、頻率(Frequency)、相位(Phase)，則可自行設定數值連接到正弦產生器上。

2. Signal Processing→Transforms→Laplace Transform Real.vi 新增拉普拉斯實部轉換運算元，並與正弦產生器的資料連接進行轉換，可設定轉換的區間(Interval)，上圖範例的轉換區間為 0~10。

3. Programming→Waveform→Build Waveform (Functions-Wave.)，將訊號的波形資料與時間變化的間隔(常數$dt = \frac{1}{1000}$)彙整成完整的訊號 $x(t)$ 傳給繪圖版面，完成「正弦訊號拉普拉斯轉換程式」。

練習：

$f_a(t) = \cos(t)$為____指數階

$f_b(t) = 3e^{4t} + 5e^{7t} + \sin(t)$為____指數階

試畫出上述函數的拉普拉斯轉換後所得的圖形。

習作 **9-1** 結束

習作 9-2　　訊號正交性

目標：瞭解訊號利用數學性質定義出的表示模型所具有的意義與概念。

在介紹訊號組合與分析的模型前，先複習一下在第三章習作 3-3 曾介紹過的正交性(Orthogonal)，在尋找與定義能夠表示所有訊號的數學模型時，所利用的正是函數本身的數學正交性質：

1. 偶函數(Even function)：$f_{even}(-t) = f_{even}(t)$, 例：$\cos(\theta), t^2, |t|$
2. 奇函數(Odd function)：$F_{odd}(-t) = -f_{odd}(t)$, 例：$\sin(\theta), t^3, t$
3. 奇偶函數拆解(Even-odd decomposition)：

$$f(t) = f_{even}(t) + f_{odd}(t)$$
$$f(-t) = f_{even}(t) - f_{odd}(t)$$

藉由上述的函數特性，能將任意的函數透過具有正交性質的奇偶函數相加而成，如同要表示二維平面上的任意函數(例如影像、訊號波形函數)，需利用兩個空間上正交的變數表示而成。例如：卡式座標(a, b)表示成$a+bj$、極座標 (r, θ)表示成 $re^{j\theta}$ 或 $r(\cos(\theta) + j\sin(\theta))$。

而極座標 $re^{j\theta}$ 以及 $r(\cos(\theta) + j\sin(\theta))$ 則是訊號運算時常用的正交表示法，便於運算。例如：$re^{j\omega t}$以及 $r(\cos(\omega t) + j\sin(\omega t))$

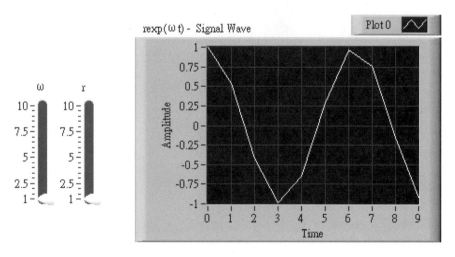

圖 9.2a ex 9-2 euler rep wave form.vi (Front Panel)

圖 9.2a 即為一re$^{j\omega t}$的函數圖形，其對應的程式方塊圖如下所示：

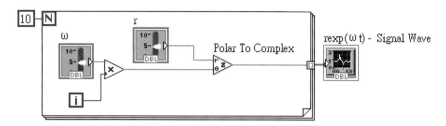

圖 9.2b ex 9-2 euler rep wave form.vi (Block Diagram)

程式設計方法(依步驟)

● 人機介面設計端(Front Panel)

1. Express→Graph Indicators→Waveform Graph (Controls-Graph)新增波形的繪圖版面。

2. Express→Numeric Controls→Vertical Pointer Slide 新增垂直滑動的數值控制條。

● 程式方塊圖(Block Diagram)

1. Programming→Structures→For Loop 新增計算一連串數值用的迴圈，數值計算由 i=0 至 i=N-1。範例程式將 N 利用建立常數(滑鼠右鍵，選 Create→Constant)算出 10 筆資料。

2. Programming→Numeric→Multiply 新增乘法，將方才在人機介面設計端新增的其中一個控制變數作為訊號頻率的輸入，與 i 相乘。

3. Programming→Numeric→Complex→Polar To Complex 新增複數運算元件，將先前在人機介面設計端新增的另外一個控制變數作為訊號的振幅輸入，與第 2 點的結果共同運算出re$^{j\omega t}$的函數數值。並將結果與在人機介面設計端新增的繪圖版面相連接，將訊號圖形繪出。

習作 **9-2** 結束

習作 9-3   各類訊號組合的表示式

目標：瞭解各種訊號表示模型所具有的意義與概念。

正弦餘弦式(Sine-cosine formula)

首先要介紹的是正弦餘弦式，其表示式如下所示。'

$$f(t) = f_{even}(t) + f_{odd}(t)$$
$$= a_0 + \sum_{n=1}^{\infty} [a_n \cos(n\omega t) + b_n \sin(n\omega t)]$$

a_0為常數，故又為固定項(Direct Current term, DC term)

$a_n \cos(n\omega t) + b_n \sin(n\omega t)$會交互變動，故稱為交流項(Alternating Current term, AC term)

在正弦餘弦的表示式中，可看見主要是由正弦項與餘弦項兩項加總而得
訊號的整體資訊如圖 9.3a 所示，其中包含震盪頻率、振幅以及起始相位
等資訊。

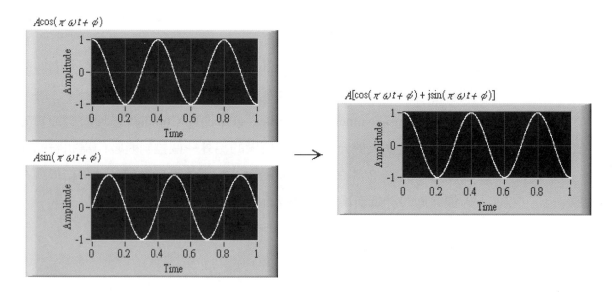

圖 9.3a ex 9-3 signal representations.vi (Front Panel)

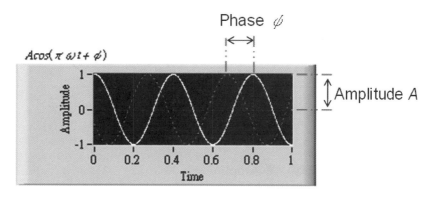

圖 9.3b 訊號中包含有震盪頻率、振幅即起始相位等資訊

　　其中加總時，對應 n 均有成對的 a_n 與 b_n，分別對應正弦項與餘弦項，而往後在解讀頻譜分析與訊號相位圖時，所讀取到的資訊便為 a_n 與 b_n 交互加總而得，頻譜所讀取到的資訊為對應各個組成頻率 $n\omega$(頻譜 x 軸)在原始訊號中所佔的權重值(頻譜 y 軸)，為 a_n 與 b_n 加總所得的實數項，而相位圖中讀取到的則是對應各個組成頻率 $n\omega$(相位圖 x 軸)在做原始訊號組成時，所含有的波形相位資訊(波形在做加總時，各個組成訊號對於時間點 0 的起始位置，相位圖 y 軸)，如上段所討論的「正弦餘弦的表示式」，雖然方便做數學運算(可利用尤拉公式轉換為 $e^{jk\omega t}$)，但是探討起來並不方便與直覺，畢竟解讀時所採用的是複數常數 a_n 與 b_n 的加總結果。

以下將介紹另一個更加直覺的訊號組合表示式。

振幅相位式(Amplitude-phase formula)

$$f(t) = a_0 + \sum_{n=1}^{\infty} [a_n \cos(n\omega t) + b_n \sin(n\omega t)]$$
$$= a_0 + \sum_{n=1}^{\infty} [A_n \cos(n\omega t + \phi)]$$

A 稱爲振幅(Amplitude)

ϕ稱爲相位(Phase)

又由

$$[a \cos(n\omega t) + b \sin(n\omega t)]$$
$$= A \cos(n\omega t + \phi)$$
$$= A[\cos(n\omega t)\cos\phi - \sin(n\omega t)\sin\phi]$$

可知,當設 $t = 0$ 時,可得

$$[a \cos(n\omega 0) + b \sin(n\omega 0)] = a$$
$$A[\cos(n\omega 0)\cos\phi - \sin(n\omega 0)\sin\phi] = A\cos\phi$$
$$\Rightarrow A\cos\phi = a$$

及當設 $t = \pi/2n\omega$ 時,可得

$$\left[a \cos\left(\frac{\pi}{2}\right) + b \sin\left(\frac{\pi}{2}\right)\right] = b$$
$$A\left[\cos\left(\frac{\pi}{2}\right)\cos(\phi) - \sin\left(\frac{\pi}{2}\right)\sin(\phi)\right] = -A\sin(\phi)$$
$$\Rightarrow A\sin(\phi) = -b$$

故由此可展開全式

$$\Rightarrow \begin{cases} Acos(\phi) = a \\ Asin(\phi) = -b \end{cases} \Rightarrow \begin{aligned} A = \sqrt{a^2 + b^2} \\ tan\phi = -\frac{b}{a}, \\ \phi = tan^{-1}(-\frac{b}{a}) \end{aligned}$$

依此展開式可看出，a_0 是對應訊號整體震盪的偏移部份(振幅偏移,amplitude offset)，A_n 則是是直接對應到振幅的強度大小，在頻譜上，是直接對應到各個組成頻率 $n\omega$ (頻譜 x 軸)在原始訊號中所佔的權重值(頻譜 y 軸)，而相位 ϕ 的部份則是對應各個組成頻率 $n\omega$(相位圖 x 軸)在做原始訊號組成時，所含有的波形相位資訊(波形在做加總時，各個組成訊號對於時間點 0 的起始位置，相位圖 y 軸)。

雖然由振幅相位的表示式，可更直覺的對訊號做直覺化分析與判讀、方便解讀，但是卻不易進行數理計算，因此一般運算時主要是採用正弦餘弦式，而判讀時一般會化簡為振幅相位式。

<u>小結</u>

這兩個表示式，除了將訊號的表示利用加總組合的方式建構出訊號的數學模型外，更初步導入了頻譜與相位的基本概念，也是接下來幾章在探討傅立葉級數與傅立葉轉換時的基礎認知。

習作 **9-3** 結束

習作 9-4　　訊號轉換與頻譜初見面

目標：瞭解模擬訊號的設定與產生，並利用現成的轉換工具做粗略的分析，嘗試修改設定，觀察其性質變化與分析端對應的改變，並簡單的介紹頻譜。

在詳細介紹訊號成分組成與分析前，先以一個訊號轉換的程式作為範例。

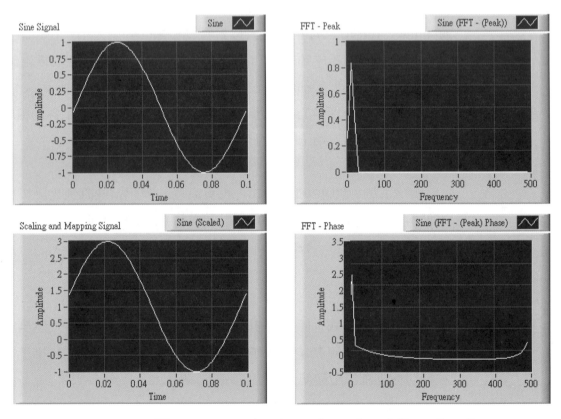

圖 9.4a ex 9-4 signal transformation.vi (Front Panel)

上圖可看出一個正弦訊號(Sine Signal)，經過線性修改後所產生的結果(Scaling and Mapping Signal)，以及無論在光學分析、電訊號分析或其他應用訊號分析上，常見的「頻譜(FFT-Peak, 又稱 Power Spectrum)以及相位圖(FFT-Phase)」，接下來將說明範例程式設計方法與內容設定。

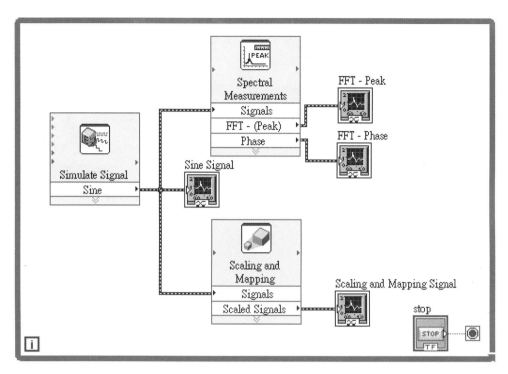

圖 9.4b ex 9-4 signal transformation.vi (Block Diagram)

程式設計方法(依步驟)

● 人機介面設計端(Front Panel)

1. Express→Graph Indicators→Waveform Graph (Controls-Graph)新增波形的繪圖版面。

● 程式方塊圖(Block Diagram)

1. Express→Input→Simulate Signal 新增模擬訊號產生器,點選後會自動進行初始化(Initialize),並跳出下列設定視窗,訊號類型(Signal type)提供許多種波,包含:正弦波(Sine)、方波(Square)、三角波(Triangle)、鋸齒波(Sawtooth)、直流訊號(DC),若想更進一步設定例如:振幅(Amplitude)、頻率(Frequency)、相位(Phase),可在下面的模擬訊號工具箱裡頭去進行修改。

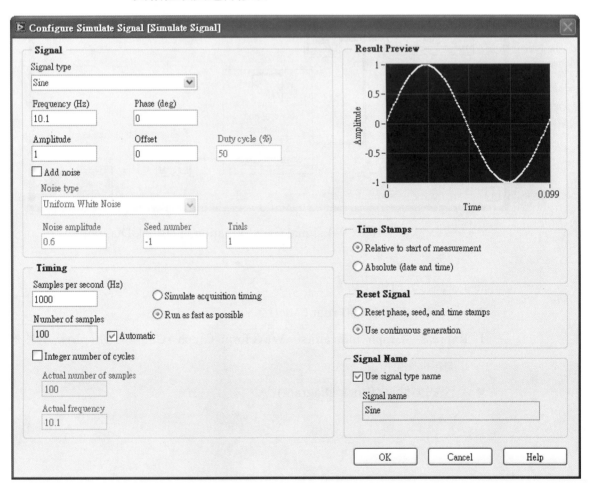

圖 9.4c 模擬訊號工具箱設定介面

2. Express→Arithmetic & Comparison→Scaling and Mapping 新增縮放與映射的運算元,此運算元能夠將訊號做正規化(Normalize),也就是侷限訊號震盪的範圍,或是作線性方程式的修改,例如:振幅縮放(Slope)與波形整體的平移(Y intercept),或是定義更細部的對應方式以做出離散訊號各點之間的插值(Interpolated)。

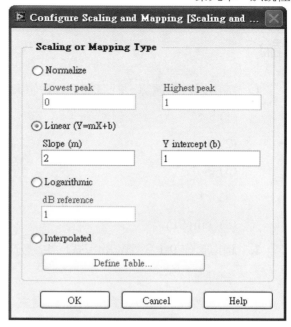

圖 9.4d 縮放與對應設定

3. Express→Signal Analysis→Spectral Measurements 新增頻譜分析的運算元，訊號輸入後，將會分別輸出頻譜(FFT-Peak, 又稱 Power Spectrum)以及相位圖(FFT-Phase)。

前幾章了解到任意的訊號均為規律、固定頻率的訊號加總組合而成，而所謂的「頻譜」則是依照輸入訊號的組成成分對應各個頻率，不以時間 t 而以頻率(Frequency) 為橫軸，而以縱軸為強度大小(Amplitude)，將每個組成訊號的強度大小分別繪出，為接下來要在後面幾章不斷介紹的「傅立葉轉換」過後複數結果的「實數項」。「相位圖」則是取轉換過後複數的「虛數項」所得的資訊(將於後幾章介紹)，內含有對應每個組成訊號的相位資訊(波形產生的起始時間點各有所不同)。

習作 **9-4** 結束

問題與討論

1. 請透過數學運算，計算出下列數值與函數的拉普拉斯轉換。

   (1) 5；

   (2) t；

   (3) $e^{\frac{t}{a}}$；

   (4) t^4

   (5) $\sin(5t)$

2. 請以習作 9-1 所撰寫的程式為主，分別繪出上述各子題之拉普拉斯轉換結果的圖形。

3. 請以習作 9-2 所撰寫的程式為主，分別繪出下列訊號函數的圖形。

   (1) $10e^{j\frac{\pi}{5}t}$；

   (2) $5e^{j\frac{\pi}{3}t} + 5e^{j\frac{\pi}{7}t}$；

   (3) $3e^{j\frac{\pi}{3}t} + 7e^{j\frac{\pi}{5}t} + sin(3\pi t)$

4. 挑戰題 請以第三題所撰寫的程式為主，將函數透過習作 9-1 所使用到的拉普拉斯轉換，將結果運算出來並繪出。

5. 挑戰題 將第三題的函數，透過習作 9-3 的數學運算，計算訊號函數的振幅與相位。

6. 挑戰題 請以第三題所撰寫的程式為主，加入習作 9-1 的組合波形 (Build Waveform)，利用習作 9-4 的頻譜分析，將訊號波的頻譜繪出。

10 第十章

本章節主要介紹隨連續時間變化的訊號，利用數學線性組合的特性所產生的組合與分析模型，並簡述其性質之概念所代表的意義。

G目標

- 瞭解任意隨連續時間變化的訊號組成代表的意義；
- 瞭解任意隨連續時間變化的訊號分析擁有的數學性質及其推算；
- 實際練習，並瞭解轉換與分析背後所帶來的好處與用處，以做為日後實作相關議題應用的基礎；

Key 關鍵名詞

- 傅立葉級數 (Fourier Series, FS)
- 複數常數 (Complex Constant)
- 傅立葉轉換 (Fourier Transform, FT)

連續型訊號的轉換
與分析

10

簡　介

在訊號的章節裡介紹過，大部分的訊號可經由多個不同頻率
(Frequency)、不同強度(Magnitude)(或稱為振幅(Amplitude))、不同相位
(Phase)的訊號組合而成，而傅立葉即利用此特性，在加入一些數學假設，
成功的建立能夠將所有訊號唯一拆解的數學模型，式子如下：

$$x(t) = \sum_{k=-\infty}^{\infty} a_k e^{jk\omega_0 t}$$

由上式可看出，任一訊號 $x(t)$，可寫成無限多個頻率 $k\omega_0$ 呈倍數關係
($k = -\infty \sim \infty$, k為整數)的諧波 $e^{jk\omega_0 t}$，乘上各自對應的權重 a_k 的加總
組合(示意圖詳見下頁)。

　　本章將進一步為讀者介紹，在連續時間下此類表示法及轉換的理論及其應用。

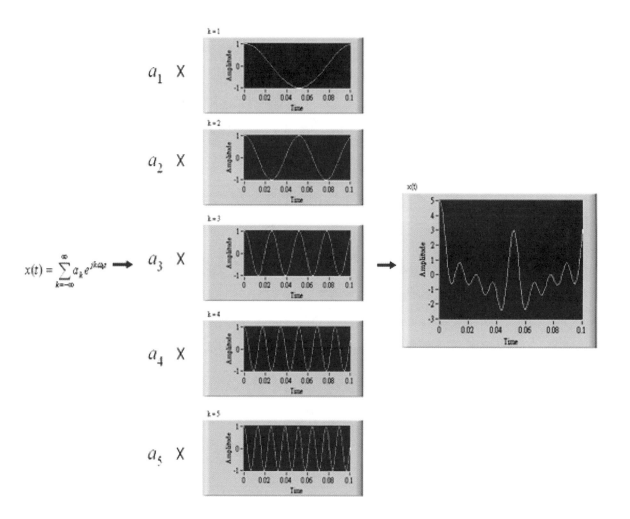

圖 10.0 將訊號拆成其基礎頻率之所有諧波訊號之加權組合示意圖

習作 10-1　傅立葉級數(Fourier Series, FS)

目標：介紹傅立葉級數，並以數學模型推演使讀者能夠了解其數學式之涵義。

　　　　簡介中所提及的式子是在所有訊號組成表示式中最基本的概念，而本節開始要介紹的「傅立葉級數」、「傅立葉轉換」則是建立在這根本的概念上的數學模型。

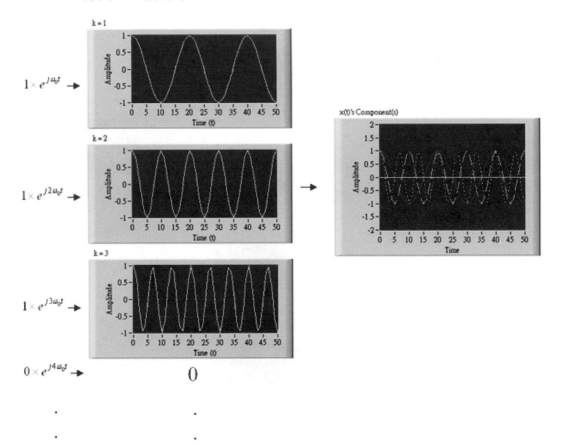

圖 10.1a(a) 將訊號拆成其基礎頻率之所有諧波訊號加權組合之範例

　　　　本節首先要探討的是「傅立葉級數(Fourier Series)」，傅立葉級數表示的是：由有限個數的週期性訊號組合而成的訊號表示式。由於是有限個數、固定頻率的諧波(固定頻率倍數)的組合，故其加總組合而成的訊號也必為週期性訊號(Periodic Signal)，此週期性質可由簡單的例子(上頁圖 10.1a(a))看出。

$$x(t) = \sum_{k=-\infty}^{\infty} a_k e^{jk\omega_0 t}$$

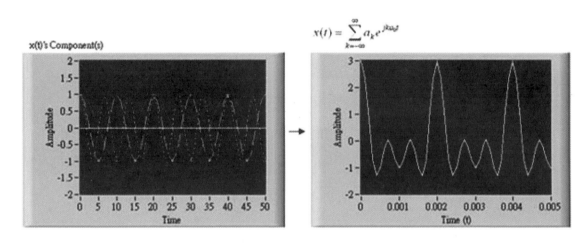

圖　10.1a(b)　圖 10.1a(a)組合結果之畫面呈現

上述將訊號x(t)利用加權總和的數學形式來表示，稱為傅立葉級數組合式(Fourier Series Synthesis)，但是在知道這樣的式子可以了解訊號的組成之後，所面臨的問題就變成：加總組合這些擁有各自頻率 $k\omega_0$ 的訊號時，對應各自頻率訊號的權重 a_k 究竟是多少？

只要了解了加總的權重後，便能利用這些資訊做許多實際的應用，不論是將訊號還原、製造相同訊號，還是判別訊號、對訊號做更精細的操作。所以為解開訊號 $x(t)$ 的組成，試圖求取對應各自頻率 $k\omega_0$ 的加總權重 a_k 的動作，便被稱為訊號分析(Signal Analysis)。需要注意的是，此提到的加權值a_k雖然對固定的頻率$k\omega_0$ 為常數，但本質可為「複數常數(Complex Constant)」。

在有了傅立葉所定的訊號數學模型後，接下來要做的，便是計算對

應各頻率 $k\omega_0$ 的加權值 a_k 了。如同拉普拉斯轉換所使用的數學性質，在此爲了降低 $e^{jk\omega_0 t}$ 數值的成長速度，一樣加入一項自訂的變數 n，讓等號兩邊同乘 $e^{-jn\omega_0 t}$ 使式如下：

$$x(t)e^{-jn\omega_0 t} = \sum_{k=-\infty}^{\infty} (a_k e^{jk\omega_0 t} e^{-jn\omega_0 t}) = \sum_{k=-\infty}^{\infty} (a_k e^{j(k-n)\omega_0 t})$$

此時，假設訊號 $x(t)$ 爲週期性訊號(Periodic Signal)，等號兩邊同時積分一個週期 T

$$\int_0^T x(t)e^{-jn\omega_0 t} dt = \int_0^T \left(\sum_{k=-\infty}^{\infty} a_k e^{j(k-n)\omega_0 t} \right) dt$$
$$= \sum_{k=-\infty}^{\infty} \left(a_k \int_0^T e^{j(k-n)\omega_0 t} dt \right)$$

先探討 $\int_0^T e^{j(k-n)\omega_0 t} dt$ 的數學模型運算

$$\int_0^T e^{j(k-n)\omega_0 t} dt = \int_0^T [cos((k-n)\omega_0 t) + jsin((k-n)\omega_0 t)]dt$$
$$= \int_0^T cos((k-n)\omega_0 t) + j\int_0^T sin((k-n)\omega_0 t) dt$$

當 $k = n$ 時

$$(k-n) = 0 \Rightarrow \begin{cases} \int_0^T cos((k-n)\omega_0 t) dt = \int_0^T cos\, 0^\circ\, dt = T \\ \int_0^T sin((k-n)\omega_0 t) dt = \int_0^T sin\, 0^\circ\, dt = 0 \end{cases}$$

當 $k \neq n$ 時

$$(k-n) \neq 0 \Rightarrow \begin{cases} \int_0^T cos((k-n)\omega_0 t) dt = \int_0^{2\pi} cos\,\theta\, dt = 0 \\ \int_0^T sin((k-n)\omega_0 t) dt = \int_0^{2\pi} sin\,\theta\, dt = 0 \end{cases}$$

因此可知

$$\int_0^T e^{j(k-n)\omega_0 t} dt = \begin{cases} T, & when\, k = n \\ 0, & when\, k \neq n \end{cases}$$

$$\sum_{k=-\infty}^{\infty} (a_k \int_0^T e^{j(k-n)\omega_0 t}\, dt) = 0 + 0 + \cdots + 0 + a_k T + 0 + \cdots + 0 = a_k T$$

且 $a_k T$ 的值是在 $k = n$ 的情況取得

　　數學模型推導至此，能得知對應特定的頻率倍數k，能藉由上述的式子計算出此頻率在組成員使訊號 $x(t)$ 所佔的強度(權重)有多少，計算出來的強度數值(Magnitude)與頻率(Frequency)所繪出的圖，即為人熟知的頻譜(Spectrum)，也稱為頻域做圖(Frequency Domain，圖 10.1b)。圖中也能觀察到，單一頻率的連續訊號經過傅立葉的運算，對應到頻域後所得的頻譜，呈現的是一特定值(離散)的頻譜。

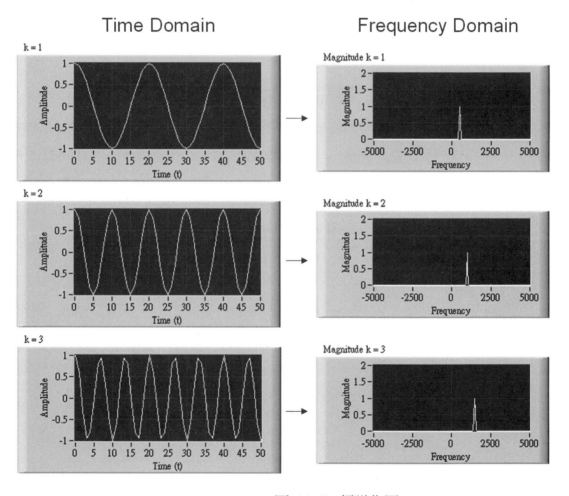

圖 10.1b 頻譜作圖

在此不難發現「數學運算性質」與「訊號運算意義」的重要交集，原本為了降低訊號 $x(t)$ 在數學模型下 $e^{jk\omega_0 t}$ 數值的成長速度，加入一項自訂的變項 $e^{-jn\omega_0 t}$，但運算到後面卻發現，隨著自訂變數 n 的改變，數學運算所取得的數值$a_k T$也隨之改變，因為數值 $a_k T$ 是否為零，取決於 $k = n$ 還是 $k \neq n$，同時也可看出自訂變數 n 也與組成訊號(諧波)的頻率倍數 k 有直接的相關。

回到運算式

$$\sum_{k=-\infty}^{\infty} (a_k \int_0^T e^{j(k-n)\omega_0 t} \, dt)$$
$$= \sum_{k=-\infty}^{\infty} a_k [\int_0^T cos((k-n)\omega_0) \, dt + j \int_0^T \sin((k-n)\omega_0 t) dt]$$

已知 $k = n$ 時，有非 0 的數值 $a_k T$，$k \neq n$ 時，算式等於 0。由 Sine-cosine formula 可較直覺看出訊號週期震盪的組成情況，是否能得到數值 $a_k T$ 將取決於變數 n 的選擇是否有合乎訊號 $x(t)$ 本身的震盪頻率 ($e^{jk\omega_0 t}$ 的指數部份 $k\omega_0$ 或 $cos(k\omega_0 t)$和 $sin(k\omega_0 t)$ 的角度 $k\omega_0$)；更進一步，訊號 $x(t)$ 是否有諧波 $e^{jn\omega_0 t}$ 的訊號成份，則取決於訊號 $x(t)$ 的組成訊號是否有相對應頻率為$n\omega_0$的訊號成份 $e^{jn\omega_0 t}$。

最後，再回到運算式

$$\int_0^T x(t) e^{-jn\omega_0 t} \, dt = \sum_{k=-\infty}^{\infty} (a_k \int_0^T e^{-j(k-n)\omega_0 t} dt)$$
$$= \begin{cases} a_k T, & k = n \\ 0, & k \neq n \end{cases}$$

$$\int_0^T x(t) e^{-jn\omega_0 t} \, dt = \int_0^T x(t) e^{-jk\omega_0 t} dt = a_k T, \quad k = n$$
$$\Rightarrow a_k = \frac{1}{T} \int_0^T x(t) \, e^{-jk\omega_0 t} dt$$

經由上式可算出對應頻率 $k\omega_0$ 的組成訊號，在訊號 $x(t)$ 中所佔有

的權重 a_k 為多少，此式也稱為傅立葉級數解析式(Fourier Series Decomposition)。

$$x(t) = \sum_{k=-\infty}^{\infty} a_k e^{jk\omega_0 t}$$

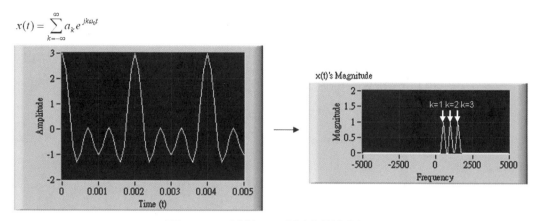

圖 10.1c 訊號 x(t)轉頻譜範例

　　由圖 10.1c 可看出，綜合組成後的訊號 $x(t)$，經過傅立葉級數分析式的運算，由時域轉換到頻域，在頻域能夠很容易且清楚的看出訊號本身主要是由三種具不同頻率(k = 1, 2, 3)且各自的強度(權重)為 1 的訊號所組成。此為訊號分析的基礎概念，在接下來的章節亦將不斷利用這些傅立葉假設下的特性，進行各種訊號與系統性質的探討。

　　由於上述「數學模型」與「訊號意義」的結合，因此展開了後續一連串利用數學模型對訊號做運算、處理與應用，另外也能從中見到取樣(Sampling)的概念，若選取恰當的自訂變數 n，且能夠符合訊號源 $x(t)$ 其中一部分的組成頻率 k，則可順利取得頻率 $k\omega_0$ 的組成權重 a_k，達到取樣分析的目的。

小結

　　傅立葉級數組合式(Fourier Series Synthesis)

$$r(t) = \sum_{k=-\infty}^{\infty} a_k e^{jk\omega_0 t}$$

傅立葉級數解析式(Fourier Series Decomposition)

$$a_k = \frac{1}{T} \int_0^T x(t)\, e^{-jk\omega_0 t} dt$$

在前面簡單介紹傅立葉級數的基本概念與性質後，接下來將以一個簡易的 LabVIEW 範例程式來進行說明。

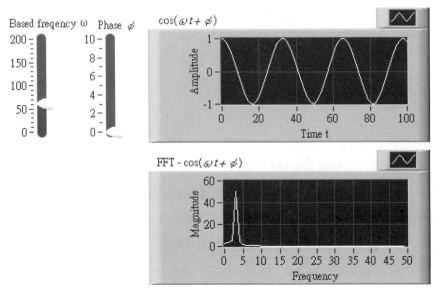

圖 10.1d(a) ex 10-1 continuous FFT.vi (Front Panel)

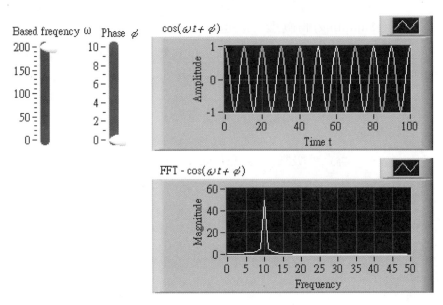

圖 10.1d(b) ex 10-1 continuous FFT.vi (Front Panel)

在上頁兩張圖中，可看到上方為餘弦訊號，旁邊有基礎頻率ω為可調整的控制條，下方則為餘弦訊號的傅立葉級數，藉由此範例程式可明顯的看出頻率 ω 對訊號 $cos(\omega t + \phi)$ 傅立葉級數影響在於每單位時間內上下震盪的次數與級數中，最主要的頻率成分為何；當頻率 ω 越高時，訊號 $cos(\omega t + \phi)$ 的傅立葉級數其主要的頻率組成越大，運算後所得到的成分分布圖則會越向右方移動，有趣嗎？以下將粗略介紹此訊號範例程式的設計架構。

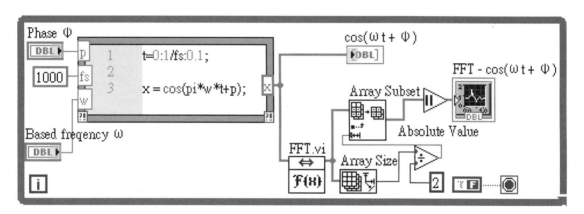

圖 10.1d(c) ex 10-1 continuous FFT.vi (Block Diagram)

程式設計方法(依步驟)

● 人機介面設計端(Front Panel)

1.Express→Numeric Controls→Pointer Slide(Vertical Fill Slide)新增控制條。利用此控制條的數值作為頻率(Based frequency ω)與相位(Phase φ)的控制。

2. Express→Graph Indicators→Waveform Graph (Controls-Graph)新增波形的繪圖版面($cos\ (\omega t + \phi)$及 FFT - $cos\ (\omega t + \phi)$)。

● 程式方塊圖(Block Diagram)

1. Programming→Structures→MathScript Node (Functions-Struct.)新增數學函數運算元，在此設計訊號波形產生的內容，並在 MathScript Node 按滑鼠右鍵在左方新增輸入(Add Input)，在右方新增輸出(Add Output)，輸入變數與介面設計端新增的變數相連接，輸出變數在此需注意，由於輸出為一維與時間相關的序列(一維矩陣)，因此需另外做資料型態的設定，於輸出變數上按滑鼠右鍵，Choose Data Type→1D Array→DBL 1D。

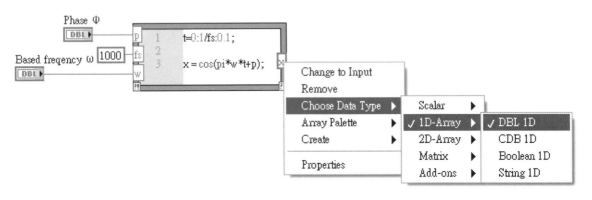

圖 10.1d(d) 對輸出 x 點選右鍵改變資料型態

2. Signal Processing→Transforms→FFT.vi 新增快速傅立葉轉換的運算元件，特別的是，雖然本習作以傅立葉級數為主，但在 LabVIEW 中，此運算將視輸入的資料型別進行運算，而傅立葉級數與傅立葉轉換的差別主要在於訊號本身是否為週期性，而運算本身則提供較普遍性的計算方式，細節則視可需求再調整。

3. Programming→Array→Array Size 取得傅立葉運算後的數值數量，並將其除以二，再利用 Programming→Array→Array Subset，取運算結果的一半，作用在於，傅立葉運算在頻率上具有對稱性，因此目前僅需繪出一半(頻率大於零的部份)即可，最後再將結果傳給繪圖版面，完成「訊號的基本傅立葉運算程式」。

4. Programming→Structures→While Loop (Functions-Struct.)令程式持續執行，可動態調整人機介面的控制條，以觀察變化情形。

習作 **10-1** 結束

習作 **10-2**　傅立葉轉換(Fourier Transform, FT)

目標：在習作 10-1 中，介紹了傅立葉級數的基本概念與運算，在瞭解解析週期性連續型
　　　訊號的拆解與組成後，本節目標就是介紹當遇到非週期性連續型訊號時，該如何
　　　做組成解析與合成運算。

　　　　　了解了傅立葉級數的組合式與分析式後，接下來探討的是：若訊號
本身爲非週期性(Non-periodic)時，該如何探討其加總組合的情況呢？理
論上，欲產生出完全的非週期訊號，所選取的組合諧波有兩種選擇：

(1) 利用無限多個週期性的訊號來做加總的動作
(2) 直接設計與產生出此非週期訊號。

(2)所提到的方法往往實際應用上將碰到各式各樣無法解決的問題與困難，
同時也對訊號組成與分析沒有太大實用性的貢獻。而(1)所提到的方法則
是現實中無法做到的事情，但通常在實際應用中，是能夠容許某些程度
上的失真(Distortion)，因此有了傅立葉轉換(Fourier Transform)。

　　　　傅立葉轉換(Fourier Transform)是利用控制組合時所用到的訊號個數
來逼近原始的非週期訊號。是一種更廣義的訊號表示方式，用來探討日
常生活中大部分的訊號源(非週期訊號)。

$$x(t) = \frac{1}{2\pi} \int_{-\infty}^{\infty} X(j\omega) e^{j\omega t} d\omega$$

　　　　上述的數學形式爲傅立葉轉換的組合式(Fourier Transform Synthesis)，
除去在傅立葉級數(Fourier Series)中訊號爲週期性訊號的假設前提，訊號
組合式的數學模型也與傅立葉級數有所不同，在訊號 $x(t)$ 裡可見到新的

常數項 $\frac{1}{2\pi}$，用意在於對非週期性訊號(Non-periodic Signal)的加總組合做「常態化(Normalize)」的動作，將原本非週期性的維度對應到一般三角函數(圓周或二維的座標平面)的常態週期 2π，以利討論。

而加總組合也由個數為可數(Countable)的加總 $\sum_{-\infty}^{\infty}$，轉為無限個數且頻率為連續性的訊號積分 $\int_{-\infty}^{\infty}$，所代表的意義是，任意(非週期性)訊號 $x(t)$，會由無窮多個、無限多種頻率 ω 的訊號組合而成。而對應眾多連續頻率 ω 的訊號組合，也有相對應的連續權重值 $X(j\omega)$。

如同傅立葉級數(Fourier Series)的數學運算技巧，為了降低 $e^{j\omega t}$ 數值的成長速度，加入一項自訂的變數 k，等號兩邊同乘 e^{-jkt} 後，式子得以展開如下：

$$x(t)e^{-jkt} = \frac{1}{2\pi}\int_{-\infty}^{\infty}\left(X(j\omega)e^{j\omega t}e^{-jkt}\right)d\omega$$
$$= \frac{1}{2\pi}\int_{-\infty}^{\infty}X(j\omega)e^{j(\omega-k)t}d\omega$$

為了探討與求得組合的加權值 $X(j\omega)$，等號兩邊同時積分

$$\int_{-\infty}^{\infty}x(t)e^{-jkt}dt = \int_{-\infty}^{\infty}\frac{1}{2\pi}\int_{-\infty}^{\infty}X(j\omega)e^{j(\omega-k)t}d\omega\,dt$$
$$= \int_{-\infty}^{\infty}X(j\omega)(\frac{1}{2\pi}\int_{-\infty}^{\infty}e^{j(\omega-k)t}d\omega)dt$$

此時先計算 $\frac{1}{2\pi}\int_{-\infty}^{\infty}e^{j(\omega-k)t}d\omega$，由於先前將非週期性訊號(Non-periodic Signal)的加總組合常態化成常態週期 2π，因此

$$\frac{1}{2\pi}\int_{-\infty}^{\infty}e^{j(\omega-k)t}d\omega = \frac{1}{2\pi}\int_{0}^{2\pi}e^{j(\omega-k)t}d\omega$$
$$= \frac{1}{2\pi}\int_{0}^{2\pi}[cos\big((\omega-k)t\big) + jsin\big((\omega-k)t\big)]d\omega$$

當 $\omega = k$ 時，

$$(\omega - k) = 0 \Rightarrow \begin{cases} \int_0^{2\pi} \cos((\omega - k)t)\, d\omega = \int_0^{2\pi} \cos 0° \, d\omega = 2\pi \\ \int_0^{2\pi} \sin((\omega - k)t)\, d\omega = \int_0^{2\pi} \sin 0° \, d\omega = 0 \end{cases}$$

當 $\omega \neq k$ 時，

$$(\omega - k) \neq 0 \Rightarrow \begin{cases} \int_0^{2\pi} \cos((\omega - k)t)\, d\omega = \int_0^{2\pi} \cos \theta \, d\omega = 0 \\ \int_0^{2\pi} \sin((\omega - k)t)\, d\omega = \int_0^{2\pi} \sin \theta \, d\omega = 0 \end{cases}$$

因此，最後得到下式：

$$\frac{1}{2\pi} \int_0^{2\pi} e^{j(\omega - k)t}\, d\omega = \begin{cases} 1, & \omega = k \\ 0, & \omega \neq k \end{cases}$$

$$X(j\omega) \left(\frac{1}{2\pi} \int_0^{2\pi} e^{j(\omega - k)t}\, d\omega \right)$$

$$= 0 + 0 + \cdots + 0 + X(j\omega) + 0 + \cdots + 0 = X(j\omega)$$

(且 $X(j\omega)$ 的權重值是在頻率相等 $\omega = k$ 的時候取得的)

　　在此同樣可看出，當控制的自訂變數k(選取的頻率)與訊號 $x(t)$ 的組成頻率 ω 相同時，便能藉由數學分析運算得到對應組成頻率 ω 在訊號 $x(t)$ 中所佔的權重 $X(j\omega)$，稱爲非週期性訊號的訊號分析(Non-periodic Signal Analysis)。

最後，回到運算式

$$\int_{-\infty}^{\infty} x(t)e^{-jkt}dt = \int_{-\infty}^{\infty} X(j\omega)(\frac{1}{2\pi}\int_{-\infty}^{\infty} e^{j(\omega-k)t}\,d\omega)dt \begin{cases} X(j\omega), & \omega = k \\ 0, & \omega \neq k \end{cases}$$

$$(\int_{-\infty}^{\infty} x(t)e^{-jkt}dt = \int_{-\infty}^{\infty} x(t)e^{-j\omega t}dt = X(j\omega), \omega = k$$

經由上式可算出對應頻率ω的組成訊號，在訊號 $x(t)$ 中所佔有的權重 $X(j\omega)$ 為多少，而此式也稱為傅立葉轉換分析式(Fourier Transform Analysis)

上述「數學模型」與「訊號意義」的結合，也同樣能見到取樣(Sampling)的概念，若選取恰當的自訂變數k，且能夠符合訊號源$x(t)$其中一部分的組成頻率 ω，則可順利取得頻率 ω 的組成權重$X(j\omega)$，達到取樣分析的目的。

小結

傅立葉轉換組合式(Fourier Transform Synthesis)

$$x(t) = \frac{1}{2\pi}\int_{-\infty}^{\infty} X(j\omega)e^{j\omega t}d\omega$$

傅立葉轉換解析式(Fourier Transform Decomposition)

$$X(j\omega) = \int_{-\infty}^{\infty} x(t)\,e^{-j\omega t}dt$$

在前面簡單介紹傅立葉轉換的基本概念與性質後，接下來將以一個簡易的 LabVIEW 範例程式來進行說明。

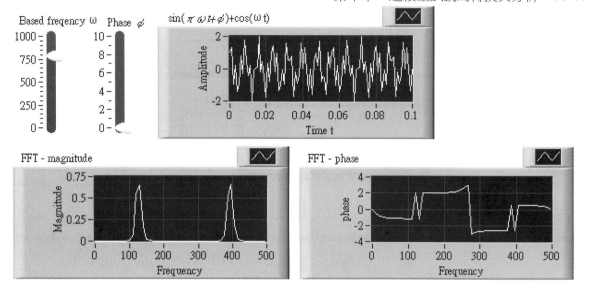

圖 10.2a ex 10-2 continuous FFT-2.vi (Front Panel)

　　在此將使用另一種方式來實作傅立葉轉換的運算，在上圖中，可看到上方為非週期訊號 $sin(\pi\omega t + \phi) + cos\ (\omega t)$，旁邊有基礎頻率 ω 為可調整的控制條，上方的圖為非週期訊號的波形圖，下方則為有兩張傅立葉轉換運算後所得到的結果，左方的圖(FFT magnitude)為組成訊號成分其頻率與對應訊號具有的強度值作圖，右方的圖(FFT phase)則為組成訊號成分其頻率與對應訊號具有的時間相位值作圖。

　　藉由此範例程式可明顯的看出頻率 ω 對非週期訊號 $sin(\pi\omega t + \phi+cos(\omega t)$ 傅立葉轉換影響在於每單位時間內上下震盪的次數，其所組成的訊號頻率成分為何；當頻率 ω 越高時，訊號 $cos(\omega t)$ 的傅立葉級數其主要的頻率組成越大，運算後所得到的成分分布圖越向右方移動。以下將粗略介紹此訊號範例程式的設計架構。

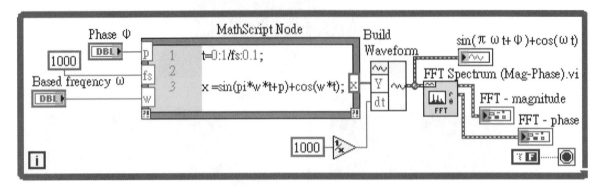

圖 10.2b ex 10-2 continuous FFT-2.vi (Block Diagram)

程式設計方法(依步驟)

● 人機介面設計端(Front Panel)

1. Express→Numeric Controls→Pointer Slide(Vertical Fill Slide)新增控制條。利用此控制條的數值作爲頻率(Based frequency ω)與相位(Phase ϕ)的控制。

2. Express→Graph Indicators→Waveform Graph (Controls-Graph)新增波形的繪圖版面($sin(\pi\omega t + \phi) + cos(\omega t)$)、FFT - magnitude 及 FFT - phase)。

● 程式方塊圖(Block Diagram)

1. Programming→Structures→MathScript Node (Functions-Struct.)新增數學函數運算元,在此設計訊號波形產生的內容,並在 MathScript Node 按滑鼠右鍵在左方新增輸入(Add Input),在右方新增輸出(Add Output),輸入變數與介面設計端新增的變數相連接,輸出變數在此需注意,由於輸出爲一維與時間相關的序列(一維矩陣),因此需另外做資料型態的設定,於輸出變數上按滑鼠右鍵,Choose Data Type→1D Arrary→DBL 1D。

2. Programming→Waveform→Build Waveform (Functions-Wave.)將訊號的波形資料與時間變化的間隔(常數)彙整成完整的訊號,傳給繪圖版面做波形顯示。

3. Signal Processing→Waveform Measurements→FFT Spectrum(Mag-Phase).vi,新增快速傅立葉轉換的運算元件,與先前有所不同的是,此

次的運算是針對已包含時間資訊的 Waveform 資料型態，而非先前介紹以一維陣列(1D Array)為運算的資料型別，同時內部也包含更多的設定，例如取樣時間區間大小(Windowing)、顯示的資料表示型態(View)，而輸出的部份也顯示較多的結果，例如實數部分經傅立葉運算所得組成訊號成分其對應頻率與強度大小、虛數部分經傅立葉運算所得組成訊號成分其對應頻率與相位的變化。

4. Programming→Structures→While Loop (Functions-Struct.)令程式持續執行，可動態式調整人機介面設計端(Front Panel)的控制條，以觀察變化情形。

習作 **10-2** 結束

習作 10-3 摺積運算(Convolution)與連續型傅立葉轉換

目標:瞭解摺積運算與連續型傅立葉運算之間性質的對稱性與特性。

在先前第二部分系統章節中,本書曾介紹到系統的輸出y(t)其實是系統的脈衝響應 $h(t)$ 與輸入 $x(t)$ 的摺積運算 $y(t) = x(t) * h(t)$ (與 $y(t) = h(t) * x(t)$ 同,因摺積具備交換律),但由於摺積運算本身包涵了大量的積分運算,此運算相當費時,同時佔用許多計算資源,又訊號與系統間的運算通常期望即時(Real-time)的結果,以確保系統在任何時間點下,均能正常運作與穩定輸出。

運算本身與應用目的之間有無法克服的屏障(Gap),因此在應用方面,一般的作法是先將時域的輸入與系統脈衝響應透過傅立葉運算,轉換到頻域後,利用數學下所得到的運算特性,即可達到簡化運算量、降低運算複雜度,增加應用部份的設計可行性。下述便為其數學運算所得到特性的推導。

連續週期性訊號

已知

$$y(t) = h(t) * x(t) = \int h(\tau)x(t - \tau)d\tau$$

又因為

$$x(t - \tau) = \sum a_k e^{j\omega_0(t-\tau)}$$

故可將式子寫作

$$\int h(\tau)x(t - \tau)d\tau = \int h(\tau)\left[\sum a_k e^{j\omega_0(t-\tau)}\right]d\tau$$

可得:

$$\int h(\tau)\left[\sum a_k e^{j\omega_0(t-\tau)}\right]d\tau$$
$$= \sum a_k\left[\int h(\tau)e^{-j\omega_0\tau}\right]e^{j\omega_0 t}$$

$$= \sum a_k H(k)\, e^{j\omega_0 t}$$

$$= \sum Y(k) e^{j\omega_0 t}$$

$$(設 Y(k) = a_k H(k))$$

連續非週期性訊號

已知

$$y(t) = h(t) * x(t) = \int h(\tau) x(t-\tau) d\tau$$

又因為

$$x(t-\tau) = \frac{1}{2\pi} \int_{-\infty}^{\infty} X(j\omega) e^{j\omega(t-\tau)} d\omega$$

故可將式子寫作

$$\int_{-\infty}^{\infty} h(\tau) x(t-\tau)\, d\tau = \int_{-\infty}^{\infty} h(\tau) [\frac{1}{2\pi} \int_{-\infty}^{\infty} X(j\omega) e^{j\omega(t-\tau)} d\omega] d\tau$$

可得：

$$\int_{-\infty}^{\infty} h(\tau) [\frac{1}{2\pi} \int_{-\infty}^{\infty} X(j\omega) e^{j\omega(t-\tau)} d\omega] d\tau$$

$$= \frac{1}{2\pi} \int_{-\infty}^{\infty} \left[\int_{-\infty}^{\infty} h(\tau) e^{-j\omega\tau} d\tau \right] X(j\omega) e^{j\omega t}\, d\omega$$

$$= \frac{1}{2\pi} \int_{-\infty}^{\infty} H(j\omega) X(j\omega) e^{j\omega t}\, d\omega$$

由上述式子所得結果可看出，在時域複雜的摺積運算，當透過傅立葉轉

換到頻域時，摺積運算也對應轉換成較為直覺的乘法運算，利用此數學特性，能夠大量降低運算量，將原先微積分的運算問題轉變為乘法的問題，也因此在實務上使許多訊號系統上的應用設計得以實現。

習作 **10-3** 結束

問題與討論

1. 請將下列訊號函數透過數學計算出傅立葉運算結果，分別繪出訊號函數與傅立葉運算的圖形。

   (1) $5\,sin(3\pi t) + 3cos\,(2\pi(t-5))$；

   (2) $3e^{j\frac{\pi}{3}t} + 7e^{j\frac{\pi}{5}t} + sin\,(3\pi t)$；

   (3) $3e^{j\frac{\pi}{3}(t-3)} + 3e^{-j\frac{\pi}{3}(t-3)} + 7e^{j\frac{\pi}{5}t}$；

2. 請以習作 10-1 所撰寫的程式，分別計算**第一題**的傅立葉運算結果，並繪出運算結果。

3. 請以**第二題**所撰寫的程式為主，利用習作 10-2 所教的傅立葉運算，將結果計算出來，並繪出結果圖形。

4. 挑戰題　請以**第二題**所撰寫的程式為主，先分別對下列的函數進行傅立葉運算之後，再作相加的動作，繪出結果，與 **1.**做比較。

   (1) $5\,sin(3\pi t)$、$3cos\,(2\pi(t-5))$；

   (2) $3e^{j\frac{\pi}{3}t}$、$7e^{j\frac{\pi}{5}t}$、$sin\,(3\pi t)$；

   (3) $3e^{j\frac{\pi}{3}(t-3)}$、$3e^{-j\frac{\pi}{3}(t-3)}$、$7e^{j\frac{\pi}{5}t}$；

5. 挑戰題　請以**第一題**所撰寫的程式為主，先分別對下列的函數進行傅立葉運算之後，再乘上 10，繪出結果，另外將**第一題**的函數先乘以 10 後再作傅立葉運算並繪出，兩個結果作比較。

6. 挑戰題　請將下列訊號函數透過數學計算出傅立葉運算結果，分別繪出訊號函數與傅立葉運算的圖形，與**第一題**做比較。

   (1) $5\,sin(-3\pi t) + 3cos\,(-2\pi(t-5))$；

   (2) $3e^{-j\frac{\pi}{3}t} + 7e^{-j\frac{\pi}{5}t} + sin\,(-3\pi t)$；

   (3) $3e^{-j\frac{\pi}{3}(t-3)} + 3e^{j\frac{\pi}{3}(t-3)} + 7e^{-j\frac{\pi}{5}t}$；

11 第十一章

本章節主要介紹隨離散時間序列變化的訊號，利用數學線性組合的特性，分別對透過運算已得到訊號性質的組合式與分析式做概略性的介紹，並簡述離散性訊號轉換性質的概念代表的意義。

G oal 目標

- 瞭解隨離散時間序列變化的訊號代表的意義與概念；
- 瞭解隨離散時間序列變化的訊號擁有的數學性質及其推算；
- 實際練習，並瞭解離散性、轉換與分析背後所帶來的好處與用處，以做為日後實作相關議題探討的基礎；

K ey 關鍵名詞

- 離散傅立葉級數 (Discrete-Time Fourier Series, DTFS)
- 離散傅立葉轉換 (Discrete-Time Fourier Transform, DTFT)
- 失真 (Distortion)

離散型訊號的轉換與分析

11

簡　介

對訊號的組合與分析有基本的認識之後，接下來將更進一步探討實際應用所面臨到的問題。前一章所介紹的是一般日常生活中接觸與認識到的連續訊號，也就是在時間上具有連續性的類比訊號(Analog Signal)。但是在現實生活中對訊號做操作、組合、分析時，絕大部分面對的訊號卻是建立在非連續型(具離散性)的數位資訊(Digital Data)上，也就是數位離散訊號 (Digital Discrete Signal)。

大多數採用數位訊號的理由在於，比起處理類比訊號所面臨的挑戰與無法解決的問題，選擇處理數位訊號要來的方便、快速許多，面臨到的困難也較容易克服，達到訊號處理(Signal Processing)的實用性。

目前生活中無論是晶片、電路、手機、電腦、儀器設備的系統設計、硬體驅動韌體大都建立在數位的前提之下，由生活中接觸的自然訊號源(類比訊號)轉為資訊系統處理的資料(數位訊號)，再利用後續延伸發展的數位訊號處理技術(Digital Signal Processing)做實際的應用。類比訊號轉為

數位訊號的轉換過程需要取樣(Sampling)的程序來擷取(Acquisition)與轉換 (Convert)，這些將在之後的章節做較深入的介紹。

　　本章所探討的訊號從日常生活接觸隨時間變化的連續訊號 $x(t)$，轉 為便於資訊處理的離散資料 $x[n]$，並將著重於介紹離散訊號的組合與分 析。通常這些離散資料會依照對應的時間先後順序 t 依序給予編號 n， 因此，離散訊號是利用編號 n 來代替時間 t 來表示訊號序列先後順序 的變數；而訊號的週期也從一段時間區間 T 變成一連串資料的總個數 N 如圖 11.0。

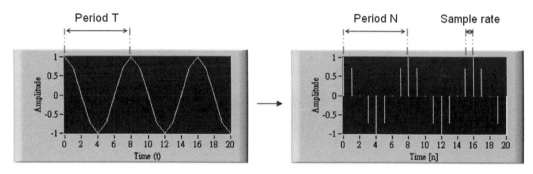

Figure 11.0　從連續時間訊號轉離散時間訊號

習作 11-1　離散傅立葉級數(Discrete-Time Fourier Series, DTFS)

目標：讓讀者了解到面對離散序列訊號的資料時，如何作傅立葉運算，與其含有的概念。

在前章瞭解到連續型訊號的傅立葉運算及其概念後，本習作將引入因電腦運算的關係，將連續時間轉換爲離散序列(Analog to Digital Convert, ADC)，面對離散序列訊號的資料，如何作傅立葉運算與其含有的概念爲何。

由於訊號帶有的資訊本質不同，從連續型的訊號轉爲一連串依序排列的數字資料，在訊號的數學模型運算上也隨之改變。$x[n] = \sum_{k=0}^{N-1} a_k e^{jk\Omega_0 n}$ 同樣的也可從幾個訊號組合成新的組合訊號。

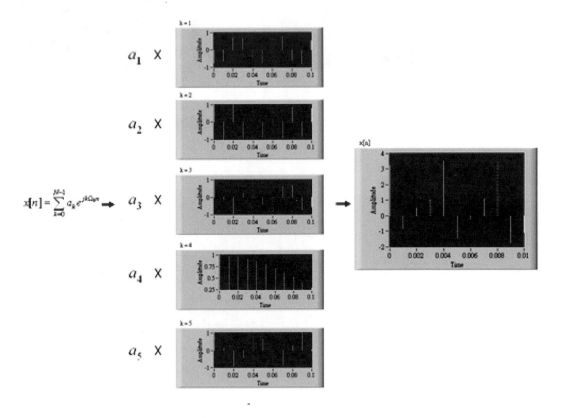

Figure 11.1a 將訊號拆成其自然頻率之所有諧波訊號之加權組合示意圖

上述將離散訊號 $x[n]$ (一連串的數字資料)用多個以 n 為變數的函數 $e^{jk\Omega_0 n}$，乘上對應的加權值 a_k 後，累加一個週期 N (總共 N 個資料相加)的數值結果來表示，稱為離散傅立葉級數(Discrete-Time Fourier Series, DTFS)，如圖 11.1 所示。

與傅立葉級數不同的地方在於，以 k 為變數的加權值 a_k 與訊號函數 $e^{jk\Omega_0 n}$ 均為週期N的數字序列，只需累加一個週期N即可代表的訊號數值 $x[n]$，不需像先前傅立葉級數那樣從 $k = -\infty$ 累加至 $k = \infty$。另外對於加權值 a_k 也有明顯不同的地方在於，對應相同的時間序列編號 n 均有相同的加權值 a_k，因此 a_k 為一串固定不變、總個數為 N 的數值序列，而數值的本質同樣為複數常數(Complex Constant)。

$$x[n] = \sum_{k=0}^{N-1} a_k e^{jk\Omega_0 n}$$

欲了解週期為 N 的權重序列 a_k，可利用拉普拉斯轉換所使用的數學性質，為了降低 $e^{jk\Omega_0 n}$ 數值的成長速度，加入一項自訂的變數 s，等號兩邊同乘 $e^{-js\Omega_0 n}$，如下：

$$x[n]e^{-js\Omega_0 n} = \sum_{k=0}^{N-1} (a_k e^{jk\Omega_0 n} e^{-js\Omega_0 n}) = \sum_{k=0}^{N-1} (a_k e^{j(k-s)\Omega_0 n})$$

假設離散訊號 $x[n]$ 為週期性訊號(Periodic Signal)，其週期為N；等同於將訊號資料序列 $x[n]$ 視為總個數N且不斷重複出現的資料，等號兩邊即同時累加一個週期 N

$$\sum_{n=0}^{N-1}(x[n]e^{-js\Omega_0 n}) = \sum_{n=0}^{N-1}\sum_{k=0}^{N-1}(a_k e^{j(k-s)\Omega_0 n}) = \sum_{k=0}^{N-1}(a_k \sum_{n=0}^{N-1} e^{j(k-s)\Omega_0 n})$$

欲探討 $\sum_{k=0}^{N-1} e^{j(k-s)\Omega_0 n}$ 的累加數值，可對照圖 11.1b 做參考：

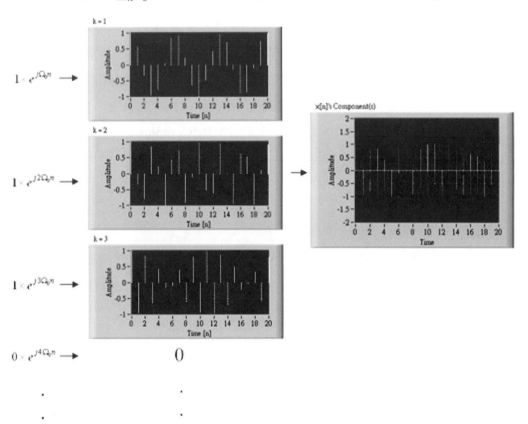

Figure 11.1b(a) 將訊號拆成其自然頻率之所有諧波訊號加權組合之範例

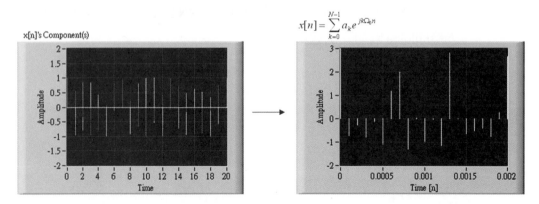

Figure 11.1b(b) 圖 11.1b(a)組合結果之畫面呈現

$$\sum_{n=0}^{N-1} e^{j(k-s)\Omega_0 n} = \sum_{n=0}^{N-1} \left[cos((k-s)\,\Omega_0 n) + jsin((k-s)\Omega_0 n) \right]$$

$$= \sum_{n=0}^{N-1} cos((k-s)\,\Omega_0 n) + j \sum_{n=0}^{N-1} sin((k-s)\,\Omega_0 n)$$

當 $k = s$ 時，亦即是 $(k-s) = 0$

$$\begin{cases} \sum_{n=0}^{N-1} cos((k-s)\,\Omega_0 n) = \sum_{n=0}^{N-1} cos(0) = N \\ \sum_{n=0}^{N-1} sin((k-s)\,\Omega_0 n) = \sum_{n=0}^{N-1} sin(0) = 0 \end{cases}$$

當 $k \neq s$ 時，亦即是 $(k-s) \neq 0$

$$\begin{cases} \sum_{n=0}^{N-1} cos((k-s)\,\Omega_0 n) = \sum_{n=0}^{N-1} cos(c\Omega_0 n) = 0 \\ \sum_{n=0}^{N-1} sin((k-s)\,\Omega_0 n) = \sum_{n=0}^{N-1} sin(c\Omega_0 n) = 0 \end{cases}$$

$$(c \text{ 爲 constant})$$

因此得到：

$$\sum_{n=0}^{N-1} e^{j(k-s)\Omega_0 n} = \begin{cases} N, & when\ k = s \\ 0, & when\ k \neq s \end{cases}$$

$$\sum_{k=0}^{N-1} \left(a_k \sum_{n=0}^{N-1} e^{j(k-s)\Omega_0 n} \right)$$

$$= 0 + 0 + \cdots + 0 + a_k N + 0 + \cdots + 0 = a_k N$$

$$(a_k N \text{ 的值是在 } k = s \text{ 的情況取得})$$

　　目前推導的數學模型，能從中得知對應特定的頻率倍數 k，能藉由上述的式子計算出此頻率在組成原始訊號 $x[n]$ 所佔的強度(權重)有多少，

計算出來的強度數值(Magnitude)與頻率(Frequency)所繪出的圖，即爲人熟知的頻譜(Spectrum)，也稱爲頻域做圖(Frequency Domain，圖 11.1c)。

圖中也能觀察到，單一頻率的離散訊號經過傅立葉的運算，對應到頻域後所得的頻譜，呈現的是一段具有連續性區段的離散頻譜，與單一頻率的連續型訊號有明顯的不同。

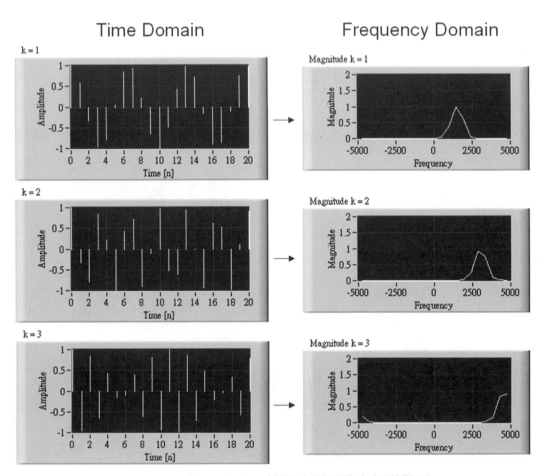

Figure 11.1c 離散時間訊號之頻譜做圖

在此可看出，當控制的自訂變數 s (選取的頻率)與訊號 $x[n]$ 的組成頻率k相同時，便能藉由數學分析運算得到對應組成頻率 k 在訊號 $x[n]$ 中所佔有的權重 a_k，稱爲週期性離散訊號的訊號解析(Periodic Discrete-Time Signal Decomposition)。

回到運算式

$$\sum_{n=0}^{N-1}(x[n]e^{-js\Omega_0 n}) = \sum_{k=0}^{N-1}(a_k \sum_{n=0}^{N-1}e^{j(k-s)\Omega_0 n}) = \begin{cases} a_k N, & k = s \\ 0, & k \neq s \end{cases}$$

即

$$\sum_{n=0}^{N-1}(x[n]e^{-js\Omega_0 n}) = \sum_{k=0}^{N-1}(x[n]e^{-jk\Omega_0 n}) = a_k N, \text{where } k = s$$

$$a_k = \frac{1}{N}\sum_{n=0}^{N-1}(x[n]e^{-jk\Omega_0 n})$$

　　　　經由上式可算出對應頻率 $k\Omega_0$ 的組成訊號，在訊號 $x[n]$ 中所佔有的權重 a_k 為多少，此式也稱為離散傅立葉級數解析式(Discrete-Time Fourier Series Decomposition)

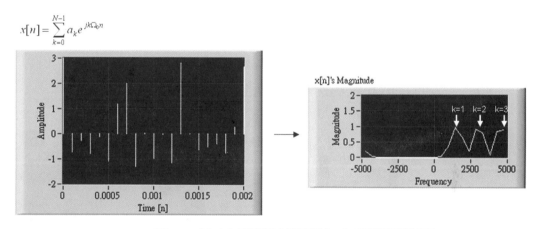

Figure 11.1d　離散時間訊號 x[n]轉頻譜範例

　　　　由圖 11.1d 可看出，在綜合組成後的訊號 $x[n]$，經過離散傅立葉級數分析式的運算，由時域轉換到頻域，在頻域能夠很容易且清楚的看出訊號本身主要是由三種不同頻率$(k = 1, 2, 3)$ 且各自的強度(權重)為 1 所

組成之訊號。此即爲訊號分析的基礎概念，其重要性在於，雖然時域所看到的訊號 $x[n]$ 往往無規律性且變化雜亂，難以進行分析與探討，但經過離散傅立葉級數分析式的運算後，往往便能藉由頻率的訊號性質，將內部的組合分門別類，有了這些分類過後的資訊，才得以發展後續一連串訊號處理的技術，使電訊傳播、儀器操控、檢測分析、……許多應用得以實現。

小結

離散傅立葉級數組合式(Discrete-Time Fourier Series Synthesis)

$$x[n] = \sum_{k=0}^{N-1} a_k e^{jk\Omega_0 n}$$

離散傅立葉級數解析式(Discrete-Time Fourier Series Decomposition)

$$a_k = \frac{1}{N}\sum_{n=0}^{N-1}(x[n]e^{-jk\Omega_0 n})$$

在前面簡單介紹傅立葉級數的基本概念與性質後，接下來將以一個簡易的 LabVIEW 範例程式來進行說明。

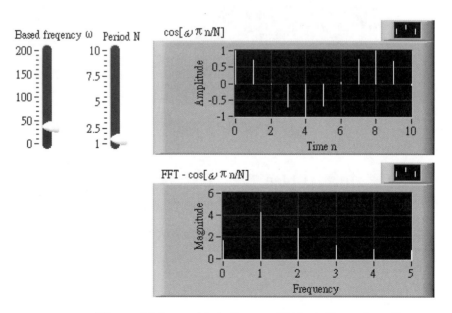

Figure 11.2a ex 11-1 discrete FFT.vi (Front Panel)

上圖中，可看到上方爲離散型餘弦訊號，並可看出時間序列的離散

性，對於每個時間點 n 均有各自的數值$cos(\omega n + \phi)$，繪圖版面上離散化的波形也可明顯看出取樣(Sampling)的結果，在位於下方的圖則是經由傳立葉運算後的結果，可明顯看出頻域的圖形分布較連續性訊號經傳立葉運算後的頻域圖形廣，接下來將粗略介紹此離散型傳立葉運算範例的程式設計架構。

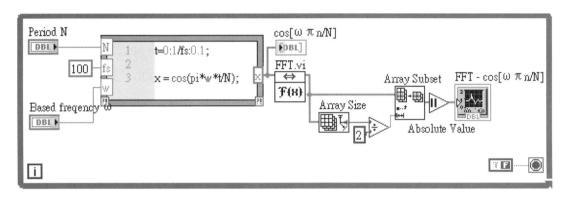

Figure 11.2b ex 11-1 discrete FFT.vi (Block Diagram)

如同第十章的範例，為了突顯出離散性，將在本範例中更詳細的對整個程式設計做解說。

程式設計方法(依步驟)

● 人機介面設計端(Front Panel)

1. Express→Numeric Controls→Pointer Slide(Vertical Fill Slide)新增控制條。利用此控制條的數值作為頻率(Based freqency ω)與周期(Period N)的控制。

2. Express→Graph Indicators→Waveform Graph (Controls-Graph)新增波形的繪圖版面(cos [ωn + φ]及 FFT - cos [ωn + φ])。

● 程式方塊圖(Block Diagram)

1. Programming→Structures→MathScript Node (Functions-Struct.)新增數學函數運算元，在此設計訊號波形產生的內容，並在 MathScript Node 按滑鼠右鍵在左方新增輸入(Add Input)，在右方新增輸出(Add Output)。

2. 輸入的部份，除了在人機介面設計端(Front Panel)建立的兩個控制變數頻率(Based frequency ω)與相位(Phase ϕ)，還有一個稱為 fs 的變數，在範例中是給定常數 100，為取樣頻率(Sampling frequency, fs)，此常數控制數學函數運算元(MathScript Node)的計算量與波形資料密度，100 代表每筆離散型資料間格為 0.01 秒，1 秒的波形總共計算 100 筆離散型訊號資料，而前一章提供的範例為 1000，取的資料密度很高，亦可表現出連續性訊號的特性以及傅立葉運算所帶來的影響。

3. Signal Processing→Transforms→FFT.vi 新增快速傅立葉轉換的運算元件。

4. Programming→Array→Array Size 取得傅立葉運算後的數值數量，並將其除以二，再利用 Programming→Array→Array Subset，取運算結果的一半。

5. Programming→Structures→While Loop (Functions-Struct.)令程式持續執行，可動態式調整人機介面設計端(Front Panel)的控制條，以觀察變化情形。

習作 **11-1** 結束

習作 **11-2** 離 散 傅 立 葉 轉 換 (Discrete-Time Fourier Transform, DTFT)

目標：瞭解離散非週期性訊號的傅立葉運算，其數學模型推導與所具有的概念。

了解了離散傅立葉級數的組合式與分析式後，接下來探討的是：若離散訊號本身為非週期性(Non-periodic)，該如何探討其加總組合的情況呢？理論上，欲產生出完全的非週期訊號，所選取的組合諧波有兩種選擇：

(1) 利用無限多個週期性的訊號來做加總的動作

(2) 直接設計與產生出此非週期訊號。

(2)所提到的方法往往實際應用上將碰到各式各樣無法解決的問題與困難，同時也對訊號組成與分析沒有太大實用性的貢獻。而(1)所提到的方法則是現實中無法做到的事情，但通常在實際應用中，是能夠容許某些程度上的失真(Distortion)，因此有了離散傅立葉轉換(Discrete-Time Fourier Transform)。

離散傅立葉轉換(Discrete-Time Fourier Transform)是利用控制組合時所用到的訊號個數來逼近原始的非週期訊號。是一種更廣義的訊號表示方式，用來探討日常生活中大部分的訊號源(非週期離散訊號)。

在探討非週期性離散訊號時，利用選取與控制組合的訊號加總來逼近原始訊號時，由於非週期性的關係，所顧慮的目標由時間序列上的離散訊號轉為頻域中選取的頻率是否足夠，由於是在離散時間序列下，訊號的組合也由時間序列上的加總組成轉變為頻域中的加總組合，也就是訊號本身是假定在頻域上做連續累加(積分)的動作來逼近真實的離散非週

期訊號，因此訊號的組合式如下：

$$x[n] = \frac{1}{2\pi} \int_{-\pi}^{\pi} X(e^{j\Omega}) e^{j\Omega n} d\Omega$$

在此離散傅立葉轉換組合式(Discrete-Time Fourier Transform Synthesis)所使用到的技巧也是將無限累積值的範圍常態化(Normalize)，將原本非週期性的維度對應到一般三角函數(圓周或二維的座標平面)的常態週期2π，以利討論。

經過與前幾章所述相似的數學推算後，將得到下列的離散傅立葉轉換解析式(Discrete-Time Fourier Transform Decomposition)

$$X(e^{j\Omega}) = \sum_{k=-\infty}^{\infty} x[n] e^{-j\Omega n}$$

小結 **Non-periodic**

離散傅立葉轉換組合式(Discrete-Time Fourier Transform Synthesis)

$$x[n] = \frac{1}{2\pi} \int_{-\pi}^{\pi} X(e^{j\Omega}) e^{j\Omega n} d\Omega$$

離散傅立葉轉換解析式(Discrete-Time Fourier Transform Decomposition)

$$X(e^{j\Omega}) = \sum_{k=-\infty}^{\infty} x[n] e^{-j\Omega n}$$

習作 **11-2** 結束

習作 **11-3**　摺積運算(Convolution)與離散性傅立葉轉換

目標：瞭解摺積運算與離散傅立葉運算之間性質的對稱性與特性。

　　在前一章摺積運算與連續型傅立葉轉換的習作中，瞭解到傅立葉運算在計算摺積上的應用所帶來的好處與運算本身所擁有的意義，本習作將針對離散性傅立葉的數學性質做摺積運算轉換的推導。

　　系統輸出的傅立葉權重 $Y[k]$、系統經過傅立葉運算的脈衝響應 $H[k]$ 與經傅立葉運算的輸入訊號 $X[k]$，由於已知

$$Y[k] = H[k] * X[k] = \sum_{i=-\infty}^{\infty} H[i]X[k-i]$$

又因為

$$X[k-\tau] = a_{k-\tau} = \frac{1}{N}\sum_{n=0}^{N-1}(x[n]e^{-jk\Omega_0 n})$$

故可將式子寫作

$$\sum_{i=-\infty}^{\infty} H[i]X[k-i] = \sum\left[\frac{1}{N}\sum_{n=0}^{N-1}(h[n]e^{-j\tau\Omega_0 n})\right]\left[\frac{1}{N}\sum_{n=0}^{N-1}(x[n]e^{-j(k-\tau)\Omega_0 n})\right]$$

$$= \frac{1}{N}\sum\frac{1}{N}\sum_{n=0}^{N-1}x[n]h[n]e^{-jk\Omega_0 n}$$

$$= \frac{1}{N}\sum\frac{1}{N}\sum_{n=0}^{N-1}y[n]e^{-jk\Omega_0 n}$$

可得：

$$Y[k] = \frac{1}{N} \sum \frac{1}{N} \sum_{n=0}^{N-1} y[n] e^{-jk\Omega_0 n}$$

$$y(t) = x(t) * h(t) \leftrightarrow Y[k] = TX[k]H[k]$$

$$y[n] = x[n] * h[n] \leftrightarrow Y[k] = NX[k]H[k]$$

此數學性質，轉化與簡化了運算上面臨的問題與思考方式，使許多實務面上之訊號系統設計的實作得以實現，得到的效益是即時系統的可行性與降低應用層面被硬體效能極限束縛。

另一方面需要注意的部份是，當利用傅立葉運算將問題由時域對應到頻域，雖能大量簡化運算量，將微積分的問題轉化為乘法問題，但傅立葉運算本身卻不是完美的對應轉換，其中必定會有部份資訊將會遺失在傅立葉運算與反傅立葉運算的過程中。

雖然可用能量公式證明損失的部份佔訊號整體相當小，但也並無法保證損失的部份並非隱含重要資訊。現階段由於半導體技術的快速發展，已有許多硬體設計平台提供高速的數位訊號處理運算速度(Digital Signal Processing)，使系統設計可採用直接摺積運算而非透過傅立葉運算化簡。

在前面簡單介紹摺積與傅立葉運算的性質與對稱性後，接下來將以一個簡易的 LabVIEW 範例程式來進行說明。

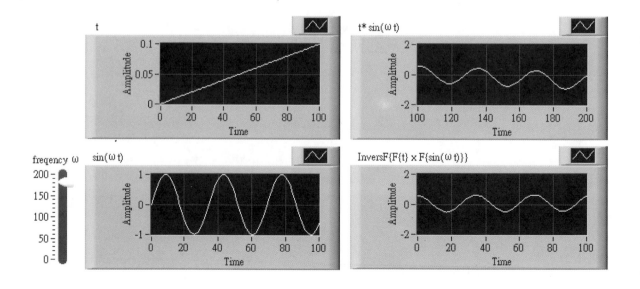

Figure 11.3(a) ex 11-3 convolution & FFT.vi (Front Panel)

上圖有兩個函數 $t, \sin(\omega t)$，經過摺積運算後，得右上角的結果，而右下角則為分別對兩個函數 $t, \sin(\omega t)$ 作傅立葉轉換，在頻域下做相乘後，再反傅立葉運算反轉回時域，得到右下角的結果，可比較一下兩種運算方式所得到的有何異同。以下將粗略介紹此運算範例程式的設計架構。

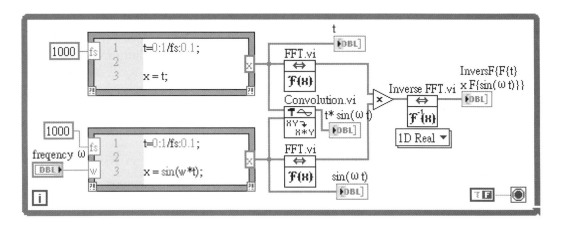

Figure 11.3(b) ex 11-3 convolution & FFT.vi (Block Diagram)

程式設計方法(依步驟)

- 人機介面設計端(Front Panel)

1. Express→Numeric Controls→Pointer Slide(Vertical Fill Slide) 新增控制條。利用此控制條的數值作為頻率(frequency ω)的控制。

2. Express→Graph Indicators→Waveform Graph(Controls-Graph)新增波形繪圖版面Inverse $F\{F\{t\} \times F\{\sin(\omega t)\}\}, t * \sin(\omega t), t, \sin(\omega t)$。

- 程式方塊圖(Block Diagram)

1. Programming→Structures→MathScript Node(Functions-Struct.)新增兩個

數學函數運算元，在此設計 $t, sin(\omega t)$ 的訊號內容，並在 MathScript Node 按滑鼠右鍵在左方新增輸入(Add Input)，在右方新增輸出(Add Output)，輸入變數與介面設計端新增的變數相連接，輸出變數在此需注意，由於輸出為一維與時間相關的序列(一維矩陣)，因此需另外做資料型態的設定，於輸出變數上按滑鼠右鍵，Choose Data Type→1D Arrary→DBL 1D。

2. Signal Processing→Transforms→FFT.vi 新增快速傅立葉轉換的運算元件，分別對 $t, sin(\omega t)$ 的訊號作傅立葉運算。

3. Signal Processing→Signal Operation→Convolution.vi 新增摺積運算元件，將t * sinωt算出，並連接繪圖版面做顯示。

4. 將先前做傅立葉運算的 t, sinωt 結果透過 Programming→Numeric→Multiply 做相乘。

5. Signal Processing→Transforms→Inverse FFT.vi 新增快速反傅利葉運算，將結果Inverse F{F{t} × F{sinωt}}連接繪圖版面做顯示。

6. Programming→Structures→While Loop (Functions-Struct.)令程式持續執行，可動態式調整人機介面設計端(Front Panel)的控制條，以觀察期變化情形。

習作 **11-3** 結束

問題與討論

1. 請將下列離散訊號函數透過數學計算出傅立葉運算結果，分別繪出訊號函數與傅立葉運算的序列圖形(N 為週期)。

   (1) $5 \sin\left(\frac{3\pi}{N}\right) n + 3 \cos\left(\frac{2\pi}{N}\right) [n-5]$；

   (2) $3 e^{j\frac{\pi}{3N}n} + 7 e^{j\frac{\pi}{5N}n} + \sin\left(\frac{3\pi}{N}\right) n$；

   (3) $3 e^{j\frac{\pi}{3N}[n-3]} + 3 e^{-j\frac{\pi}{3N}[n-3]} + 7 e^{j\frac{\pi}{5N}n}$。

2. 請利用習作 11-1 所撰寫的程式，分別計算 **1.** 的傅立葉運算結果，並繪出運算結果。

3. 請以習作 11-3 所撰寫的程式為主，分別將下列函數的摺積運算結果計算出來，並繪出。

   (1) $5 \sin\left(\frac{3\pi}{N}\right) n$、$n$；

   (2) $3 e^{j\frac{\pi}{3N}n} + 7 e^{j\frac{\pi}{5N}n} + \sin\left(\frac{3\pi}{N}\right) n$、$3 \cos\left(\frac{2\pi}{N}\right) [n-5]$。

4. 挑戰題　請以 **3.** 所撰寫的程式為主，分別對訊號函數作傅立葉運算，將運算結果相乘之後，透過反傅立葉運算，將在頻域的相乘結果還原到時域上，並與 **3.** 的結果做比較。

5. 挑戰題　請以習作 11-3 所撰寫的程式為主，將下列的訊號函數相乘後，將結果圖形繪出；之後另外分別對兩個訊號函數做傅立葉運算，將運算結果做摺積運算，再做反傅立葉運算，將反傅立葉運算的結果繪出，與最一開始繪出的圖形做比較。

   (1) $5 \sin\left(\frac{3\pi}{N}\right) n$、$n$；

   (2) $3 e^{j\frac{\pi}{3N}n} + 7 e^{j\frac{\pi}{5N}n} + \sin\left(\frac{3\pi}{N}\right) n$、$3 \cos\left(\frac{2\pi}{N}\right) [n-5]$。

12 第十二章

本章節著重利用實際應用範例，導入所有在前面章節所學的「訊號概念」、「系統概念」、「訊號轉換操作」，相互結合以提供基礎實作的入門，例如訊號的組成分析轉換可應用於影音壓縮、訊號特性分析、訊號處理、濾波，而應用時所使用到的概念與基礎訊號轉換該如何做連結，均將在本章做概略性的簡述。

G oal 目標

- 瞭解對應日常生活各式各樣的訊號，如何利用本身的性質，選用適當的轉換與實際應用；
- 學習提供一些實際延伸的範例，對於多維度變化的訊號(資訊)如何應用前兩章所述的轉換做組成的分析；
- 實際練習，瞭解操作訊號處理時所需具備的基本認知、概念，例如轉換的應用、濾波頻率的操作，以做為日後探討相關議題的基礎；

K ey 關鍵名詞

- 離散餘弦轉換 (Discrete cosine transform, DCT)
- 二維離散餘弦轉換 (2D-DCT)
- 濾波器 (Filter)

複雜訊號的轉換與分析

12

簡　介

前幾章分別介紹類比訊號(Analog Signal)與數位訊號(Digital Signal)的組合(Synthesis)與分析(Analysis)，在一般的應用下，主要是處理通訊(電磁波、光)、多媒體(聲音)、分析(訊號的改變推測可能的原因)、...等。但其實還有更多平時並不容易想像到的應用：通訊(無線網路節點陣列)、多媒體(多維度影像)、分析(多維度訊號的改變推測可能的原因)。以下將介紹基礎的二維度訊號：影像畫面的組合與分析應用。

習作 12-1　離散餘弦轉換(Discrete cosine transform, DCT)

目標：了解離散餘弦轉換與傅立葉轉換的不同處，概念以及應用。

離散餘弦(Cosine)轉換，顧名思義，利用 Cosine 週期性訊號作爲諧波的基礎頻率，再利用數學模型計算出對應各個頻率的諧波在組成原始訊號的權重各爲多少。

一維離散餘弦轉換(Discrete cosine transform, 1D-DCT)

$$u_{k,n} = \alpha(k)cos\frac{(2n+1)k\pi}{2N},$$
$$(k = 0, 1, 2, ..., N-1, n = 0, 1, 2, ..., N-1)$$

$$\alpha(k) = \begin{cases} \sqrt{\dfrac{1}{N}}, & k = 0 \\ \sqrt{\dfrac{2}{N}}, & o.w. \end{cases}$$

離散傅立葉(Discrete-Time Fourier)

$$x[n] = \sum_{k=0}^{N-1} a_k e^{jk\Omega_0 n}, a_k = \frac{1}{N}\sum_{n=0}^{N-1}(x[n]e^{-jk\Omega_0 n})$$

仔細看一下上述兩式，是否有些相似的地方呢？ 原因在於離散餘弦轉換正是利用離散傅立葉轉換拆解後，只取 Cosine 實數部份的資訊，省略

Sine 虛數部分的資訊而組成的一個特例，值得注意的是，當 $k = 0$ 時，代表是不變的常數項。

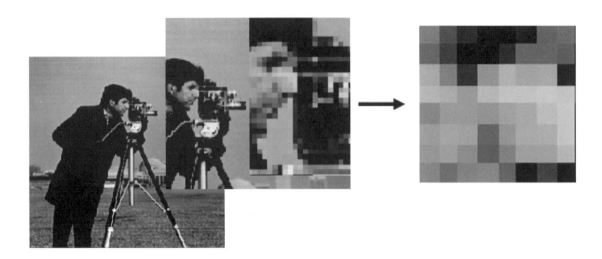

由於 Cosine 訊號本身儲存一種規律變化的資訊，因此原始的訊號可經由類似拆解組成(分析)的方式，找出對應各頻率變化的加權值，在能夠容忍微小失真程度的情況下，高頻的成分因為轉換後的權重值相當小變得可忽略不計，又訊號本身主要是以低頻訊號為主，只要儲存對應低頻的 Cosine 加權值即可替代原始完整的訊號，達到訊號壓縮的目的：以較小的容量儲存原始資訊、並容許過程中部份的失真壓縮。

在前面簡單介紹離散餘弦轉換的基本概念與性質後，接下來將以一個簡易的 LabVIEW 範例程式來進行說明。

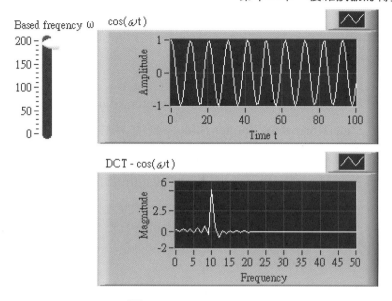

圖　12.1a ex 12-1 DCT.vi (Front Panel)

上圖中，上方為餘弦訊號 *cos(ωt)*，旁邊為基礎頻率 ω 的控制條，下方則為餘弦訊號的離散餘弦轉換結果，與傅立葉的轉換結果相似又有點不太一樣，但大體上可看出，運算架構以及在效果、概念上是相類似的，同樣利用到頻率組成成分分析，差別在於少了虛數項的部份，無法轉換出訊號相位的資訊，因此較適合儲存訊號變化的數值(實數項)。以下將粗略介紹此訊號範例程式的設計架構。

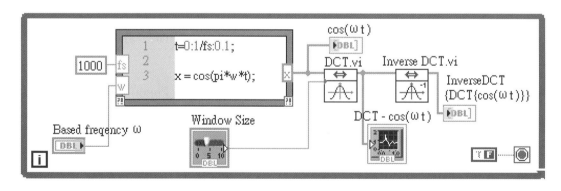

圖　12.1b ex 12-1 DCT.vi (Block Diagram)

程式設計方法(依步驟)

● 人機介面設計端(Front Panel)

1. Express→Numeric Controls→Pointer Slide(Vertical Fill Slide)與 Pointer Slide(Horizontal Pointer Slide)新增控制條。利用此控制條的數值作為頻率(Based frequency ω)與視窗寬度(Window Size)的控制。

2. Express→Graph Indicators→Waveform Graph (Controls-Graph)新增波形的繪圖版面($cos(\omega t)$、InverseDCT$\{$DCT$\{cos(\omega t)\}\}$、DCT - $cos(\omega t)$。

● 程式方塊圖(Block Diagram)

1. Programming→Structures→MathScript Node (Functions-Struct.)新增數學函數運算元，在此設計訊號波形產生的內容，並在 MathScript Node 按滑鼠右鍵在左方新增輸入(Add Input)，在右方新增輸出(Add Output)，輸入變數與介面設計端新增的變數相連接，輸出變數需另外做資料型態的設定，於輸出變數上按滑鼠右鍵，Choose Data Type→1D Arrary→DBL 1D。

2. Signal Processing→Transforms→DCT.vi 新增離散餘弦轉換的運算元件，並利用先前在人機介面設計端(Front Panel)建立的控制變數與視窗寬度作控制，將結果連接繪圖版面將結果繪出，視窗寬度的變化可參照下圖。

3. Signal Processing→Transforms→Inverse DCT.vi 新增反離散餘弦轉換的運算元件，並將結果輸出到繪圖版面上。

4. Programming→Structures→While Loop (Functions-Struct.)令程式持續執行，可動態式調整人機介面設計端(Front Panel)的控制條，以觀察變化情形。

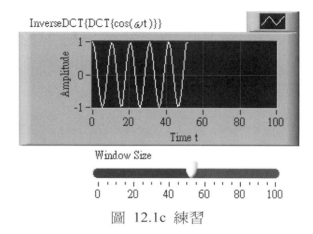

圖　12.1c　練習

　　讀者可自行嘗試產生上述訊號，並同時做傅立葉轉換與離散餘弦轉換相互做比較。

習作 **12-1** 結束

習作 12-2 二維離散餘弦轉換(2D-DCT)

目標：了解一維離散餘弦轉換與二維離散餘弦轉換之間的關聯性，並了解如何將二維訊號轉換應用於影像處理與分析的應用上。

先來看二維訊號(影像)的離散餘弦轉換數學公式為何。

二維離散餘弦轉換(2D Discrete cosine transform, 2D-DCT)

$$F(u,v) = \frac{1}{2N} C(u)C(v) \sum_{x=0}^{N-1} \sum_{y=0}^{N-1} f(x,y) cos \frac{(2x+1)u\pi}{2N} cos \frac{(2y+1)v\pi}{2N}$$

$$C(x)C(y) = \begin{cases} \sqrt{\frac{1}{2}}, x = 0, y = 0 \\ 1, otherwise \end{cases}$$

上述式子當中的 x, y 代表組成矩陣(可以想像為組成影像的小方塊)的座標，二維與一維的差異僅在於多了另一個維度的變化量，由 k 變為(u, v)，多用於影像壓縮，由於本身只運算實數部份，因此能較快速傅立葉轉換運算(Fast Fourier Transform, FFT)更為快速的運算出結果，使壓縮更有效率，以下是以2 × 2的組成矩陣(組成影像的小方塊為例：

圖 12.2a 2x2 組成矩陣示意圖

通常一張1024 × 768 的影像或圖片，是由 $\frac{1024 \times 768}{8 \times 8} = 12288$ 個小方塊組合而成，也就是12288 = 128 × 96 的矩陣方塊，而每一個小方塊以2 × 2為例，有 4 種變化，每一個小方塊均為此四種組成矩陣乘上其對應的權重加總而成，如同前幾章所介紹的訊號組成分析。

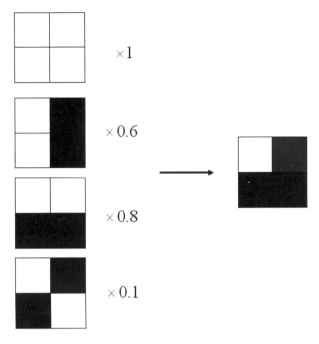

圖　12.2b　加上變化後的 2x2 矩陣

通常是以8×8的小方塊作為組成矩陣。

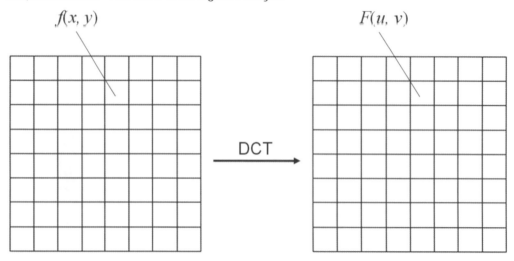

圖 12.2c 8x8 矩陣

以 Cosine 規律訊號為例：

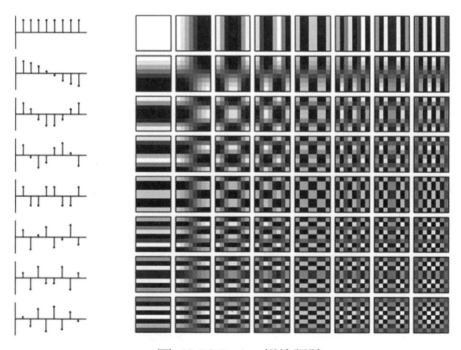

圖 12.2d Cosine 規律訊號

以規律數位訊號為例：

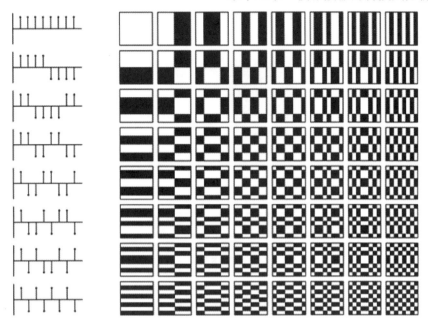

圖 12.2e 規律數位訊號

以下是選用不同數量的組成矩陣所產生的結果

16/64 8/64

Original 4/64

　　由於此上是影像組成分析與壓縮的部份，因此需要反運算來做解壓縮的動作，以下是反離散餘弦轉換應用在二維資料運算上的數學模型部份，提供作為參考。

二維離散餘弦反轉換(Inverse Discrete cosine transform, 2D-IDCT)

$$f(x,y) = \frac{1}{2N} C(u)C(v) \sum_{u=0}^{N-1} \sum_{v=0}^{N-1} F(u,v) cos\frac{(2x+1)u\pi}{2N} cos\frac{(2y+1)v\pi}{2N}$$

$$C(u)C(v) = \begin{cases} \sqrt{\dfrac{1}{2}}, & u = 0, v = 0 \\ 1, & otherwise \end{cases}$$

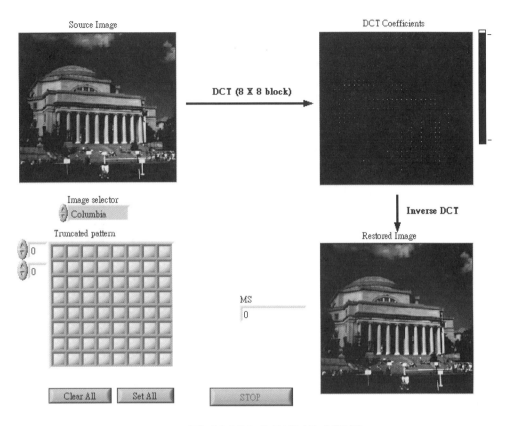

圖 12.2f 8x8 影像組成解析

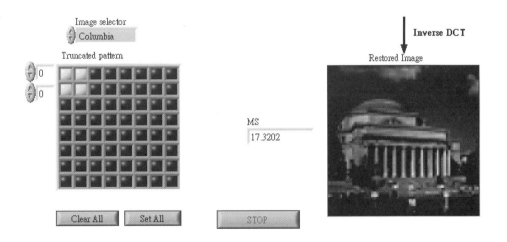

圖 12.2g 8x8 影像組成解析(2)

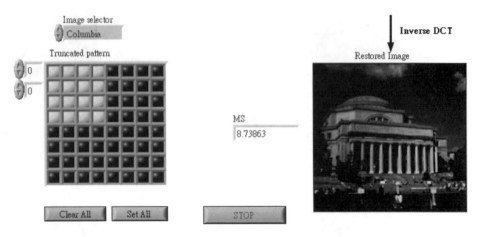

圖 12.2h　8x8 影像組成解析(3)

　　上圖，亮綠色的部份為已選取的最小影像組成成分單位，由上而下依序是 64 個組成單位、4 個組成單位、16 個組成單位，可看到當組成單位取的數量越多時，能夠構成的細節變化越多，影像本身也越清晰。

　　以上均為8×8的組成矩陣範例，如果選用16×16的組成矩陣呢？效果如何可以使用 LabVIEW 設計程式試試看。

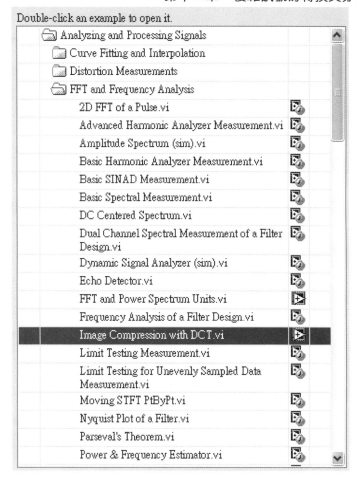

圖 12.2i　LabVIEW 程示範例列表

習作 **12-2** 結束

習作 12-3 濾波器(Filter)

目標：了解訊號的濾波操作所得到的效果，並了解濾波所帶來的效應下，在訊號分析與處理上的應用。

了解日常生活中隨時間變化的訊號與頻率(訊號本質)分類的訊號後，便可利用在兩種互相對應的具截然不同性質的 Domain 裡進行訊號的操作與處理。「濾波器」的設計是利用前兩章所述的傅立葉轉換便可解析訊號的組成與性質，依照探討的主題有所不同，針對各個感興趣的訊號部份進行擷取。

舉例來說，大眾電信傳輸的訊號屬於電訊號(手機、GPS、網路、電視、廣播、電話)、聲音屬於空氣壓縮波動的訊號，上述的應用中，接收器與感測器依作用方式不同與目標不同，各自擁有各自工作頻帶，為了使儀器能在有效的工作頻帶上運作，就必須分別設計各自的濾波器來達成。

一般濾波器分為四種：高通濾波器(High-pass filter)、低通濾波器(Low-pass filter)、帶通濾波器(Band-pass filter)、以及帶阻濾波器(Bandstop filter)：

(1)「高通濾波器(High-pass filter)」只讓高頻訊號通過，並過濾低頻訊號；

(2)「低通濾波器(Low-pass filter)」只讓低頻訊號通過，並過濾高頻訊號；

(3)「帶通濾波器(Band-pass filter)」只讓一段特定頻帶(頻率範圍)內的訊號通過，並過濾其他頻帶的訊號；

(4)「帶阻濾波器(Bandstop filter」是只讓特定頻帶(頻率範圍)外的訊號通過，並過濾其他頻帶的訊號，效果與帶通濾波器相仿，在此歸類於同一型濾波器。

在前面簡單介紹濾波器的基本概念與性質後，接下來將以一個簡易的 LabVIEW 範例程式來進行說明，一般濾波器背後的數學概念是透過時域(Time domain)下的摺積(Convolution)運算(即頻域下的乘法運算)實作。

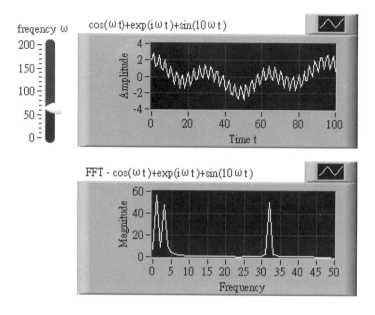

圖 12.3a $cos(\omega t) + sin(10\omega t)$ 之傅立葉轉換結果

上圖為一複合波 $\cos(\omega t) + \sin(10\omega t)$ 的波形圖以及經過傅立葉轉換所得到的頻域結果，在頻域中可明顯分別出兩個訊號 $\cos(\omega t)$、$\sin(10\omega t)$，而若對此複合波作濾波的操作，則結果如下圖所示：

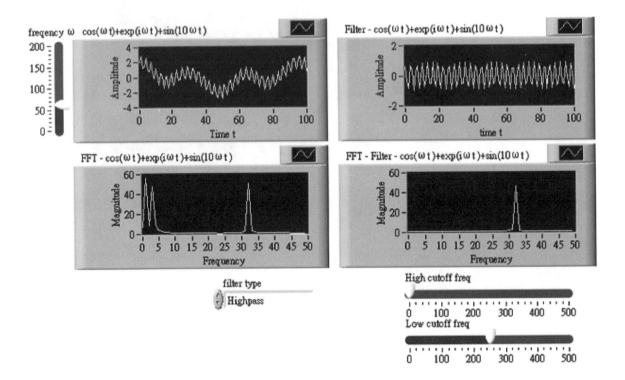

圖 12.3b 通過高通濾波器(High-pass filter)之結果

由上圖結果可看出，經過高通濾波器後，低頻率所影響的整體變化部份被過濾掉，剩下高頻率變化的訊號成分留著。

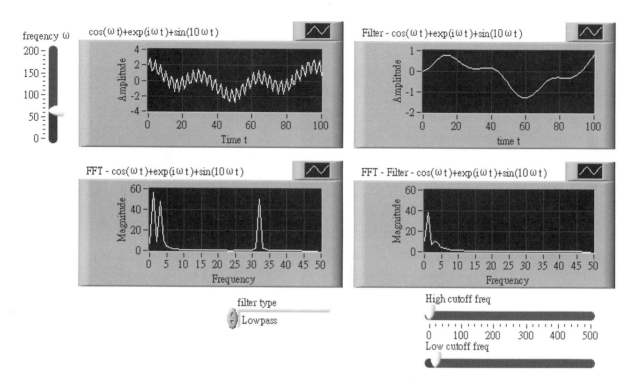

圖 12.3c(b) 通過低通濾波器(Low-pass filter)之結果

　　由上圖可看出，經過低通濾波器之後，低頻率所影響的整體變化部分被
保留下來，而高頻率變化的訊號成分則是被過濾掉。

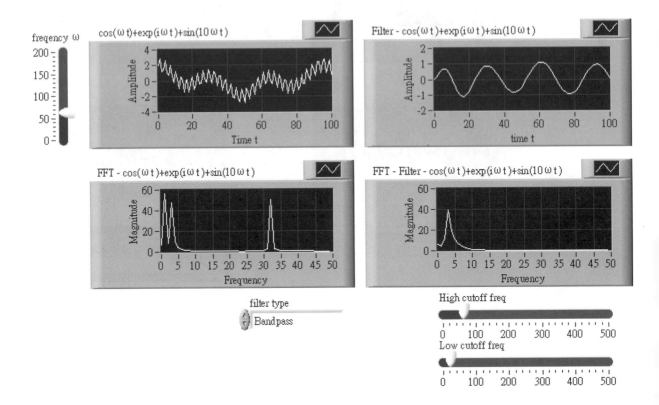

圖 12.3d(b) 通過低通濾波器(Low-pass filter)之結果

由上圖可看出，與高通濾波器與低通濾波器不同的是，帶通濾波器能夠選擇與控制通過頻率的範圍，只允許選取的頻率範圍內的訊號成分通過，其餘的部份過濾掉，較能精細的控制成分的選取，而實作可由高通濾波器與低通濾波器相組合來達到同樣的效果。

另外，尚有帶阻濾波器(Bandstop filter)

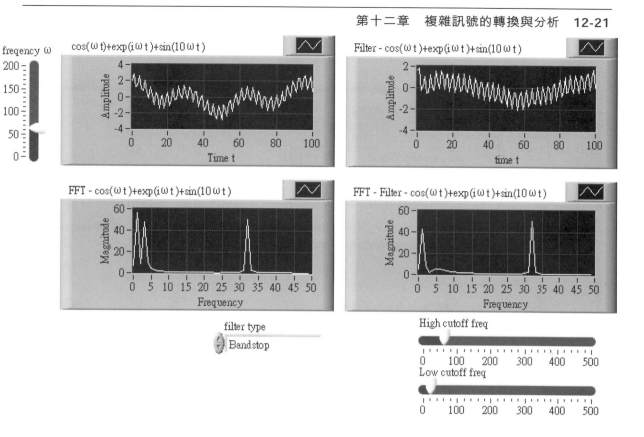

圖 12.3d(c)　通過帶阻濾波器(Bandstop filter)之結果

其作用與帶通濾波器相似、效果互補，同樣能夠選擇與控制通過頻率的範圍，但是只允許選取的頻率範圍外的訊號成分通過，其餘的部份過濾掉，也就是選取過濾的範圍，範圍內的訊號過慮。

下頁將粗略介紹此訊號範例程式的設計架構：

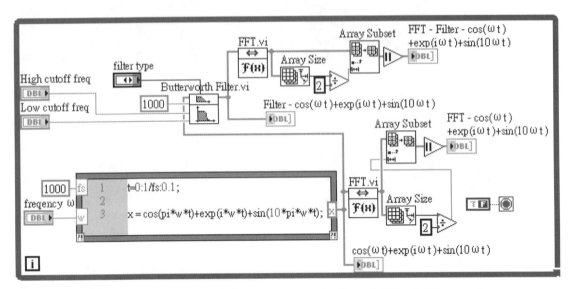

圖 12.3e ex 12-3 filter.vi (Block Diagram)

程式設計方法(依步驟)

● 人機介面設計端(Front Panel)

1. Express→Numeric Controls→Pointer Slide(Vertical Fill Slide)與 Pointer Slide(Horizontal Pointer Slide)新增控制條，利用此控制條的數值作為頻率(frequency ω)、最高截止頻率(High cutoff freq)、最低截止頻率的控制。

2. Express→Graph Indicators→Waveform Graph (Controls-Graph)新增波形的繪圖版面($cos(\omega t) + e^{j\omega t} + sin(10\omega t)$、FFT、Filter 、FFT Filter)。

● 程式方塊圖(Block Diagram)

1. Programming→Structures→MathScript Node (Functions-Struct.)新增數學函數運算元，在此設計訊號波形產生的內容，並連接繪圖版面將結果繪出。

2. Signal Processing→Transforms→FFT.vi 新增快速傅立葉轉換的運算元件，並利用 Programming→Array→Array Size 與 Programming→Array→Array Subset，取運算結果的一半，將結果繪出至繪圖版面。

3. Signal Processing→Filter→Butterworth Filter.vi 新增濾波器的運算元件，

並在 filter type 連接點上按滑鼠右鍵 Create→Control 新增濾波器型態控制，新增後將在人機介面設計端(Front Panel)看到控制項，分為 Lowpass(低通濾波器)、Highpass(高通濾波器)、Bandpass(帶通濾波器)、Bandstop(帶阻濾波器)。

4. 將訊號過濾結果繪出到版面上，並再對過濾後的訊號作傅立葉運算，將結果繪出作比較。

另外常見的濾波器還有 IIR 濾波器、FIR 濾波器。

單位響應為無限脈衝序列(Infinite impulse response, IIR)的濾波器，應用於相位訊息不敏感的音訊訊號上，精準度很高、非線性相位，但是相對不穩定、為類比濾波器延伸。

單位響應為有限脈衝序列(Finite impulse response, FIR)的濾波器，應用於數字訊號處理、易編成、運算量小，精準度較 IIR 低、線性相位，不同頻率分量經過 FIR 濾波器後相位不變，相對穩定、無歷史資訊(no analog history)、具因果性(causal)。

習作 **12-3** 結束

問題與討論

1. 請以習作 12-1 所撰寫的程式為主，對下列訊號作離散餘弦轉換，並將轉換結果繪出

   (1) $5\,sin(3\omega t) + 3cos\,(2\pi(t-5))$；

   (2) $7e^{j\frac{\pi}{5}t} + sin\,(3\pi t)$；

   (3) $3e^{j\frac{\pi}{3}(t-3)} + 3e^{-j\frac{\pi}{3}(t-3)} + 7e^{j\frac{\pi}{5}t}$；

2. 請以習作 12-3 所撰寫的程式為主，分別使用高通濾波器、帶通濾波器、低通濾波器，並利用濾波運算將下列訊號分離，顯示出濾波前後的頻譜圖做比較。

   (1) $5\,sin(3\omega t) + 3cos\,(2\pi(t-5))$；

   (2) $7e^{j\frac{\pi}{5}t} + sin\,(3\pi t)$；

   (3) $3e^{j\frac{\pi}{3}(t-3)} + 3e^{-j\frac{\pi}{3}(t-3)} + 7e^{j\frac{\pi}{5}t}$；

3. 挑戰題　請以第二題所撰寫的程式為主，將其中一個訊號做放大(振幅變大，例如乘上 10)，之後再相加回原本的訊號，觀察效果。

P3 總結三

本章節主要整合前幾章所述，提供應用層面的範例與架構，供讀者在往後實際面臨問題時的思考思路與解決方案的尋找方法。

Goal 目標

- 瞭解任意的訊號的本質與應用的關連性；
- 瞭解欲分析任意訊號時，該如何使用數學性質做推算；
- 實際練習，並瞭解如何選取合適的訊號處理架構或系統設計，以做為日後實作相關議題應用的基礎；

Key 關鍵名詞

- 動圈式麥克風 (Dynamic Microphone)
- 電容式麥克風 (Condenser Microphone)
- 原始資料 (Raw Data)
- 影格畫面 (frame)
- 像素 (pixel)
- 初始化 (Initialize)
- 無號數 (Unsigned)

總結三　訊號的轉換分析與實務探討

簡　介

一般感測(Sensing)實驗所得到的訊號數據，這些純數值有許多實質上的物理性質，例如：光學電磁波強度、被動電訊號感測、聲波振動之頻率與振幅，除了物理性質外，還有整體的面相探討，例如：輸入與輸出的關聯性、已知與未知的部份為何、如何利用關聯性與數學運算達到實驗所要探討的目的、資料來源為主動(完全自發性產生訊號至感測端做資料接收)還是被動(有特定載波(Carrier)變化，先輸入特定訊號至目標物，並觀察與分析目標物輸出至感測端的結果與輸入有何差異，以達到感測分析的目的)，而又依應用目標不同而有不同的系統設計方式，接下來將舉幾個簡單的例子進行概略性的介紹。

習作 **P3-1** 聲訊感測

目標：初步了解如何在個人電腦平台上，利用 LabVIEW 設計一般麥克風輸入聲音訊號的
分析程式。

　　　　一般麥克風分成兩種：動圈式麥克風(Dynamic Microphone)與電容
式麥克風(Condenser Microphone)，動圈式麥克風採用的是接收聲波震
動的薄膜、受薄膜震動牽制而移動的線圈與提供磁場產生電磁感應的環
境，因此被動接收聲波後，將主動接收到的聲音訊號經由移動的線圈與
電磁感應，轉為電訊號傳出；電容式麥克風則是透過聲波震動電容器的
一端，並固定另一端，使震動時，電容器間距產生變化，進而產生電壓
變化，由後端將電壓變化產生的訊號輸出，但電容本身需要電源以保持
儲存定量的電量，因此需外接電源。

　　　　而電腦的網路麥克風通常是動圈式麥克風，因此僅需接上便可收訊，
不需額外提供電源或加裝電池。以下將粗略介紹此訊號範例程式的設計
架構。在進行實作練習前，可先準備一個普通的麥克風，接在個人電腦
的麥克風輸入端供聲音訊號輸入。

　　　　在正式進入麥克風聲音輸入分析程式設計前，先介紹數位聲音訊號
的單位，通常在電腦上播放音樂檔或聲音檔時，可看見一個叫
kbps(Kilobytes per second, KB/sec)的單位，代表的是儲存每一秒的聲音所
佔的空間大小為多少 KB，以 MP3 的音樂檔案格式來說，通常為 256kbps
或 320kbps。

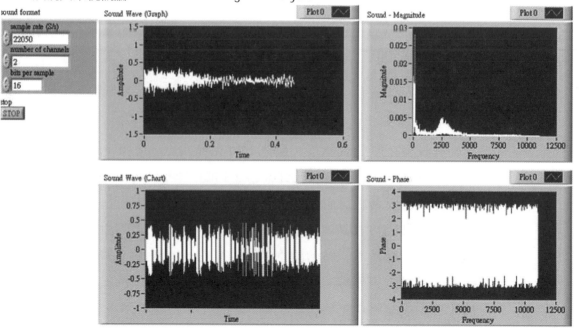

圖 P3.1a ex P3-1 sound-example.vi (Front Panel)

上圖中，左上方的數據，如圖顯示，sound format：sample rate(S/s)-22050、number of channels-2、bits per sample-16 為麥克風擷取聲波訊號的各個資訊，sample rate-22050 表示每秒有 22050 筆聲波變化的資料，越大時，代表取樣的頻率越高，取得的離散資料越趨近於連續時間的真實訊號，number of channels-2 表示輸入有左右兩個通道，bits per sample-16 表示每一筆資料的大小為 16bits(可表示範圍-32768～32767)，越大代表每一筆資料所佔的記憶體空間越大，但可表示範圍也越大或越精細(如果有小數點的話)。

左方兩張圖分別為麥克風音源輸入的 Graph 與 Chart，Graph 只顯示當次取樣的聲波，Chart 則顯示從程式執行開始到現在的聲波，可想像成，若將以上兩個資料依時間性播放，Graph 為即時從喇叭輸出聽到的聲音，Chart 則為整個聲音檔。右方兩張圖是對目前取樣的聲波進行初步的傅立葉運算後，得到的結果，分別是對應訊號組成成分頻率的強度大小(組成權重)(如右上圖)與各個組成成分訊號的起始時間點(如右下圖)，也就是聲波訊號的頻譜與相位圖。

本範例所用的是初步簡略的傳立葉運算，作為麥克風聲音訊號分析的基礎架構，由麥克風的資料擷取輸入，到後端取得資料後的運算示範，實際上的聲音訊號分析處理更為複雜，若有興趣可藉此程式作為設計基礎，往後研發做後續深入的音訊處理。

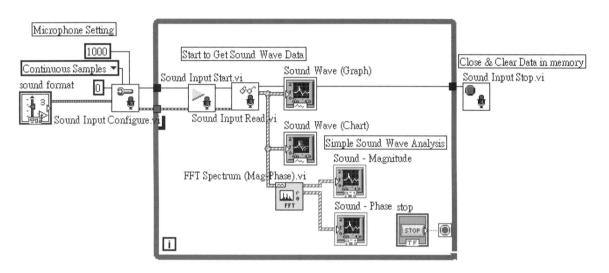

圖　P3.1b ex P3-1 sound-example.vi (Block Diagram)

程式設計方法(依步驟)

● 人機介面(Front Panel)

1. Express→Graph Indicators→Waveform Graph (Controls-Graph)新增波形的繪圖版面(Sound Wave(Graph)、Sound Wave(Chart)、Sound - Magnitude、Sound - Phase)。

● 程式方塊圖(Block Diagram)

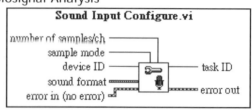

1. Programming → Graphics&Sound → Sound → Input → Sound Input Configure.vi 新增麥克風的各項設定：

   a. number of samples/ch 的部份，用滑鼠右鍵建立一個常數(Create→Constant)，在本範例是設定 1000，代表每個通道(聲音輸入分成左右通道，對應喇叭的左右耳輸出)在記憶體中最多可紀錄 1000 筆資料，大小將影響到整體效能，例如：每秒有 22050 筆資料，則一秒內就會重複對記憶體寫入、讀取、覆蓋、讀取、覆蓋、讀取、…，因為可以使用的記憶體空間只有 1000 個資料欄位。

   b. sample mode 的部份，建立一個常數，在本範例是設定 Continuous Samples，取樣資料較為密集。

   c. device ID 的部份，建立一個常數，設定為 0(只接一個麥克風時)，接很多時可利用此儀器編號做選取的動作。

   d. sound format 則建立一個控制項(Create→Control)，在使用者端可做各項聲音訊號擷取資料的內容設定。

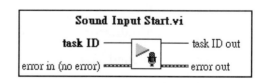

2. Programming→ Graphics&Sound→ Sound→ Input→ Sound Input Start.vi 新增麥克風聲音輸入的開始，此 VI 將會開始接收麥克風的聲音輸入，並轉成資料儲存在記憶體中做暫時儲存的動作，也就是暫時儲存到本範例先前設定的那 1000 個資料欄位。

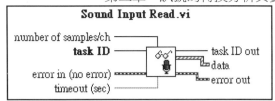

3. Programming→Graphics&Sound→Sound→Input→Sound Input Read.vi 新增麥克風聲音資料的讀取，此 VI 將會到方才聲音輸入資料暫時儲存的記憶體資料欄位中，將資料讀取出來，資料型態為依時間序列排序的數列，可接到繪圖版面 Sound Wave(Graph)、Sound Wave(Chart) 作顯示，而此數列也是後續作聲音訊號處理與分析的原始資料(Raw Data)。

4. Functions→Signal Processing→Waveform Measurements→FFT Spectrum (Mag-Phase).vi 新增波型傅立葉運算，做粗略的訊號頻譜分析，可接到繪圖版面 Sound - Magnitude、Sound - Phase 作顯示。

5. Programming→Graphics&Sound→Sound→Input→Sound Input Stop.vi 新增麥克風聲音輸入的停止與記憶體資料欄位清除的 VI，做整個分析程式的結束，釋放分析程式執行時所佔用的記憶體資源以及結束程式與麥克風裝置的連結。為了使程式的執行順序正常，建議在進行練習時，若欲使程式結束，使用 While 迴圈的停止按鈕(stop)，讓 Sound Input Stop.vi 在結束前有執行到，作硬體資源釋放的動作。

習作 **P3-1** 結束

習作 P3-2 光訊號感測

目標：瞭解影像與訊號之間的關係，了解如何利用訊號處理在實際影像分析上進行實作與應用，並了解如何在個人電腦平台上，利用 LabVIEW 設計一般數位影像輸入訊號的分析程式。

為了在一般情況下均能順利練習此範例，光學感測的部份選用的是網路攝影機(Webcam)，經由內部光學感測面板(感光耦合元件, Charge Coupled Device, CCD 或互補性氧化金屬半導體, Complementary Metal-Oxide Semiconductor, CMOS)，擷取光學影像訊號作為本習作的訊號來源。

在訊號的觀點，一個二維的連續時間變化的影像其實是由許多一維的連續時間變化的訊號排列整齊後組合而成的，以資訊的觀點來看，一個連續時間變化的影像是由許多張照片依照時間先後順序排列組合而成，這些組合的照片稱為**影格畫面(frame)**，當一秒內所含有的影格畫面越多，表現出來的影像將會更流暢，相對於訊號的部份則是表示一秒內的取樣頻率越高，一秒內所取得到的資料量越多，越趨近於真實情況

例如一般的網路攝影機，通常有個單位叫 fps (frames per second)，代表的是每一秒的影像是由多少張影格畫面所組成，越高時畫面將會越流暢，對於每一種特定顯示目的或者顯示功能的儀器與程式而言，亦有不同的 fps 範圍，舉例來說：網路攝影機約為 30fps 到 90fps、遊戲約為 60fps，若欲計算一個影片的檔案大小時，可利用 fps 透過一些運算，將一秒鐘的影格畫面乘上一個影格畫面所佔的大小為多少 KB 或 MB，再與一秒鐘的聲音所佔的大小為多少 KB(即為 kbps)，便可算出一秒鐘的影片大小，再與總長度(總共的片長時間)便可計算出整體影片大小。

以下將先粗略介紹透過網路攝影機擷取影像訊號的範例程式的設計架構。在進行實作練習前，可先準備一個普通的網路攝影機，安裝好各自的硬體驅動程式，接在個人電腦的麥克風輸入端供影像訊號輸入，在本範例中所使用的是接在 USB 上的網路攝影機。

Source Image

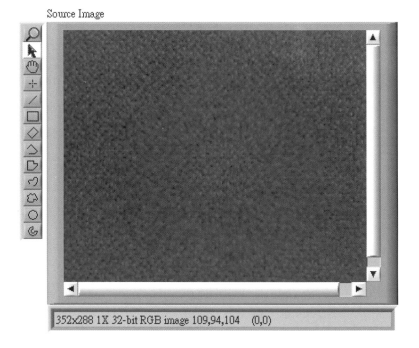

圖　P3.2a ex P3-2-1 WebCAM-example.vi (Front Panel)

　　在上圖的下方可看見影像的一些資訊，352×288為畫面大小，此大小所代表的是，此影像畫面是由$352 \times 288 = 101376$，總共 101376 個有顏色的點(pixel, 又稱像素)所組合而成，隨著時間的變化，每一個點的顏色都會有所變化，組合而成的畫面便有了連續的動作變化；以訊號的觀點來看，此網路攝影機所擷取到的畫面影像是由$352 \times 288 = 101376$，總共 101376 個訊號以352×288的排列組合方式組合而成，每一個訊號在影像畫面的空間上均在各自的位置代表一個有顏色的點，且此訊號是會隨著時間而有連續的變化，因此影像的資訊除了訊號本身所含的時間變化資訊之外，還有外加排列組合的空間上的資訊，因此，訊號或顏色點所排列組合而成的是一整張的畫面，而因為有時間連續性的變化，進

而產生影像。

32bits RGB image 代表的是，101376 個訊號或顏色點本身又是由三種不同類別的訊號或顏色點所組合而成，分別是紅色(Red)、綠色(Green)、藍色(Blue)，合稱 RGB，到這裡可以看出，在數位的世界裡，所有的顏色都是由上述的三種顏色混合而成的，而對應每一個顏色組成點或顏色組成訊號儲存時所佔的空間大小為 8bits，所以一個顏色點或訊號的大小是 8bits × 3 = 24bits，但是考量到傳輸效率，一般會將所佔空間延伸至 32bits(在此先不詳述)。

本範例將會先初步介紹如何將網路攝影機拍攝到的影像，利用 LabVIEW 將資料取出，另外在藉由一個進階的範例說明，取得到影像後，如何利用訊號處理來對影像做進一步的分析。

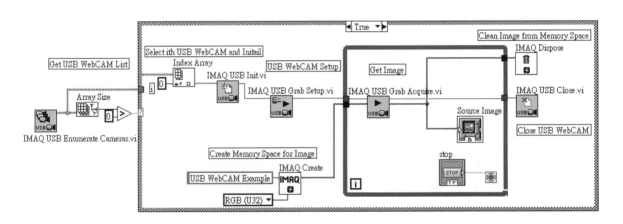

圖 P3.2b ex P3-2-1 WebCAM-example.vi (Block Diagram)

程式設計方法(依步驟)

● 人機介面(Front Panel)

1. Vision→Image Display 新增影像畫面的顯示版面(Source Image)。

● 程式方塊圖(Block Diagram)

在設計下述 USB WebCAM 範例程式前，需到 NI 網頁下載 NI-「IMAQ for USB Cameras」並安裝「NI Vision Development Module 8.6」。

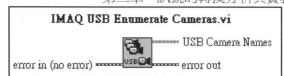

1. Vision and Motion→IMAQ USB→IMAQ USB Enumerate Camera.vi 新增網路攝影機的找尋 VI，功用在於尋找出所有可用的 USB 網路攝影機，並利用 Programming→Structures→Case Structure 做初步的判別，若尋找出來的 USB 網路攝影機列表不是空的(列表長度大於 0)，才作進一步的動作。

2. Programming→Array→Index Array 新增選取陣列元素的 VI，輸入方才取得的 USB 網路攝影機列表，選取所要操作的網路攝影機(在本範例程式中是以輸入 0 來選取列表中第一台網路攝影機)。

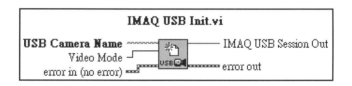

3. Vision and Motion→IMAQ USB→IMAQ USB Init.vi 新增網路攝影機的初期開始的設定(初始化)與顯示模式選取(Video Mode)，顯示模式將依廠牌的不同而提供不同的模式，編號是 0~n。

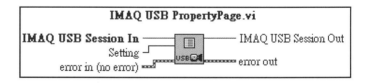

4. 若想做更進一步的設定可使用 Vision and Motion→IMAQ USB→IMAQ

USB PropertyPage.vi 新增詳細設定，接法如下：

使用後將會跳出網路攝影機的設定視窗，如下圖，畫面播放速率即為前面所提到的 fps，畫面更新速度，代表每一秒的影像裡有多少張畫面。

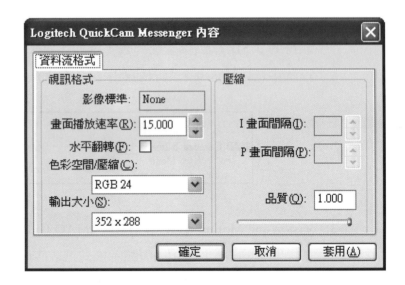

5. Vision and Motion→IMAQ USB→IMAQ USB Grab Setup.vi 新增畫面抓取的各項設定，目的在於做好影像輸入時連續播放的各個準備，例如：在網路攝影機經過初始化(Initialize)後，硬體設備本身已準備好(Ready)，但硬體與程式和系統之間該如何傳送資料，此部份確尚未設定，為了能持續連續且快速的抓取多張影像，需藉此 VI 做事前的準備。

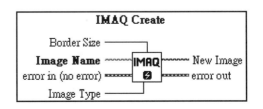

6. Vision and Motion→Vision Utilities→Image Management→IMAQ Create 新增一個創造儲存畫面用的空間的 VI，作用在於，透過網路攝影機擷取到的許多張畫面，在電腦裡需要有一個儲存的地方，也就是在記憶體上需要有專屬的存放空間，首先設定 Image Name，替存放的空間取一個名稱，供之後若有需要在其他地方使用特定的畫面時，可藉此名稱找到這個空間，進而取得特定的畫面，Image Type 則是有以下多

種格式的選擇：

```
Grayscale (U8)
Grayscale (I16)
Grayscale (SGL)
Complex (CSG)
✓ RGB (U32)
HSL (U32)
RGB (U64)
Grayscale (U16)
```

灰階影像(Grayscale)，僅儲存黑白畫面、複數影像(Complex)，用以儲存完整的影像訊號、彩色影像(RGB, HSL)，三原色 RGB 與另一種感知顏色的表示方式 HSL，其中 HSL 分別代表色相(Hue)，顏色本身是偏哪種顏色、飽和度(Saturation)，顏色本身所含色彩的純度，純度越高越鮮豔、明亮度(Lightness)。

7. Vision and Motion→IMAQ USB→IMAQ USB Grab Acquire.vi 新增影像擷取的 VI，輸入部分(Image in)為記憶體存放的空間位置，輸出(Image out)則是取得到的影像畫面，值得注意的是，至此，便可取得到分析的影像資料，也就是方才輸出的影像畫面，後面將用一個簡單的分析運算範例來解說與示範。而為了持續擷取畫面並做連續的播放動作，

本範例程式在此用 Programming→Structures→While Loop 的迴圈，重複執行影像擷取與顯示的動作，直到按下停止按鈕。

8. Vision and Motion→IMAQ USB→IMAQ USB Close.vi 新增網路攝影機的停用，來結束對 USB 網路攝影機的操作，以確保程序正常結束，硬體與程式和系統之間不會再有任何資料流通。

9. Vision and Motion→Vision Utilities→Image Management→IMAQ Dispose 新增記憶體空間釋放的 VI，將先前用來存放網路攝影機所擷取到的影像畫面的空間歸還，使其他程式若有需要能夠使用這個記憶體空間，避免造成資源佔用。

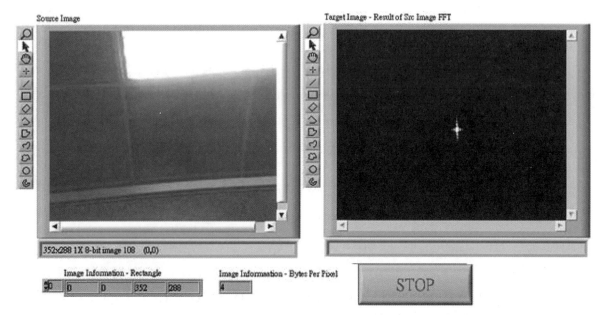

圖 P3.2c ex P3-2-2 WebCAM-FFT-example.vi (Front Panel)

上圖可看見影像的初步處理與分析，左方為網路攝影機所拍攝到的原始影像，右方則是經過二維影像快速傅立葉運算得到的結果。在數位影像的組成顏色點的大小通常為 8bits，以 RGB 為例，紅色的點 8bits，綠色的點 8bits，藍色的點 8bits，總共 24bits，且通常為無號數(Unsigned)，也就是無正負之分，均為正整數，8bits 可表示的數值範圍是 0~255(共 $2^8 = 256$個數字)，其中在黑白的灰階世界裡，黑色為 0，白色為 255，其他之間的為灰色。

0   255

在右方二維影像快速傅立葉運算結果中，可看到圖的中心很明亮(白色)，
而週遭大部分是黑色(數值等於 0)，而圖的結果，中心代表高頻的部分，
外圍則是低頻的部分，影像的高頻除了每個組成點或組成訊號本身的變
化之外，還有空間上的變化，綜合起來，在影像中若是邊界(Edge)的部份
即為高頻，若是顏色很均勻部份就是低頻。

若在影像上，則所有的線條均屬於高頻，其他填色部份為低頻

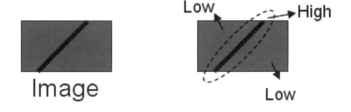

有了影像的頻譜後，便可做更進一步的處理，例如經過濾波(filtering)的
運算，可以保留高頻過濾低頻，使影像只留下線條變化的畫面；或過濾
高頻保留低頻，使影像留下填色的模糊色塊。

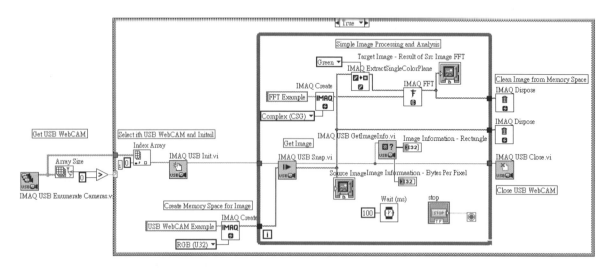

圖 P3.2d ex P3-2-2 WebCAM-FFT-example.vi (Block Diagram)

在介紹實做練習前，先解說一個與先前範例相異之處

前一個範例：

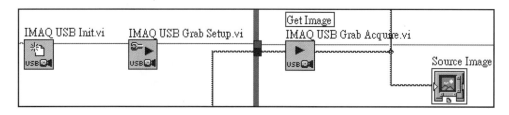

本次分析實做範例：

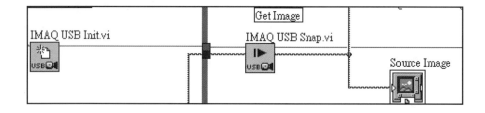

其中可以發現到，除去了連續播放用的硬體設定(IMAQ USB Grab Setup.vi)與連續擷取影像 VI(IMAQ USB Grab Acquire.vi)，取而代之的是抓取單張影像的快拍擷取影像 VI(IMAQ USB Snap.vi)，單位時間內僅擷取一張畫面，因此不需要是前做設定，且用單張的影像做分析運算可以

降低練習的複雜度，因此單位時間內僅需考慮處理一張圖片即可。

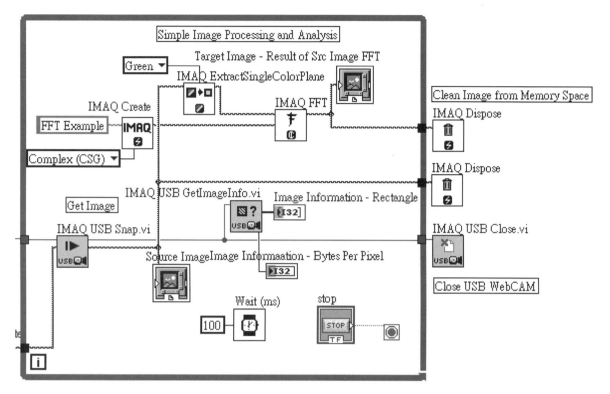

圖 P3.2e ex P3-2-2 WebCAM-FFT-example.vi (Block Diagram)

前方網路攝影機設定的部份除了上述的差異之外，其他均相同。

程式設計方法(依步驟)

● 人機介面(Front Panel)

1. Vision→Image Display 新增影像畫面的顯示版面(Source Image、Target Image - Result of Src Image FFT)。

● 程式方塊圖(Block Diagram)

1. Vision and Motion→IMAQ USB→IMAQ USB Snap.vi 新增快拍擷取影像 VI，取得到的為單張的影像畫面。

2. Vision and Motion→Vision Utilities→Image Management→IMAQ Create 新增一個創造儲存畫面用的空間，Image type 選擇複數畫面 (Complex(CSG))，因為接下來的傅立葉運算是屬於訊號資料運算，計算的對象是複數，此空間用來儲存分析運算後的結果影像圖。

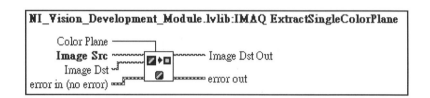

3. Vision and Motion → Vision Utilities → Color Utilities → IMAQ ExtractSingleColorPlane 新增影像組成分離的 VI，以 RGB 為例，所有的影像均由三張對應三個顏色(紅色、綠色、藍色)的畫面組合而成，但二維影像傅立葉運算一次只能對一張影像畫面進行運算，因此要做選取與分離的動作，分別對三張畫面做運算，在本範例只對綠色畫面做傅立葉轉換。

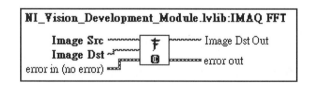

4. Vision and Motion→Image Processing→Frequency Domain→IMAQ FFT 新增二維影像傅立葉運算，Image Src 輸入欲轉換的畫面，Image Dst 則是輸入存放轉換後的影像的空間位置，將結果透過人機介面設計端建立的顯示版面做顯示。

5. Vision and Motion → Vision Utilities → Image Management → IMAQ Dispose 新增記憶體空間釋放的 VI，將程式中所有用來存放影像的記憶體位置釋放成可使用的資源在系統中。

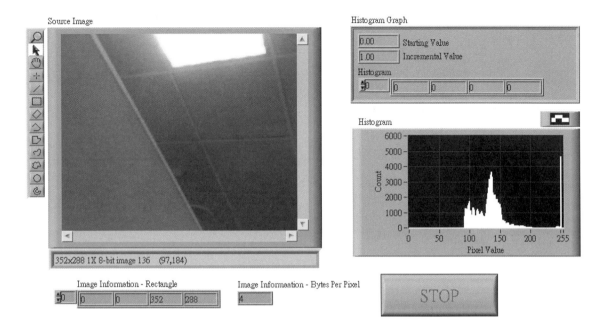

圖　P3.2f ex P3-2-3 WebCAM-Histogram-example.vi (Front Panel)

　　以上爲另一個範例，製作直方圖(Histogram)，統計 8bits 的顏色對應數值 0~255，每個數值的點在影像畫面中共有多少個，爲常見的影像處理分析的資訊之一，供參考，由於與訊號處理有一點遠，在此便不多做詳述。實際上的影像分析處理更爲複雜，若有興趣可藉此程式作爲設計基礎，往後研發做後續深入的即時影像處理。

習作 **P3-2** 結束

問題與討論

1. 請以習作 P3-1 所撰寫的程式為主，將透過麥克風擷取到的聲音訊號分別做傅立葉轉換與拉普拉斯轉換，將結果繪出，並比較兩者的結果。

2. 請以習作 P3-1 所撰寫的程式為主，將透過麥克風擷取到的聲音訊號分別做高通濾波與低通濾波，將結果繪出，並比較濾波前後的結果。

3. 挑戰題 請以習作 P3-2 所撰寫的程式為主，將擷取到的影像利用 Vision and Motion→Image Processing 設計影像分析，分別做低通濾波(filters→IMAQ LowPass)、傅立葉轉換(Frequency Domain→IMAQ FFT)，繪出結果並做分析。

4. 挑戰題 請以習作 P3-2 所撰寫的程式為主，將擷取到的影像利用 Vision and Motion→Image Processing 設計影像分析，分別做梯度運算 Gradient、平滑化 Smoothing，繪出影像處理結果並做分析。

    提示：先利用 Vision and Motion→Image Processing→filters→ IMAQ GetKernel ，新增 Kernel 轉換核心後，再將影像與 Kernel 做摺積(Vision and Motion→Image Processing→filter →IMAQ Convolute)。

S1 補充資料一

本章節主要介紹訊號資料處理與LabVIEW程式設計實作的概念總括，隨連續時間變化的訊號，如何利用合適的資料型態做運算，達到處理與分析的目的。

G目標
oal

- 瞭解LabVIEW程式流程設計的資料流概念；
- 瞭解程式執行的順序(程序)控制設計與資料型態；
- 實際練習，並瞭解各個程式設計元件各自所代表的意義與流程的控制設計，以做為日後LabVIEW程式實作應用的基礎；

K關鍵名詞
ey

- 資料型態 (Data Type)
- 陣列 (Array)
- 設計元件 (VI)
- 資料流 (Data flow)

利用 LabVIEW 分析
訊號(一)

S1

簡 介

　　由外部訊號擷取得到的資料，依照本身數學性質的不同，雖然對任何擷取到的訊號資料，在硬體上儲存方式都是一樣的(無論是硬碟、記憶體、快取記憶體)，但是由於存取時資料型態的不同，而有不同的資料存取方式。例如：同樣長度的資料(例如：32bits)，型態若為雙精度浮點數(有小數點的數)，則表示的數值精確度可到小數點以後十四位數。型態若為整數的話，則無法儲存小數點以後的資訊，但是卻可以表示較大的正整數與較小的負整數。

　　除了資料儲存的型態所代表的意義與操作運算有所不同外，配合許多執行程序上的流程控制設計以及儲存資料的存取結構，訊號分析處理程式的設計方式變得更多元化與更多選擇。而如何有效組合與利用這些元件解決實際的問題，便是以下將介紹的部份。

習作 **S1-1**　訊號資料的表示

目標：了解數位訊號的資料性質(資料型態，Data Type)與儲存、紀錄的方式。

　　通常真實世界的訊號均為時間連續的類比訊號，經過硬體感測元件、類比-數位轉換器後，擷取到的訊號資料則會轉為離散的數位訊號資料，並依據擷取資料的頻率(每秒抓取的資料數)大小，決定訊號儲存與處理的資料量。

　　一個隨時間連續變化的訊號，經過擷取與轉置後，以序列數值(又稱陣列，Array)儲存在記憶空間(硬碟、記憶體、資料庫、記憶卡、…)，位置的前後順序代表資料時間點的先後順序，數值之解析度代表取樣的密集度以及取樣的時段長短。在此，先簡單介紹訊號資料型態與表示的基本概念，並輔以簡易範例程式來進行說明。

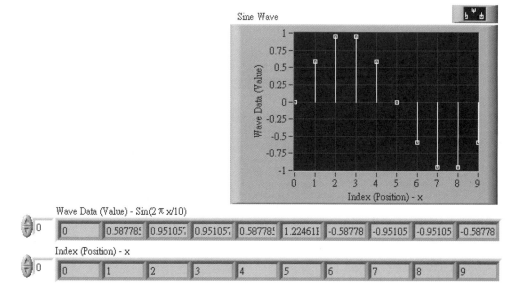

在上圖中，可看到上方為正弦訊號的取樣資料，一個週期總共取 10 筆資料，波形資料 Wave Data 總共 10 筆依序顯示在下方，而序列的排列位置則顯示在最下方的 Index 中，若欲選取擷取資料 (Select)或進行其他動作，則須透過序列的排列位置來存取(Access)。

在詳述常用的訊號程式流程的設計概念前，先簡述 LabVIEW 內部所提供常用的設計元件(VI)，透過佈置與連接這些設計元件，將程式本身的執行流程建置在人機介面端的背後(程式方塊圖，Block Diagram)，並將在以下介紹資料流(Data flow)的概念。

程式設計介紹

● 程式方塊圖(Block Diagram)

經由點擊滑鼠右鍵所呈現出來的選單稱為程式設計的元件選單(VI list)，亦稱之為函數面板(Function Palette)，設計程式時所需用到的所有設計元件均由此點選出來，然後，放置到程式方塊圖上。

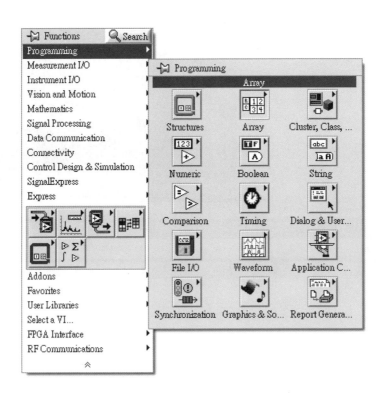

在介紹設計流程與架構前，先簡介一下很重要的基本操作，對於所有的設計元件(VI)，也就是任何從右鍵選單中經滑鼠拖曳放置到設計版面

上的小方塊，都會有許多複雜的接點(例如 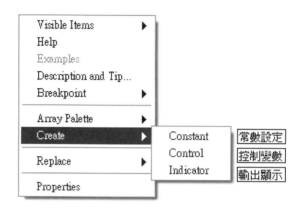)，設計程式流程便是將眾多的設計元件利用連線的方式，設計與控制資料流的流動來做運算和程序控制。但是往往接點的設定並不是那麼容易理解該建立哪些設計元件或輸入哪些適合的設定，使流程控制變的複雜許多。

在任何的接點上，按下滑鼠右鍵，可看到一個新增建立(Create)的選項，可提供建立：常數設定(Constant)、控制變數(Control)、輸出顯示(Indicator)。在未知設定內容或輸入的資料型態情況下，利用此功能，能快速且方便的使用設計元件，並藉此慢慢了解設計元件的功能與使用方式。

另外，介紹一個常用的功能，LabVIEW 本身的變數資料都存在於記憶體中，但像是控制輸入(Control)、常數設定(Constant)、顯示輸出(Indicator)卻有差異，如下：

為了便於操作，LabVIEW 有提供三者互相轉換功能，可於元件上按右鍵，選 Change to Indicator 或 Change to Constant 或 Change to Control 即可。這個互相轉換功能是個常被利用的功能，例如：針對 Local Variable 物件，亦有 Change to Read、Change to Write 的轉換功能，使用方法與功用都相同。

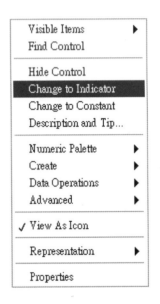

函數面板內的子面板，有幾種分類：**資料結構(Data Type)**、**資料形態(Data Representation)**、**資料操作(Data Operation)**。第一種所屬的功能，大都用在管理程式，有程式架構子面板(Structure Subpalette)、陣列子面板(Array Subpalette)、叢集子面板等(Cluster Subpalette)。第二種所述功能，用在變數呈現、數值計算、布林邏輯、比對、時間處理、波形處理等，有數值子面板(Numeric Subpalette)、布林子面板(Boolean Subpalette)、字串子面板(String Subpalette)、時間子面板(Timing Subpalette)、波形子面板(Waveform Subpalette)等等；第三種所屬之功能，主要應用在處理比對、檔案輸出入、介面操作、圖形操作等功能，有比較子面板(Comparison Subpalette)、檔案出輸入子面板(File I/O Subpalette)、繪圖與聲訊子面板(Graphic & Sound Subpalette)等。

流程架構子面板(Structure　Subpalette) **Structures** ，主要用來設計程式整體

流程的執行順序或控制資料流動的方向，一般設計方向爲由左到右。

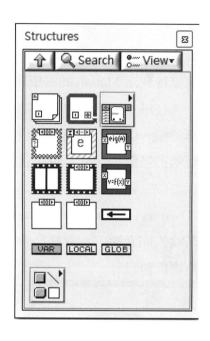

相關的物件功能與操作，列表如下：

For Loop	常用於已知執行的總次數 N 時，在內部設計每一次所要執行的內容，並由變數 i 得知執行到第幾次(例如：一本書的總頁數 N 以及每一頁的頁碼 i)。
While Loop	常用於未知執行總次數，但知道終止條件 ◉ 或持續重複執行 ↻ 的條件。
條件架構 (Case Structure)	常用於條件式的流程控制，當前述的條件 ▮ 成立時，執行符合條件的設計流程 ◀ True ▼ ，條件不成立時，執行其他

	情況的處理設計 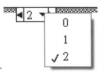。條件也可為很多種，例如；輸入條件判斷為數值 ，則條件判斷後，可針對各個條件進行不同的程序設計 。
Math Script	可直接利用 Matlab 的數學語法進行設計；輸出入之產生，可在建立後，於藍色邊界上點擊滑鼠右鍵，產生對應於數學運算的輸入(Add Input)與輸出(Add Output)；至於輸入與輸出之資料形態變更部分，可在其對於的 Math Script 邊框上輸出入通道按右鍵來更改之，例如，可變更為 Scalar、1D-Array、2D-Array、Matrix、Add-ons 等不同的資料形態。請留意，倘若輸入或者輸出之資料形態有所變更，則所對應的數學語法也需重新設計。 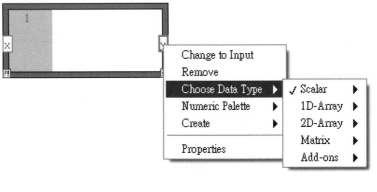

序列架構 (Sequence Structure)	更直覺的設計程式流程，可分頁、分段撰寫與設計程式。
區域變數 (Local Variable) LOCAL	可在同一個程式中成為任何一個使用過的變數。剛建立好會看到 ，利用前面所提到的，點擊滑鼠右鍵，選 Change to Read 可轉為 ，在問號上點擊滑鼠即可做選擇，選項為程式內部所有的變數。

陣列子面板(Array Subpalette) Array ，相同資料形態的最佳放置方式。也

就是說，幾乎所有連續時間感測擷取到的訊號資料均會轉爲此資料型態，爲一連串的數字序列(一個維度，例如：聲音訊號)，或是大量規律排列的數字序列(二個維度，例如：影像訊號)，或是更多維度的訊號資料，均會以此結構做資料的存取(儲存、操作、運算)。

資料陣列結構：

可藉由初始化陣列(Initialize Array) 建立想要的陣列結構。

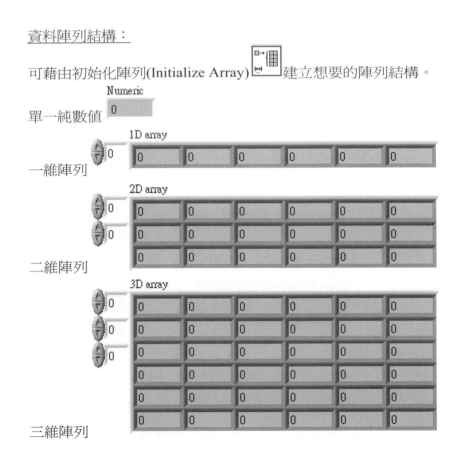

單一純數值

一維陣列

二維陣列

三維陣列

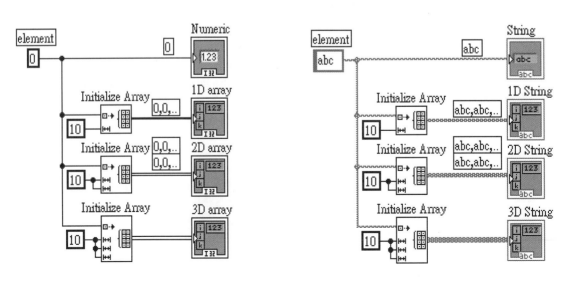

資料陣列存取與操作：

對於任何數值序列的陣列資料，可透過內部提供的小方塊進行操作，例

如：取得陣列大小(Array Size) 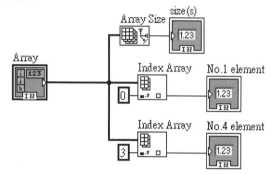、資料選取(Index Array) ，下

面為一個設計的範例。

顯示結果：

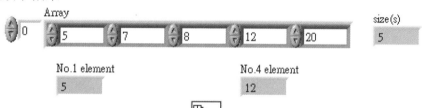

其中，陣列存取(Index Array) 又可利用滑鼠將其下拉，更改成

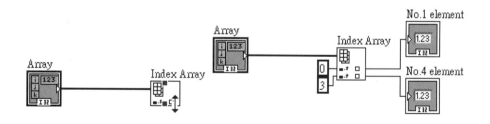

資料陣列合併(Insert Into Array) 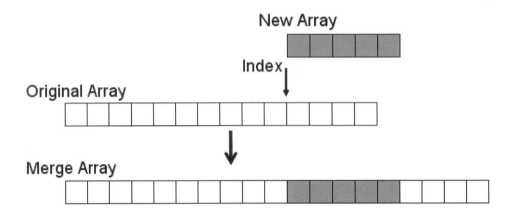 ：

需給定一個位置(Index)在原始輸入的陣列中，再將新陣列插入其中。

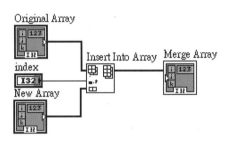

建構陣列(Build Array) ，用於合併陣列的操作元件。

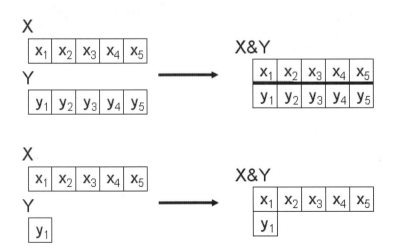

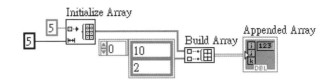

叢集子面板(Cluster Subpalette 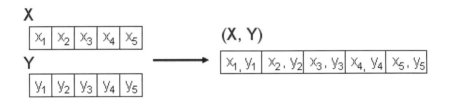，與陣列類似，但最大差異在於：資料形態之組成不需要限制為相同型態。也就是說，不管資料形態相同與否，則建立群聚的變數。此型態非常適用於波形處理與運算。Index & Bundle Cluster Array：若想對陣列內容分群，例如繪圖需要有座標(x, y, z, ...)的陣列時，便可使用此功能。

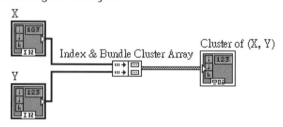

更多關於陣列運算之程式範例請參照「ex 13-1-3 array control.vi」

數值子面板(Numeric Subpalette) Numeric ，主要提供眾多型態的數值，來
進行變數運算。

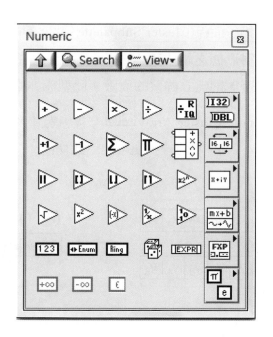

除了一些加減乘除的運算之外，在資料形態上要特別注意，例如：有小
數點的倍精度浮點數(Double)、無小數點的整數(Integer)、有實數與虛數
的複數(Complex)、無正負號的無號數(Unsigned)。這些形態的選擇會影響
計算的結果、以及表達方式。

以數值 123.123456789 為例：

上述建立方式，先用 Programming→Numeric→Numeric Constant 建立一個常數，之後在其接點上按滑鼠右鍵，Create→Indicator 來建立顯示，在顯示上按右鍵選 Representation，便可改變顯示數值型態。

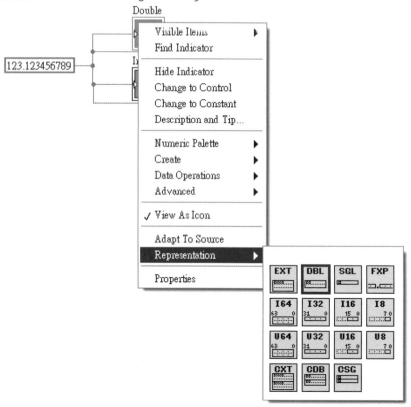

若輸入數值為-123.123456789，則採用不同的資料形態的顯示，結果如下所示：

Double	Integer	Complex	Unsigned
-123.12345679	-123	-123.123 +0 i	0

另外，因為設計程式流程的版面有限，通常會將變數在程式方塊圖上的呈現方式，從圖示(Icon)的呈現方式，轉換成較小的呈現方式，如此，則方便看清流程而不至於太過凌亂。圖示呈現方式之變化，不會影響此物件的功能。

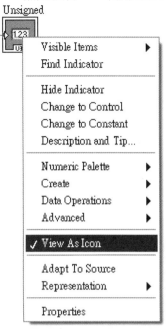

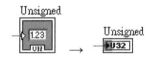

　　相關的物件功能與操作，列表如下：

公式運算結點 (Expression Node) [EXPR]	用於運算單一變數的算式結果，對訊號處理而言，通常變數主要為時間(t)或頻率(f)，若為簡便的單一變數運算，便可使用此元件。
亂數(Random Number)	產生雙精確度(double-precision)、浮點數(floating-point)的數值，其輸出範圍高於或等於 0，但小於 1。倘若要提高輸出數值的位數，則可以乘上一定比例的倍數。另外，機率密度分布為 uniform 型態。

關於數值面板內的相關子面板，節錄部分在此書用上．

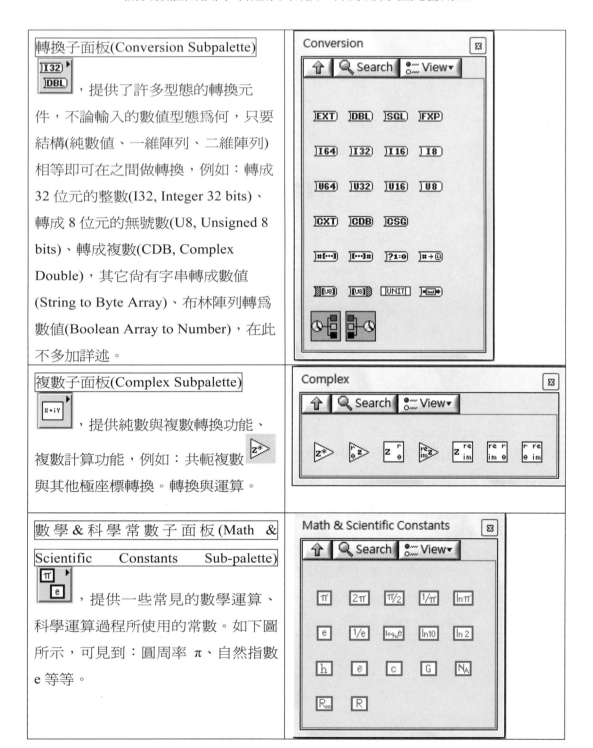

轉換子面板(Conversion Subpalette)，提供了許多型態的轉換元件，不論輸入的數值型態為何，只要結構(純數值、一維陣列、二維陣列)相等即可在之間做轉換，例如：轉成32位元的整數(I32, Integer 32 bits)、轉成8位元的無號數(U8, Unsigned 8 bits)、轉成複數(CDB, Complex Double)，其它尚有字串轉成數值(String to Byte Array)、布林陣列轉為數值(Boolean Array to Number)，在此不多加詳述。

複數子面板(Complex Subpalette)，提供純數與複數轉換功能、複數計算功能，例如：共軛複數與其他極座標轉換。轉換與運算。

數學&科學常數子面板(Math & Scientific Constants Sub-palette)，提供一些常見的數學運算、科學運算過程所使用的常數。如下圖所示，可見到：圓周率 π、自然指數 e 等等。

布林子面板(Boolean Sub-palette) Boolean，此字面板主要提供布林運算過程所需要的元件。由於布林邏輯呈現只有兩個狀態(亦稱值)：0(false, 假)、1(true, 真)，用於表示邏輯性判斷與判別(條件是否符合)的結果。另外，Number to Boolean Array 用來進行十進位轉換至二進位，並且輸出為陣列形態，也就是說，倘若採用 I32 來呈現十進位數值，透過此功能可轉成一個長度 32、布林邏輯的陣列。

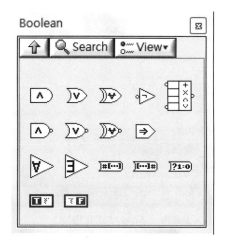

字串子面板(String Sub-palette) String，字元(Character)組成的陣列稱為字串(String)，每個字元內容代表的是 ASCII (American Standard Code for Information Interchange, 美國訊息互換標準編碼)的數值，為 1byte=8bits(數值為 0~255)，對應 256 個符號，包含二十六個字母、空白、括號、加號、底線、各種符號。

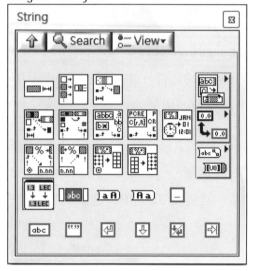

以「String Example」爲例，其字串與其 ASCII 值對照如下：

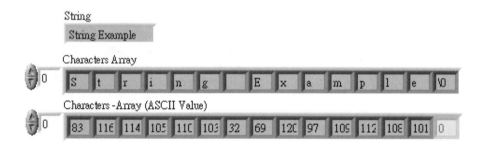

比較子面板(Comparison Subpalette) Comparison，用來做兩個條件狀態、變數、字串的比較，常用的功能有：相等? 、不相等? 、大於? 、小於? 、…，例如，輸入比較的兩個數值，輸出邏輯判別的結果，以真假值(布林值)表示；另外，倘若兩個欲比較的陣列，其中，此陣列之資料型態爲數值，且陣列長度不一，則比較結果之輸出亦爲陣列，其中，輸出陣列之資料型態爲布林邏輯，且輸入陣列與輸出陣列之位置(index)要所有對應。**倘若兩個欲比較陣列長度不同，則輸出陣列之長度以兩個輸入陣列之最小長度爲核**；選擇(Select) ，用在條件選擇。可輸入數值、布林、陣列、…等等不同資料形態的變數；最大&最小(Max & Min) ，比對輸入變數之大小外，且輸出(回傳)最大值與最小值分別

爲何。

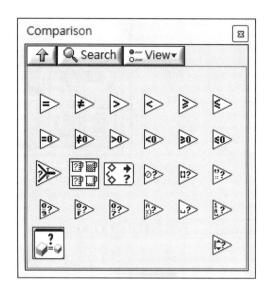

時間子面板(Timing Subpalette) ，用來控制執行流程時序；等待

(Wait (ms)) 與 Wait Until Next ms Multiple ，都用於控制

Sequence 或 Loop 的執行時間(每個步驟要等多少微秒執行)、或用於儀器

控制、資料擷取的延遲時間；後者最大不同在於等待時間爲固定周期的

倍數。也就是說，倘若使用在 Loop 內，則可以確保每此延遲時間爲固

定周期、或者固定周期的整數倍。

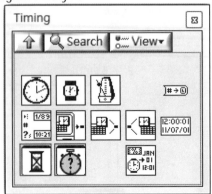

檔案輸出入子面板(File I/O Subpalette) File I/O，用來處理資料的載入與存檔。函數可依據處理的效益分成三個層次，有上層、中層、及底層的功能函數，在此介紹兩個最上層且廣泛使用的函數：

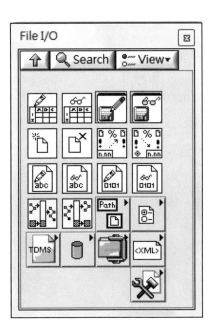

讀取檔案(Read File)

Read From Spreadsheet File.vi

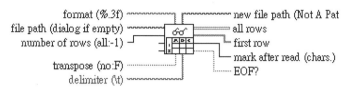

使用範例:	
檔案路徑：C:\test.csv	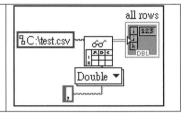
資料分隔：,	
資料輸出：all rows	

寫入檔案(Write File)

Write To Spreadsheet File.vi

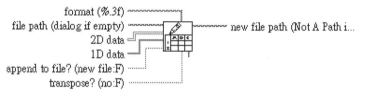

使用範例:	
資料輸入：2D data	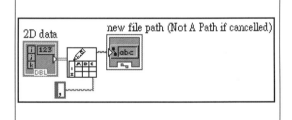
資料分隔：,	
檔案輸出：new file path	

波形子面板(Waveform Subpalette) Waveform ，用來處理訊號、波形的功能，內部提供了許多時間序列資料的訊號分析，大部分的運算均以波形的資料型態與結構做為輸入，與陣列最大的不同在於：除了連續的數字序列外，多加上了許多額外的資訊，例如數字序列彼此的間隔時間。也就是說，波形的資料形態包含著初始時間、時間差(取樣週期)、數值陣列等三個資料形態，前兩者為數值型態，後者為陣列形態。更進一步的內容將在下一章進行介紹。

繪圖與聲訊子面板(Graphics & Sound Subpalette) Graphics & ... ，主要提供更進階的繪圖功能 與聲音處理 。對於前者的應用，特別在 3D 顯示所擷取的訊號與系統呈現。

習作 **S1-1** 結束

習作 **S1-2**　訊號波與資料擷取

目標：瞭解資料流的設計架構與實際應用時的存取(Access)

　　　　介紹完 LabVIEW 內部所提供常用的設計元件(VI)與資料流(Data flow)的概念後，回到訊號處理的流程設計。

以下介紹的是訊號資料的存取(Access)架構。

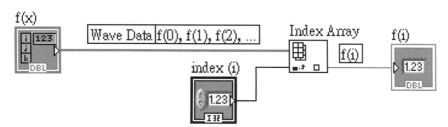

任意擷取的訊號資料序列 *f(x)*，若想對特定時間的數值做選取或運算，則可採用上圖的架構，輸入為一連串的序列數字，透過資料選取(Index Array)來存取。

　　而若欲對每個時間點的訊號數值都做處理與運算的話，可加入迴圈(Loop)的控制架構。迴圈總執行次數 N 為資料的總個數(資料總筆數)，利用取得陣列大小(Array Size) ▦ 來取得，對於每一筆的資料利用迴圈的 Index i ⬜ 來取得。

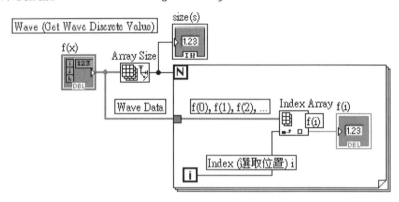

以正弦訊號(Sine Wave)為例。

正弦的數值運算在 Mathematics→Trigonometric Functions→Sine。

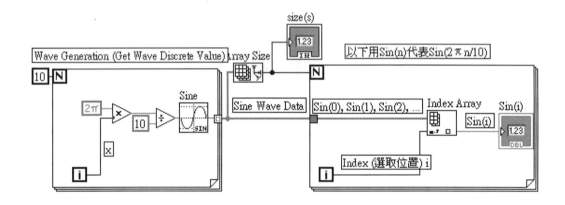

　　訊號的處理與分析上，經常會使用到過去的資訊，例如：遞迴公式 $f(x) = f(x-1) + 1, f(0) = 0$ 或熟知的費式數列(費波那契數列) $f(x) = f(x-1) + f(x-2), f(0) = 0, f(1) = 1$，設計上則需在迴圈上加上 Shift Register (如下圖所示)，在迴圈邊界上按滑鼠右鍵。

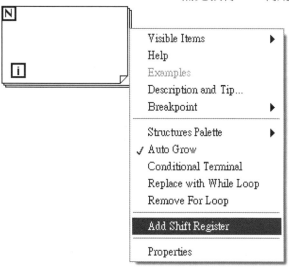

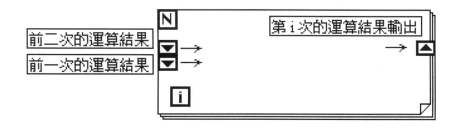

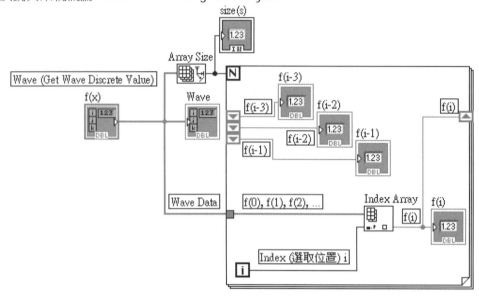

以正弦訊號(Sine Wave)為例。

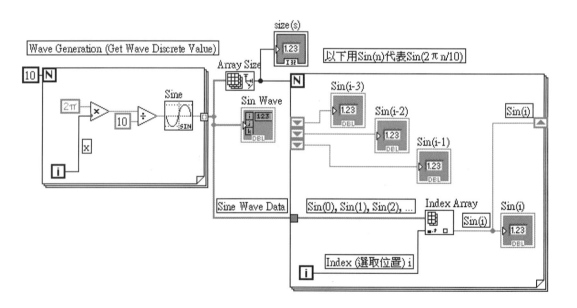

顯示結果：

範例所顯示的是最後一次的結果，離開迴圈後，左方的 Shift Register 所存放的便是最後三次執行迴圈的結果。

　　另外，有時候進行訊號數值處理與運算後的結果，並非一個純數值，而是一連串的數值序列(數列)，在迴圈控制中，For 迴圈邊界上有一些資料的輸入輸出型態，分別是有序列性的資料-▢- (Enable Indexing)與保持結構不變的直接傳入傳出-■- (Disable Indexing)，有序列性的本身會增加一個維度，例如在迴圈內部運算出來的結果，為一個純數值，經過序列性的資料傳輸，將會變成一維的陣列(1D Array)結構輸出到外部，可利用在其上方點擊滑鼠右鍵來做更改的動作，如下圖範例。

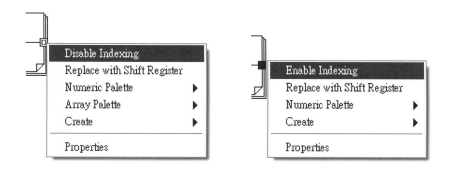

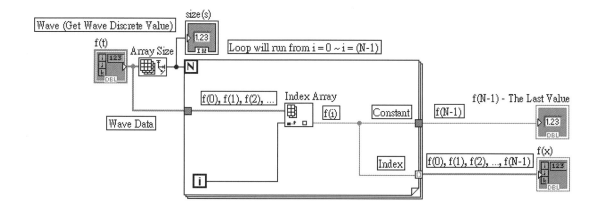

以正弦訊號(Sine Wave)為例。

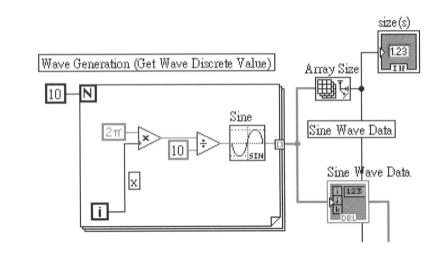

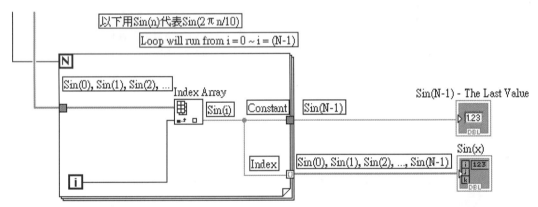

顯示結果：

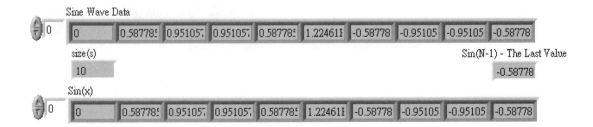

接下來的下個範例要介紹的是：訊號資料的數值序列與訊號波形之間的轉換關係。

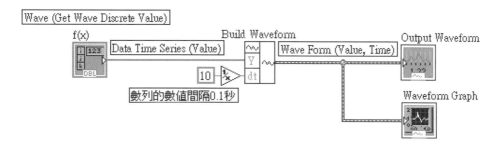

以正弦訊號(Sine Wave)為例。

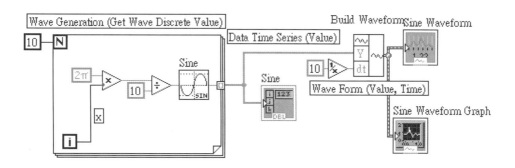

顯示結果如下頁所示：

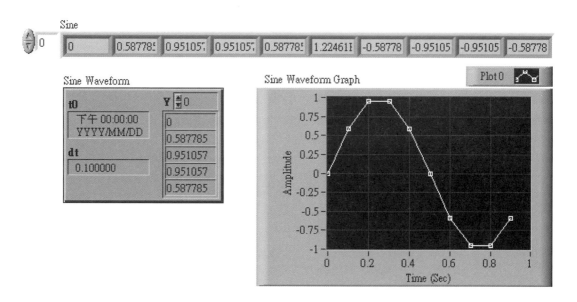

在 Waveform 中的訊號資料,每一筆間隔時間 0.1 秒,透過 Programming→Waveform→Build Waveform 的元件能夠將數列的訊號資料轉換成波形的資料結構。

習作 **S1-2** 結束

習作 S1-3　取樣與資料密集度

目標：瞭解資料密集度與訊號運算之間的關連性。

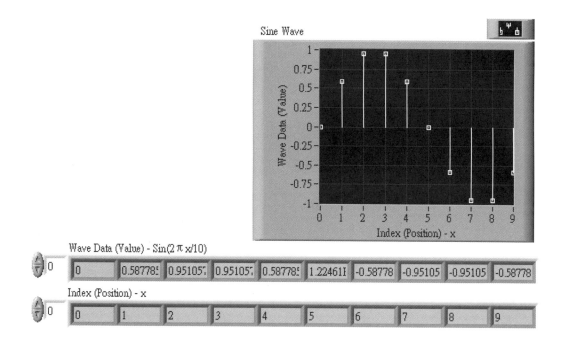

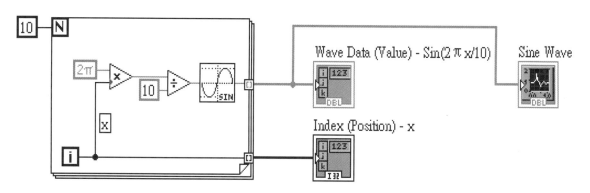

在上述的範例中，可看到利用 10 次的迴圈產生 10 筆資料，一個週期為 10 點、間隔 0.1 秒，但若稍微改變一下迴圈數(如下圖)，50 次迴圈產生 50 筆資料，則一個週期為 50 點，但實際上一個週期的時間資訊卻是未知的，只有資料筆數。此範例可看到：利用陣列儲存資料好處在於序列式的數列便於計算，但必須注意，其時間間隔資訊(可加入訊號周期

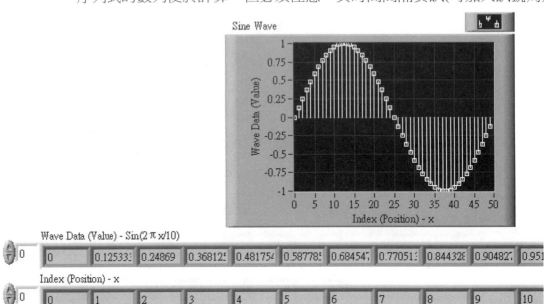

或取樣頻率)將影響整體的運算結果。

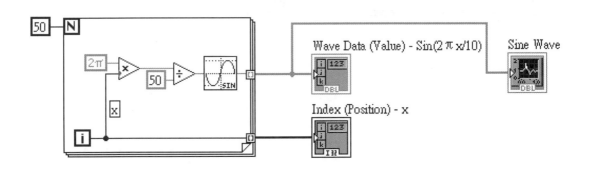

習作 **S1-3** 結束

問題與討論

1. While Loop 與 For Loop 同為迴圈架構，其中前者(While)架構又更為一般化，且後者(For)架構可轉換為前者(While)架構。請試想想，為什麼 While 較 For 更符合大多數的控制模型，While Loop 是否可轉換為 For Loop？

2. 設計程式實作下列各個遞迴算式(試用程式基本架構，非現成統計運算元件)的計算，並繪出 $f(i)$ 與 $g(i)$ 的圖形

   (1) $f(i) = f(i-1) + 1$, $f(10) = ?$ ；

   　$f(0) \sim f(10)$ 的標準差與均方根(Root mean square, RMS)為何；

   (2) $f(i) = f(i-1) + i, g(i) = f(i) - f(i+1)$ ；

   　試算出 $g(0) \sim g(10)$ 的標準差與均方根。

3. 挑戰題　請以習作 12-3 所撰寫的程式為主，比較下列訊號在不同取樣頻率下(每秒 20 筆、每秒 500 筆)，頻域之間的差異

   (1) $5 \sin(3\pi t) + 3\cos(2\pi(t-5))$ ；

   (2) $7e^{j\frac{\pi}{5}t} + \sin(3\pi t)$ ；

   (3) $3e^{j\frac{\pi}{3}(t-3)} + 3e^{-j\frac{\pi}{3}(t-3)} + 7e^{j\frac{\pi}{5}t}$ ；

S2 補充資料二

本章節主要介紹訊號處理將使用到的運算元件，以及一些
LabVIEW訊號處理程式設計的進階用法，並簡述性質概念所代表
的意義。

Goal 目標

• 瞭解各種訊號產生的方法以及各自的好處；
• 瞭解建構分析訊號的數學模型後，透過LabVIEW實作的方法；
• 實際練習利用LabVIEW進行訊號分析與處理操作，以做為日後相關議
  題應用的基礎；

Key 關鍵名詞

• 鋸齒波 (Sawtooth Wave)
• 波形產生 (Waveform Generation)
• 訊號產生 (Signal Generation)
• 自體相關係數 (AutoCorrelation)
• 交叉相關係數 (CrossCorrelation)

利用 LabVIEW 分析
訊號(二)

S2

簡 介

在介紹過訊號資料於 LabVIEW 的基本資料型態與存取的架構
以及一些基礎的程序流程控制後,接下來將直接進入訊號處理的控
制、運算等元件,以利讀者可更進一步了解書中所使用到的任一訊
號處理運算元件。另外,在本章節中也將簡介其它常用到的分析處
理工具,包含機率與統計的檢定與運算、各類訊號轉換、濾波器、
以及摺積等…。

習作 14-1　運算型別與訊號產生

目標：瞭解如何利用陣列的數值資料，簡易的產生訊號波形。

　　在瞭解資料型態後，接下來將介紹陣列(Array)資料形態與波形(Waveform)資料形態之間的關聯性。一般而言，後者包含前者，且後者多了兩個重要的 "訊息"，即為組合成 "訊號" 所需要的初始時間(t_0)與時間差($\Delta t, dt$)。也就是說，陣列之中所包含一連串的數值資料與波形(訊號)間的差別在於時間上的資訊，陣列之中並未具有時間涵義，而僅保留時間的相對性(先後順序)。而數值與數值之間實質上間隔多少時間，則是數值序列與訊號波形之間的差別。接下來要介紹的，是如何將時間資訊與數值序列結合在一起。

程式設計介紹

● 程式方塊圖(Block Diagram)

1. Programming→Waveform→Build Waveform 新增一個訊號波形建立的元件。建置波形(Build Waveform)主要波形三個重要的資訊彙整在一起。

2. 新增後會看到 ，利用滑鼠往下拉 ，之後按

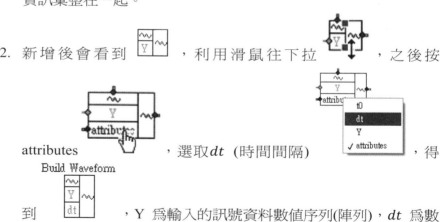

attributes ，選取 dt (時間間隔) ，得到 ，Y 為輸入的訊號資料數值序列(陣列)，dt 為數值序列中資料之間的間隔時間(單位：秒)，下圖為一個以 0.1 秒為時間間隔的範例。

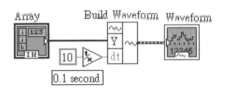

範例 S2-1 array to waveform.vi：

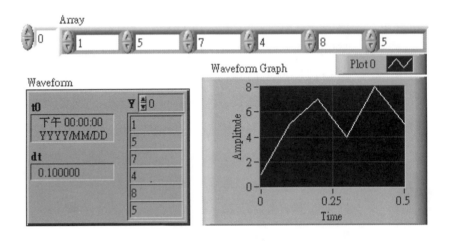

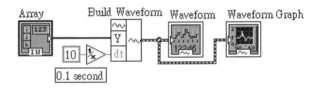

上述程式規劃有個小技巧，可在 Waveform 所產生的接點上，按滑鼠右鍵點選 Create→Control 或 Create→Indicator 來建立。

在了解訊號資料與型態轉換後，接下來要解說的是幾個常用到人機介面(Front Panel)的功能，也就是，使用者操作介面設計端的部份。

程式設計介紹

● 人機介面(Front Panel)

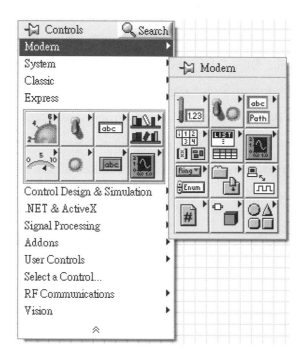

上述顯示出 Modern 面板，內含大部分使用者控制介面設計以及基本顯示元件，依據規劃功能可區分為三部分：**資料形態(Data Representation)**、**資料結構(Data Type)**、**資料操作(Data Operation)**。第一種所屬的功能，大都是變數之資料形態，有數值子面板(Numeric Subpalette)、布林子面板(Boolean Subpalette)、以及字串&路徑子面板(String & Path Subpalette)；第二種所屬的功能，大都是變數的組成方式，有陣列/矩陣/叢集子面板(Array, Matrix, & Cluster Subpalette)、表列與表格子面板(List & Table Subpalette)；最後一種屬於處理人機介面的功能，有繪圖子面板(Graph Subpalette)、裝飾子面板(Decoration Subpalette)等等。以下將針對部分功能可利用在訊號與系統應用來進行簡介。

數值子面板(Numeric Subpalette) ，常用於數值的顯示(Indicator，亦稱之顯示元)與控制(Control，亦稱之控制元)，其畫面的型態多樣化，有數值系列(Numerical Control, Numerical Indicator)、時間狀態

系列(Time Stamp Control, Time Stamp Indicator)、垂直滑動系列(Vertical Fill Slide, Vertical Pointer Slide, Vertical Progress Slide, Vertical Graduated Slide)、水平滑動與拉把系列(Horizontal Fill Slide, Horizontal Pointer Slide, Horizontal Progress Bar, Horizontal Graduated Bar)、其他顯示物件(Knob, Dial, Meter, Gauge, Thermometer, Vertical Scrollbar, Horizontal Scrollbar, and Framed Color Box)等。這些物件對於人機介面規劃，可依訊號系統之不同而使用。

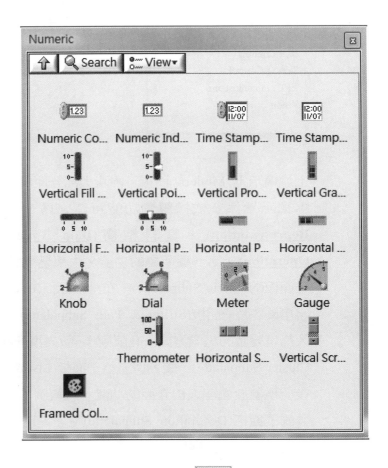

布林子面板(Boolean Subpalette)，用於新增控制開關(ON/OFF)，或確認是否正常狀態。對於控制系統設計需求，較易滿足。

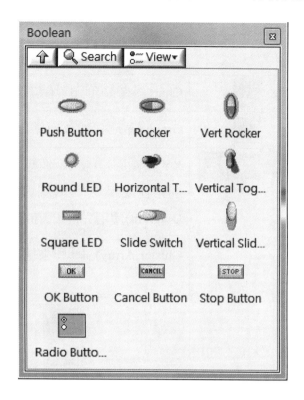

字串與路徑子面板(String & Path Subpalette)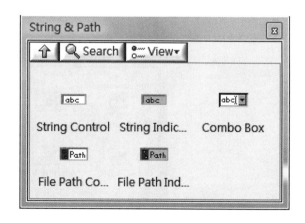，用於輸入字串型別的資料與顯示，輸入檔案路徑或顯示檔案輸出路徑，或定義字串輸入的類別直接供選擇。

繪圖子面板(Graph Subpalette)　，用來繪製數值運算結果，有

一維的資料類別(陣列)與二維的資料類別(陣列，XY 座標繪圖)。

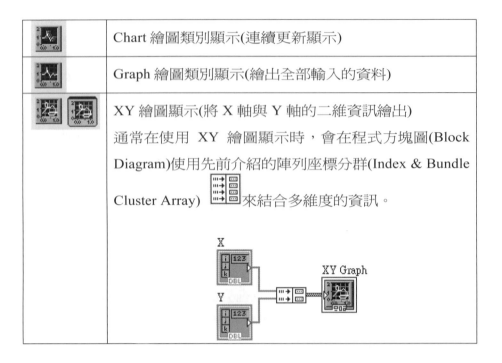

	Chart 繪圖類別顯示(連續更新顯示)
	Graph 繪圖類別顯示(繪出全部輸入的資料)
	XY 繪圖顯示(將 X 軸與 Y 軸的二維資訊繪出) 通常在使用 XY 繪圖顯示時，會在程式方塊圖(Block Diagram)使用先前介紹的陣列座標分群(Index & Bundle Cluster Array) 來結合多維度的資訊。

視覺子面板(Vision Subpalette) 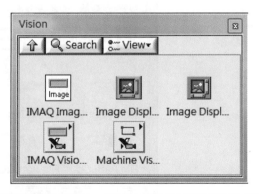 Vision，內含圖片顯示及基本圖形控制輸入元件 (注意，此面板需要 LabVIEW Vision 套件後方可出現)。

瞭解訊號資料與型態轉換後，接下來將列舉四種常用來產生模擬波形的方式。其中，相同波形但分別從四種不同波形產生 "器" (可參考 ex 14-3 waveform gen.vi)。

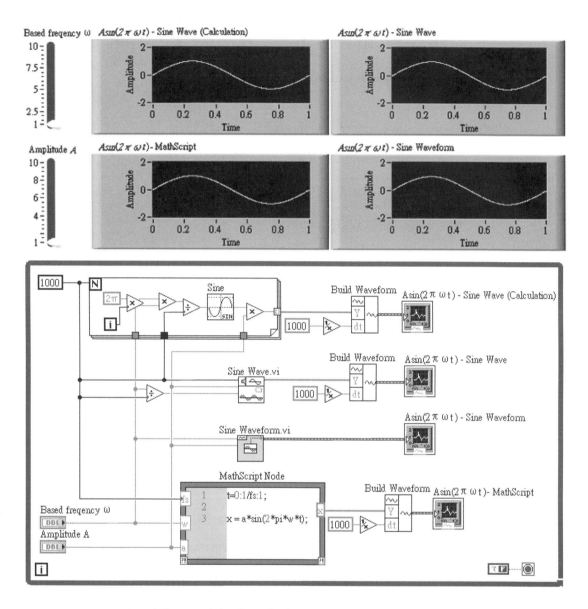

以下將一一介紹產生方式與其設計的重點。

方式一

　　利用迴圈反覆計算後，產生出一連串數值序列後，透過建立波形元件，組成正弦訊號波。

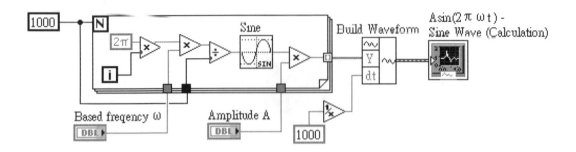

程式設計方法(依步驟)

● 人機介面(Front Panel)

1. Express→Numeric Controls→Pointer Slide 新增控制條。

2. Express→Graph Indicators→Waveform Graph 新增波形繪圖版面。

● 程式方塊圖(Block Diagram)

1. Programming→Structures→For Loop 新增連續計算用的迴圈,本範例將計算次數設為 1000(由 i=0 計算至 i=999,計算結果為 1000 筆運算結果組成的數列)。

透過 Programming→Numeric→Math & Scientific Constants 來新增圓周率 π。

2. 利用 Programming→Numeric 內的一些基本運算元件連接,組合出計算流程後,再利用 Mathematics→Elementary & Special Functions →Trigonometric Functions→Sine 來計算常使用的數學函數。範例中使用的是正弦運算元件(Sine)。

3. 數學子面板(Mathematics Subpalette)本身也提供相當多訊號分析時所會用到的數學模型與操作。

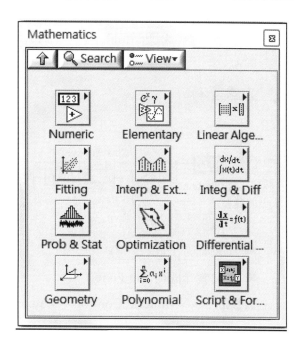

 Linear Algebra	線性代數的矩陣運算
 Fitting	回歸曲線(漸近線、趨勢線)
 Interp & Extrap	內插與外插
 Integ & Diff	微分與積分
 Prob & Stat	機率與統計相關的運算(分佈運算與假設檢定)
 Polynomial	多項式操作與運算
 Differential Eqs	微分方程式

4. Programming→Waveform→Build Waveform 加入時間的資訊，將

先前的結果與時間間隔組成訊號波形，並傳到 Graph 繪出。

方式二

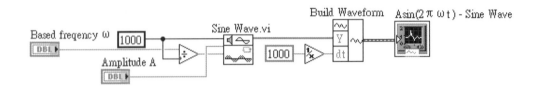

程式設計方法(依步驟)

● 人機介面(Front Panel)

1. Express→Numeric Controls→Pointer Slide 新增控制條。

2. Express→Graph Indicators→Waveform Graph 新增波形繪圖版面。

● 程式方塊圖(Block Diagram)

1. 利用 Programming→Numeric 內的一些基本運算元件來做一些基本運算後，Signal Processing→Signal Generation →Sine Wave.vi 新增訊號處理常用與常碰到的訊號波的數值序列。例如：三角波(Triangle Wave)、方波(Square Wave)、鋸齒波(Sawtooth Wave)、脈衝訊號(Impulse Pattern)，也提供許多模擬的機率分佈雜訊，例如：卜瓦松雜訊(Poisson Noise)、隨機產生週期性雜訊(Periodic Random Noise)。範例中使用的是正弦波形數值產生元件(Sine Wave.vi)。

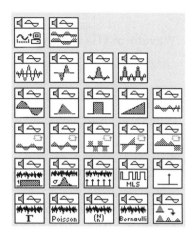

2. Programming→Waveform→Build Waveform 加入時間的資訊，將
   先前的結果與時間間隔組合出訊號波形，並將結果傳到 Graph
   繪出。

方式三

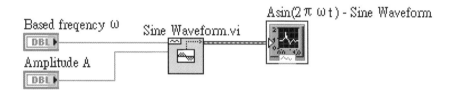

程式設計方法(依步驟)

● 人機介面(Front Panel)

1. Express→Numeric Controls→Pointer Slide 新增控制條。

2. Express→Graph Indicators→Waveform Graph 新增波形繪圖版面。

● 程式方塊圖(Block Diagram)

1. Signal　Processing→Waveform　Generation　→Sine

Waveform.vi 新增正弦訊號波形的產生元件,與先前新增的頻率控制變數和振幅控制變數相連結,可直接得到時間資訊的訊號波形,並繪製出來。同時,波形產生子面板(Waveform Generation Subpalette)也提供其它的波形產生元件,如:

	方波波形產生(Square Waveform)
	三角波波形產生(Triangle Waveform)
	鋸齒波波形產生(Sawtooth Waveform)
	機率分佈雜訊,例如:卜瓦松雜訊波形(Poisson Noise Waveform)
	週期性雜訊波形(Periodic Random Noise Waveform)

方法四

接下來要介紹的是在訊號產生器更廣義的訊號波形產生方式。

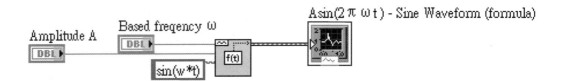

程式設計方法(依步驟)

● 人機介面(Front Panel)

1. Express→Numeric Controls→Pointer Slide 新增控制條。

2. Express→Graph Indicators→Waveform Graph 新增波形繪圖版面。

● 程式方塊圖(Block Diagram)

1. Signal Processing→Waveform Generation→Formula Waveform.vi

新增公式訊號波形的產生元件，與先前新增的頻率控制變數和振幅控制變數相連結，可得到具有時間資訊的訊號波形，將結果透過繪圖版面繪出。其中函數公式(Formula)的形態為 $y = f(f, a, f_s) = a * sin(2\pi * f * (^{n}/_{F_s}))$；其中，預設型態為 $y = f(f, a, f_s) = si\,n(2\pi * 10) * sin(2\pi * f * (^{n}/_{F_s}))$。相關的變數定義如下：

f	訊號之頻率
a	訊號之振幅
ω	$2\pi f$
n	到目前為止，第 n 個樣本
t	消逝秒數
F_s	取樣頻率
$\#s$	到目前為止，所產生的樣本數量

方法五、六

先前介紹的公式運算元件(Expression Node)來做訊號數值序列的計算、產生訊號波形。範例如下，在此便不再多加詳述，供參考。

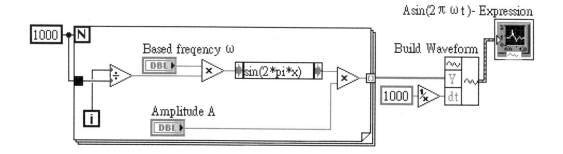

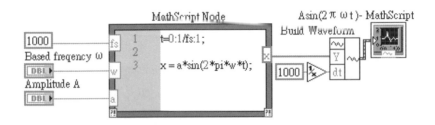

程式設計方法(依步驟)

● 人機介面(Front Panel)

1. Express→Numeric Controls→Pointer Slide 新增控制條。

2. Express→Graph Indicators→Waveform Graph 新增波形繪圖版面。

● 程式方塊圖(Block Diagram)

1. Programming→Structures→MathScript Node 新增一個數學函數運算元，在 Node 左邊界上按滑鼠右鍵新增輸入(Add Input)，在右邊界上新增輸出(Add Output)，取名後並按滑鼠右鍵(選 Choose Data Type)改變資料型態與及架構。

2. Programming→Waveform→Build Waveform 加入時間的資訊，將先前的結果與時間間隔組合出訊號波形，並傳到 Graph 繪出。

訊號處理方式

　　在介紹完各類的訊號產生方式後，最後要介紹的是訊號處理常用的功能，尤其是訊號處理子面板(Signal Processing Subpalette)。

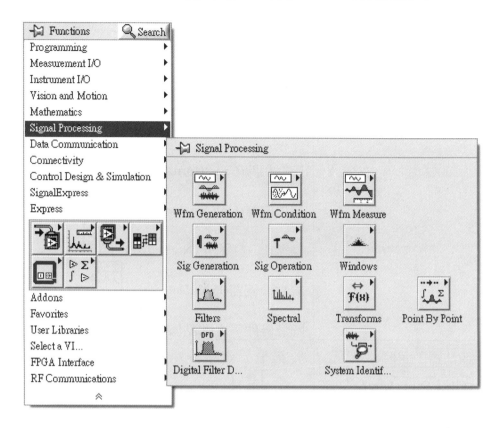

　　此面板為訊號處理相關功能之專屬面板，也就是，包含相當多
與訊號操作、訊號處理等相關的元件。除先前介紹過的波形產生子
面板(Waveform Generation Subpalette)、訊號產生子面板(Signal
Generation Subpalette)之外，尚有其它重要且實用的運算元件，如下：

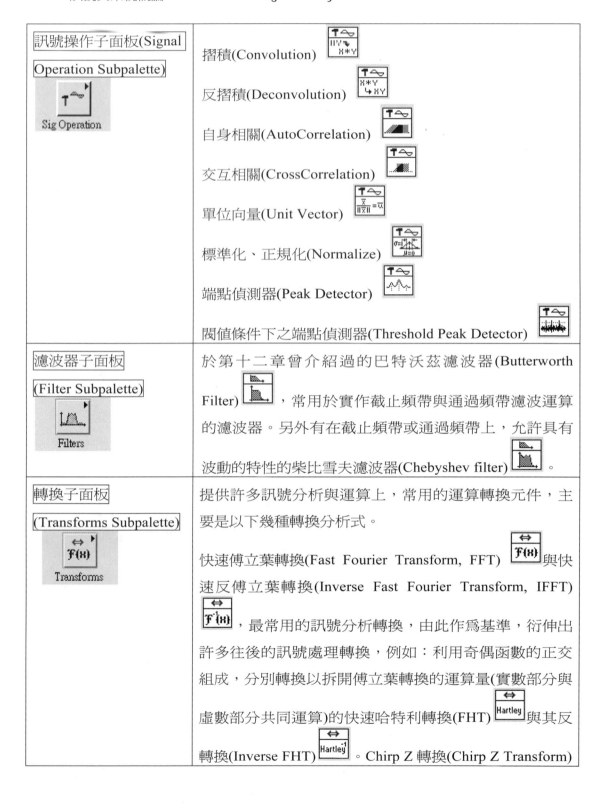

訊號操作子面板(Signal Operation Subpalette) Sig Operation	摺積(Convolution) 反摺積(Deconvolution) 自身相關(AutoCorrelation) 交互相關(CrossCorrelation) 單位向量(Unit Vector) 標準化、正規化(Normalize) 端點偵測器(Peak Detector) 閥值條件下之端點偵測器(Threshold Peak Detector)
濾波器子面板 (Filter Subpalette) Filters	於第十二章曾介紹過的巴特沃茲濾波器(Butterworth Filter)　，常用於實作截止頻帶與通過頻帶濾波運算的濾波器。另外有在截止頻帶或通過頻帶上，允許具有波動的特性的柴比雪夫濾波器(Chebyshev filter)　。
轉換子面板 (Transforms Subpalette) Transforms	提供許多訊號分析與運算上，常用的運算轉換元件，主要是以下幾種轉換分析式。 快速傅立葉轉換(Fast Fourier Transform, FFT)　與快速反傅立葉轉換(Inverse Fast Fourier Transform, IFFT)　，最常用的訊號分析轉換，由此作為基準，衍伸出許多往後的訊號處理轉換，例如：利用奇偶函數的正交組成，分別轉換以拆開傅立葉轉換的運算量(實數部分與虛數部分共同運算)的快速哈特利轉換(FHT)　與其反轉換(Inverse FHT)　。Chirp Z 轉換(Chirp Z Transform)

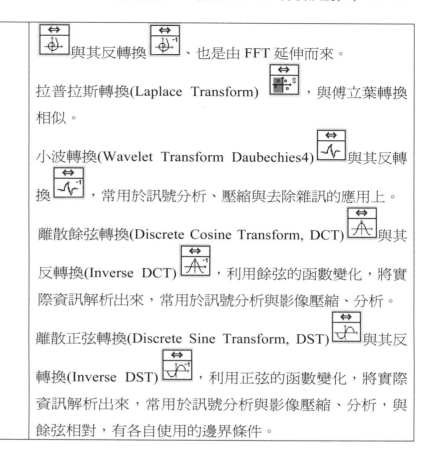

與其反轉換 、也是由 FFT 延伸而來。

拉普拉斯轉換(Laplace Transform) ，與傅立葉轉換相似。

小波轉換(Wavelet Transform Daubechies4) 與其反轉換 ，常用於訊號分析、壓縮與去除雜訊的應用上。

離散餘弦轉換(Discrete Cosine Transform, DCT) 與其反轉換(Inverse DCT) ，利用餘弦的函數變化，將實際資訊解析出來，常用於訊號分析與影像壓縮、分析。

離散正弦轉換(Discrete Sine Transform, DST) 與其反轉換(Inverse DST) ，利用正弦的函數變化，將實際資訊解析出來，常用於訊號分析與影像壓縮、分析，與餘弦相對，有各自使用的邊界條件。

習作 **14-1** 結束

問題與討論

1. 綜合前面幾章所述利用摺積運算、訊號產生，試作高通濾波器、帶通濾波器、低通濾波器，並利用實作的濾波運算將下列訊號分離，顯示出濾波前後的頻譜圖做比較。

   提示：利用頻域下的方波相乘

   (1) $5\sin(3\pi t) + 3\cos(2\pi(t-5))$；

   (2) $7e^{j\frac{\pi}{5}t} + \sin(3\pi t)$；

   (3) $3e^{j\frac{\pi}{3}(t-3)} + 3e^{-j\frac{\pi}{3}(t-3)} + 7e^{j\frac{\pi}{5}t}$；

2. 請利用端點偵測器(Peak Detector)找出 **1.**的訊號的前十個峰值

3. 請利用訊號產生(Signal Generation)與一些訊號處理的運算，製作 Sinc 濾波器(配合訊號本身的頻率)，並利用 **1.**的訊號做測試，繪出濾波前後的波形圖做比較。

4. 挑戰題將 **1.**的訊號分別透過 FFT、FHT、DCT、DST 做轉換，繪出結果並做比較。

5. 挑戰題計算出下列訊號的自身相關(AutoCorrelation)係數，並分別算出頻域與時域的下的交互相關(CrossCorrelation)係數，繪出結果圖形做比較。

   (1) $3\sin(3\pi t)$、$2\cos(3\pi t)$；

   (2) $3\sin(3\pi t)$、$2sinc(3\pi t)$；

   (3) $3\sin(3\pi t)$、$2\sinh(3\pi t)$；

6. 挑戰題請利用亂數產生與雜訊產生組合出雜訊(Noise)後，利用機率與統計相關運算 Prob & Stat 的直方圖(Histogram) 做統計看訊號的分布情形，並利用 XY 圖繪出。

S3 補充資料三

本章節將介紹訊號與系統之概念應用於生醫工程領域之實例 ——「心律變異度之量測與分析」，本章一開始會先介紹心臟的基本構造，接著介紹心電圖的原理及量測方式，最後說明如何利用取得之心電訊號進行心律變異度之分析。

Goal 目標

- 認識訊號處理於生醫工程領域之應用；
- 瞭解心臟的基本構造及心電圖量測量測與心律變異度分析方法；

Key 關鍵名詞

- 心臟 (Heart)
- 心電圖 (ECG)
- 心律變異度(HRV)

生醫訊號應用-
心律變異度量測分析

S3

簡　介

　　心電圖(Electrocardiograph，簡稱 ECG)的量測是心臟疾病診斷及治療中最基本且最重要的檢查項目之一，透過心電圖的觀察及分析，可診斷出心律不整以及各種心臟疾病，為臨床診斷非常重要的參考依據之一。

　　心電圖量測與分析的研究，發展過程已有百年之歷史，目前已視為可採用非侵入式量測方式(體表電位的量測)來獲得的生理訊號量測，讓許多希望觀察心臟的研究者及臨床醫生，能夠透過方式來獲取更多關於心臟疾病的資訊。例如，最近的文獻及研究已發現並證實，透過進一步的心電圖訊號分析，計算出**心律變異參數(Heart Variability，簡稱 HRV)**，可用來判斷交感神經與副交感神經的結抗作用，並此資訊判讀許多心臟相關的疾病。另外，仍有其他的心電圖的分析方法，並且仍具備研究潛力及發展空間。

　　本章節將從心電訊號的基本概念出發，先了解心臟運作的過程，接著解釋量測心電訊號的基本原裡及量測的實驗流程，最後介紹 HRV 的分析方法。

心臟的電位傳導

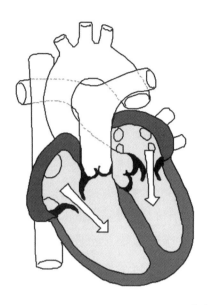

圖 S3.1　心臟剖面圖

　　上圖為心臟的構造。心臟可分為左右兩個部份，各又可分為心房及心室，因此一個心臟是由左心房、左心室、右心房及右心室四個主要部份所組成。當心臟的四個腔室完成了收縮與舒張的過程，則為一個心臟週期。

　　刺激心臟收縮的訊號，是心臟自己產生的，以此來為持規律性的心臟跳動，為自發性的電位傳導。

　　當右心房充滿由靜脈流回的血液時，位在上腔靜脈(SVC)連接右心房入口處的竇房結(Sinoatrial Node，簡稱 **SA Node**)會自發性的產生去極化的動作電位(Depolarization)，為起始電位，此電訊號會經由心房肌肉細胞快速地傳遞至左心房，使得左右心房幾乎同時產生去極化進而讓心臟肌肉收縮將血液擠壓入心室中，此時電流訊號會傳遞至右心房底部的房室

結(Atrioventricular Node，簡稱 **AV Node**)，心房心室交界處稱為 Bundle of his，由於 Bundle of his 細胞間多 tight junction，少 Gap Junction，使得離子流動較慢，而讓電位傳遞在此處有些延遲，如此，使得心房有足夠的時間完成去極化的動作，讓心房心室的收縮能分開，也就是說讓心房先完成收縮，心室再收縮。接著，房室結(**AV Node**)將去極化電訊號經由浦金埃氏纖維(Purkinge fibers)，傳遞至整個心室，由於此處的傳導衝動速度是一般心肌的六倍，因此能讓心臟衝動很快的傳遍整個心室系統，促使左右心室同時去極化收縮，進而將血液擠壓入上下腔動脈，完成整個心臟週期。

由此可知，心臟的跳動，是由於竇房結產生自發性的電位，透過神經電流訊號的傳遞，使得心臟肌作出收縮及舒張的動作。因此我們可以知道心臟電訊號的傳導與心臟的運作有著極大的關係，這也是為什麼醫生能透過心電圖來作為判斷多整心臟疾病的依據。

心電訊號的模型

從前面的討論可知，心臟是肌肉所組成的器官，這些組成心臟的肌肉稱之為心肌。心臟因電訊號的傳遞刺激心肌收縮及舒張而產生心跳，這時可以利用儀器將電流變化的過程紀錄下來，此種紀錄心臟電流變化的圖形就是所謂的心電圖，說的更明確一些，心電圖所顯示的其實就是「心臟內電位傳導的過程。」

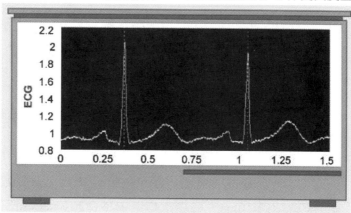

圖 S3.2　心電圖

　　圖 15.2 就是心電圖典型的波形，在心電圖記錄紙上的橫軸表示時間，縱軸表示波形電壓的幅度。從波形圖中可以看到，心電訊號是週期性循環的。下圖所示意的，便是一個心電訊號週期的解析。

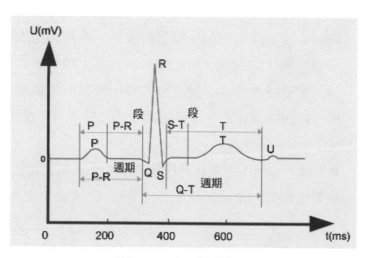

圖 S3.3　心電訊號週期解析

　　在講解心電圖波形的意義之前，回顧一下心臟電位傳導的順序：(1)

衝動從 SA node 開始，(2)傳遍整個心房，(3)再由 AV node 傳到 Purkinjin fiber 傳遍整個心室，(4)最後心室再極化，準備下次的去極化。回顧完之後，接下來將介紹的是圖 15.3 典型心電訊號波形的意義，典型的心電訊號主要包括以下幾種波形：

● P 波：電位傳至整個心房，心房去極化收縮時所引起的電位差。前一半主要是由右心房所產生，後一半則是由左心房所產生。又 P 波的最長寬度不會超過 10ms，最高電壓振幅不會超過 2.5mm 。

● P-R 段：這是因為心房心室交界處的 Bundle of his 造成的，該處細胞間多為 tight junction， 使得訊息傳遞較慢，在這個延遲的時間中，心房裡的血液流入心室中。

● QRS 複合波：電位傳至整個心室，心室去極化收縮所造成的，在這同時，心房也產生再極化舒張的現象，然而心室去級化收縮的強度遠大於心房再極化的強度，因此無法於波形上觀察到心房電訊號的變化，且因為心室收縮力強大，使得電位變化較其他處更為劇烈，因此電壓振幅也較大；QRS 全部心室肌動過程所需之時間，正常人最多不超過 100ms。

● T 波：心室由去極化狀態恢復所產生的電位差，也就是再極化舒張過程的電位變化；在以 R 波主的心電圖上，T 波不應低於 R 波的十分之一。

圖 15.4 中顯示了一個完整心臟週期電位傳導的過程，表 15.5 為正常人之心電圖典型的範圍。

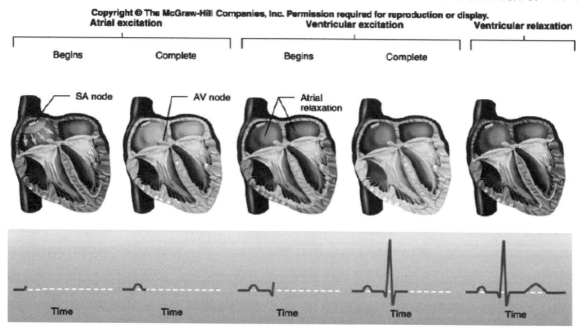

圖 S3.4 典型心臟傳導過程與心電圖之比較

波形名稱	電壓振幅(mV)	時間(s)
P波	0.05～0.25	0.06～0.11
Q波	<R波的1/4	<0.03～0.04
R波	0.5～2.0	—
S波	—	0.06～0.11
T波	0.1～1.5	0.05～0.25
P-R段	與基線同一水平	0.06～0.14
P-R週期	—	0.12～0.20
S-T段	水平線	0.05～0.15
Q-T週期	—	<0.4

圖 S3.5 心電圖正常範圍

由於心電圖直接顯示了心臟電位傳導的過程，因此在臨床醫療中，心電圖的量測早已是檢測病人生理狀況最直接且基本的方法之一。透過對心電圖「適當的解讀」，可得知目前生理的狀況。

心電圖的量測

心臟是由心肌所組成，當動作電位(Action Potential)產生時，會導致心肌的收縮，達到將血液幫浦(Pump)到全身的功能。此動作電位的電流會從心臟散佈到全身，而身體不同的部位，其電流的分佈亦不相同。而神經脈衝通過心房及心室時，電流會擴散到心臟周圍的組織，刺激心肌產生動作電位，此電位的一部分也會擴散體表，故若將電極放置在心臟相對位置的體表，就能記錄到整個心臟在收縮、舒張過程中心肌的電位變化。心電圖的原理即是將電極置於心臟兩邊對側體表，記錄心肌收縮電流的順序、方向、大小及長短。

接下來要介紹的是來看如何透過電極量測到電訊號，從圖 15.6 左邊的圖可以看到，當電流方向向右，且電極也在肌纖維的右邊時，方向為正，故量測到的波峰是向上的；而在圖 15.6 右邊的圖中，當電流方向向左傳導，電極卻在右邊時，因為方向為負向，因此波峰是朝下的。而電流的強度則會影響波峰的高低，從圖 15.6 由上至下可看出。由此可知，心電圖是量測電位的向量(Vector)，當電流電極同向時為正，反之為負；而體表上任意兩電極間電位的差異，則被稱為「導程」。

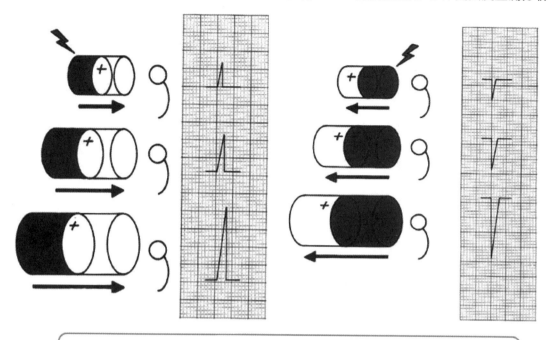

圖 S3.6 透過電極量測電訊號與肌纖維電流表現之對照圖

Einthoven 原理

　　19 世紀中，荷蘭生理學家 William Einthoven 首度以弦線電流計 (String galvanometer)記錄人類心臟電氣活動，其理論基礎如下：

1.人體的左肩、右肩及臀部三點與心臟的距離相等，構成等邊三角形的 三個頂點，心臟產生的電流均勻的傳播於體腔，四肢作為導體，肢體上 任何一點的電位等於該肢體與體腔連接處的電位。

2.等邊三角形的中心為心臟，並與三角形在同一平面上。

3. 相對於心臟來說，身體是一個均勻導電且是個很大的球形容積導體。心臟的電活動過程有如一對電偶，位於容積導體的中央，其偶極矩的方向斜向左下方並與水平線成一角度，叫做心電軸。然而人體不是一個均勻導體，因此 Einthoven 原理是一個近似的模擬方式。圖 15.7 即為各不同導程所對應的心臟電位軸。

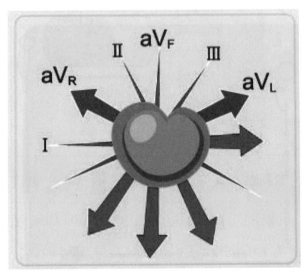

圖 S3.7 各不同導程所對應的心臟電位軸

　　雖然現在心電圖測量的儀器已經不再使用 Einthoven 當時所發明的裝置，然而他所發明的心電圖解讀與分析方式還是臨床上重要的依據。目前臨床上最普遍的是 12 導程心電圖(12 Leads ECG)，分別為六個胸導程(V1、V2、V3、V4、V5、V6)從水平面上觀測心臟的狀況；另外六項肢導程(Ⅰ、Ⅱ、Ⅲ、aVR、aVL、aVF)從垂直面上觀測心臟狀況，整合這12 個導程的訊息，便是標準的心電圖。圖 15.8 即為 Einthoven 三角形意示圖。

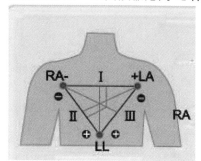

圖 S3.8 Einthoven 三角形示意圖

肢體導程：應用 Einthoven 三角形原理

<u>雙極肢體誘導</u>(Bipolar Stander Lead)

圖 15.9 為雙極肢體誘導標準導程之連接方式，A 為放大器，ACM 為右腿驅動電路。

- ◆ Lead Ⅰ(導程 1)：左上肢(LA)接正極，右上肢(RA)接負極，角度為 0 度。
- ◆ Lead Ⅱ(導程 2)：左下肢(LL)接正極，右上肢(RA)接負極，角度為 60 度。
- ◆ Lead Ⅲ(導程 3)：左下肢(LL)接正極，左上肢(LA)接負極，角度為 120 度。

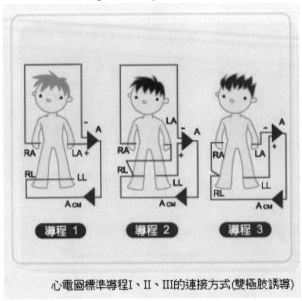

圖 S3.9 雙極肢體誘導標準導程之連接方式

於標準導程時，右下肢(RL)永遠接 ACM 的輸出端，間接接地。重新經過整理後，可得：

Lead Ⅰ = LA – RA (量測左手與右手間的電位差)
Lead Ⅱ = LL – RA (量測左腿與右手間的電位差)
Lead Ⅲ = LL – LA (量測左腿與左手間的電位差)

　　因此每一舜間都可以得到這三個標準雙極肢導程的向量關係：Ⅱ = Ⅰ + Ⅲ 。

體

　　上述標準導程的特點是能廣泛應出心臟的大　　　　　　致情況，如厚壁心肌梗塞、心律失常等，在導程Ⅱ或導程Ⅲ可紀錄到清晰的波形改變；然而，心電圖標準導程只能說明兩肢間的電位差，並不能記錄到單一電極處的電位變化。

單極肢體誘導 (Unipolar Limb Leads)

　　除了上述的雙極肢體誘導導程外，單極理論由 Wilson 於 1940 年提

出，他認為單極導程可以更準確的反應探查電極下局部心肌的電位變化情況，因此提出了單極肢體導程的連接方式。將電極安置於左手、右手或左腿，稱為探查電極，另一個電極放置在零電位點，稱為參考電極，而探查電極所在部位電位的變化即為心臟局部電位的變化。Wilson 在實驗中發現，當人的皮膚塗上導電膏後，右上肢、左上肢和左下肢之間的平均電阻分別為：1.5k、2k、2.5k，如果將這三個肢體連成一點作為參考電極點，在心臟電活動過程中，這一點的電位不會剛好為零。因此 Wilson 提出在三個肢體上個串聯一個 5k 的電阻(可在 5~300k 之間選擇，稱為平衡電阻)，使三個肢體端與心臟間的電阻值互相接近，因此把它門連接起來獲得一個接近零值的電極電位端，稱它為 Wilson 中心電端(如圖 15.10)，這樣在每一個心動週期的每一瞬間，中心電端電位都為零。

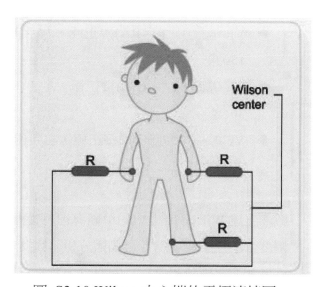

圖 S3.10 Wilson 中心端的電極連接圖

以下將介紹單極肢體導程電極的連接方式，如圖 15.11：

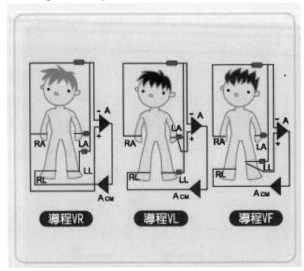

圖 S3.11 單極肢誘導測量連接圖

◆ VR 導程：右手(RA)接正極，左手(LA)及左腳(LL)接負極，角度爲-150 度。

◆ VL 導程：左手(LA)接正極，右手(RA)及左腳(LL)接負極，角度爲-30 度。

◆ VF 導程：左腳(LL)接正極，右手(RA)及右腳(RL)接負極，角度爲90 度。

雖然上述 Wilson 所提出的單極導程可獲得心電訊號，然而其心電訊號的幅度太小，不便於進行量測與分析。因此 Goldberger 於 1942 年提出了「增加型單極肢體導程」的概念，其爲 Wilson 導程的延伸。

增加型單極肢體導程

在單極導程基礎上，當記錄某一肢體導程心電波形時，將該肢體與中心電端之間所接的平衡電壓斷開，改成增加電壓幅度的導程形式，稱爲增加型單極肢體導程。其電極連接方式如下圖：

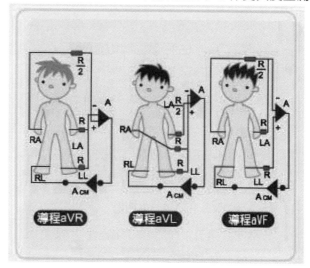

圖 S3.12 增加型單極肢誘導測量連接圖

單極胸導程(Chest Lead)

在這之先所介紹的六個導程，電極都是放在四肢，量測到的是整個心臟的電流，而單極胸導程是將電極放在胸腔上六個不同的部位，如此可量測到心臟表面的電流。電極擺放方式如下：

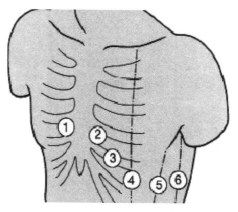

圖 S3.13 單極胸導程

　　將右手、左手及左腳電極連接在一起當作地端，然後六個電極分部位置為：

V1：第四肋骨間隙、胸骨右側

V2：第四肋股間隙、胸骨左側

V3：V2 和 V4 的中間

V4：第五肋骨間隙的鎖骨中線上。

V5：腋前線，與 V4 水平

V6：腋後線，與 V4 水平

　　而臨床上一般則是利用六個肢導程及六個胸導程，共十二個導程所量測到的電流訊號，利用向量投影概念組合程一個完整心電訊號圖。

心跳速率(Heart Rate，HR)之生理意義

　　HRV 心率變異分析是近年來心臟生理研究的重點。心跳速率(Heart Rate)又稱為心律，一般指心臟跳動的頻率，也就是指心臟每分鐘跳動的次數。**SA node** 在沒有受到神經或激素的刺激下，平均每分鐘可產生約 100 個自發性傳導，然而實際上，**SA Node** 與許多神經末稍相連接，如交感神經(Sympathetic Nerves)及迷走神經(Vagus Nerves)，因此心臟隨時皆受到自主神經以及生理激素的影響，心律有時可高過 100，有時會低於 100，也又是說心律與許多生理參數都有關係，一般正常的心律是穩定的，且平均間隔也大約相同，以一個正常的成人來說，心律約一分鐘 72 下。

　　「**HRV**，心律變異」指的是心臟搏動速率的變異程度， 一定時間內，心搏和心搏(beat-to-beat)間的時間變異數，也就是分析心律的快慢、大小及規律性。我們可由 ECG 訊號中觀察到，一般在計算心臟搏動速率時，多採用兩個 R 波間的間格時間做為參考，這是因為 R 波強度最大，可以很明顯的觀察到，故 **HRV** 分析即是以固定時間內 **R-R Interval** 之間格時

間變異程度的計算做爲依據。

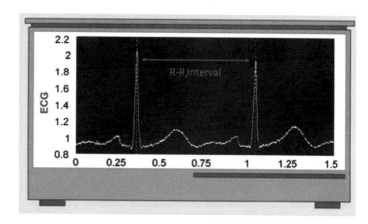

圖　S3.14 RR 波間距示意圖

　　許多研究指出由於心律與神經控制及激素分泌都有關係，因此無論是疾病、壓力等皆會影響心律，故醫學上可以藉由 **HRV** 之分析，來判斷生理的狀況，諸如：

1. 心肺系統、心臟、心血管系統等相關疾病
2. 神經病學
3. 糖尿病
4. 甲狀腺分泌異常
5. 壓力、情緒狀況

HRV 分析方法

HRV 心律變異常見的分析方法有兩大類，一是時域(Time Domain)的統計分析，另外則是頻域(Frequency Domain)的頻譜分析。接下來我們將針對這兩種不同的方式分別介紹。

時域分析

時域分析主要是在有限長度的 ECG 訊號中，利用訊號處理的方法，找出每一次心跳的 R 波，並將所有 **R-R Interval** 的變化轉換成 **R-R Interval** Graph。在獲得 **R-R Interval** Graph 後，我們便可利用不同的統計方法分析出心律變異的程度。常見的時域 **R-R Interval** 統計分析方法有下列幾種：

1. **TRR (R-R Interval)**

   R 波到下一個 R 波之間格時間，也就是一個心跳週期。

$$TRR = R\text{-}R\ Interval$$

2. **HR**

   Heat Rate 之簡稱，指的是心臟跳動的頻率，也就是一分鐘內心臟跳動的次數。

$$HR = \frac{1}{TRR} \times 60$$

3. **MeanRR**

   計算所有 **R-R Interval** 的平均值，可找出平均心律，但是無法得知其心律是否穩定。**MeanRR** 的計算方式為：

$$MeanRR = \frac{\sum_{i=1}^{n} R_i}{n}$$

4. **SDNN**

   計算 **R-R Intervals** 的標準差(Standard Deviation)，可以反應 **R-R Intervals** 的週期分佈狀況。計算 **SDNN** 必須長時間的監測資料且若能有

超過 24 小時之監測資料，同時必需包括短時間高頻變異及長時間低頻變異的部分。在 **SDNN** 分析時，資料長度會影響結果。

$$SDNN = \sqrt{\frac{\sum_{i=1}^{n}(R_i - MeanRR)^2}{n-1}}$$

5. SDANN

此方法將全部的 ECG 訊號以五分鐘爲區間，計算區間內 **R-R Interval** 的平均值，再將所有區間的 **R-R Interval** 平均值計算標準差，獲得的結果稱爲 **SDANN**。

6. RMSSD

計算所有 **R-R Interval** 的均方根(Root Mean Square)值，定義如下：

$$RMSSD = \sqrt{\frac{\sum_{i=1}^{n-1}(R_i - R_{i+1})^2}{n-2}}$$

7. CV

計算 **R-R Intervals** 的變異係數(Coefficient of Variation)，在求 **CV** 時，**SDNN** 及 **MeanRR** 必需取相同的時間長度，其公式如下：

$$CV = \frac{SDNN}{MeanRR} \times 100\%$$

8. NN50

計算個別 TRR 一分鐘內超過 50 ms 的個數。若以心跳速率每分鐘 70 下爲例，若兩個 **R-R Interval** 之差值大於 50 ms，表示心跳速率在瞬間增

減了 5%。

9. pNN50

計算 **NN50** 在所有 **TRR** 所佔的比例，其結果取決於計算的時間長度。計算式如下：

$$\text{pNN50(\%)} = \text{NN50} / (\text{number of R-R intervals})$$

以時域分析對於中長時間 HRV 監測其分析結果較佳，因為此方法是以統計為基礎，因此大量的資料能提高分析結果的穩定度及精確度，但對短時間的變化不易得知。

頻域分析

頻域分析是將時域中所取得的所有 **R-R Interval** 利用 FFT 轉換得到相對應的能量頻譜強度(Power Spectral Density，**PSD**)的分佈。然而，理論上 **PSD** 的分析需要是無限長度的時域訊號，但我們實際能取得到 ECG 訊號確是有限的，因此其功率頻譜只能由此有限長度的資訊穫得與真實頻譜近似的結果。目前最常被應用的功率頻譜分析方法有兩大類：分別為「參數法」及「非參數法」。

參數法又可分為下列幾種，自我迴歸模式(Autoregressive model，**AR**)、移動平均模式(Moving-average Model，**MA**)及自我迴歸移動平均模式(Autoregressive-Moving average Model，**ARMA**)等。舉例來說，如果使用上述模式來進行頻域分析的優點在於其頻譜較為平滑，較容易分辨個別頻帶的範圍，且頻譜功率計算的後處理也相對的較為簡單，此外，若訊號為一個固定的訊號，則參數法可以在很小的取樣下達到很高的精準度。非參數法則是快速傅立葉轉換(Fast Fourier Transformation，FFT)，其優點為演算簡單且處理快速。

在參數法的架構下，就其訊號的長短，可分為短時間分析(Short-term analysis，一般為 3~10 分鐘)及長時間訊號分析(Long-term analysis，一般為 1~24 小時)兩大類，下頁將一一介紹：

短時間訊號分析(Short-term analysis)

HRV Gold Standard (1996)規定，在 HRV 的短時間訊號分析當中可將頻譜分成三個主要範圍：

1. 極低頻 (Very Low Frequency，**VLF**)：0.00~0.4Hz

這個區塊反應了交感與副交感神精系統的調控，其中影響的因子有周邊血管張力反射、壓力感受器、溫度調節反應及腎素─血管擴張素系統。

2. 低頻 (Low Frequency，**LF)**：0.04~0.15Hz

這部份通常反應副交感神經的活動，其波峰位置會隨呼吸而變。

3. 高頻 (High Frequency，**HF**)：0.15~0.40Hz

此部份尚在研究階段，可視為觀察交感神經活性的指標。

計算上面所述的三個範圍的功率，便可得知目前心臟活動的生理狀況。功率頻譜曲線下的面積總合即為總功率(Total Power，**TP)**，在個別頻率區內的面積則為個別頻域區域的功率，如：低頻功率(Low Frequency Power，**LFP)**、高頻功率(High Frequency Power，**HFP)**，可以歸納出以下指標：

1. 交感神經活性定量指標：**LFP/TP**
2. 交感─副交感神經活性指標：**LFP/HFP**

由於 **HRV** 分析的敏感度非常高，因此在進行短時間訊號分析時，其過程及環境必需受到嚴謹的控制，才不會導致分析結果受到環境訊號的干擾。

長時間訊號分析

長時間訊號分析通常是以 24 小時的量測做為分析訊號的來源，由於記錄時間較長，因此比上述短時間分析中的頻譜區域多了一個頻帶，為超低頻(Ultra Low Frequency，**ULF**)。

與短時間分析不同的是，在長時間分析的過程中，即使環境掌控適宜，不同的活動或刺激也都會影響心率的反應，因此很難確定受測者是否能長時間的維持其身心狀況。雖說如此，長時間訊號分析尚有其特點：

1. 可探討日夜差異下之訊號特性，例如清醒狀態低頻能量比睡眠狀態下高，而睡眠狀態下高頻能量較高。
2. 可探討低頻之心律變異的特性，如生物週期性作用的影響。
3. 由於訊號長度的增加，可以藉由訊號統計特性減少不確定因素所造成的差異值。

然而，長時間訊號分析較難看出瞬時的變化，因此在 **HRV** 的分析研究上，還是以短時間訊號分析多。

本書將短時與長時 **HRV** 分析的參數定義簡單整理於以下表格中：

HRV 頻譜分析整理

短時間訊號分析(5 分鐘)

變數	單位	描述	頻率範圍
5 分鐘總功率	ms^2	以五分鐘為單位之 ECG **R-R Interval** 頻譜的功率	$\leqq 0.4$ Hz
極低頻(**VLF**)	ms^2	極低頻區域功率	$\leqq 0.04$ Hz
低頻(**LF**)	ms^2	低頻區域功率	$0.04 \sim 0.15$Hz
正規化低頻	ms^2	正規化下單位下的低頻區域功率	
高頻(**HF**)	ms^2	高頻區域功率	$0.15 \sim 0.40$ Hz
正規化高頻	n.u	正規化單位下的高頻區域功率	
低高頻比值 (**LF/HF**)	ms^2	低頻區域功率與高頻區域功率的比值	

長時間分析(24 小時)

變數	單位	描述	頻率範圍
總功率	ms^2	全部訊號 R-R Intervals 頻譜的功率	$\leqq 0.4$ Hz
超低頻(ULF)	ms^2	超低頻區域的功率	$\leqq 0.003$ Hz
極低頻(VLF)	ms^2	極低頻區域的功率	$0.003 \sim 0.04$ Hz
低頻(LF)	ms^2	低頻區域功率	$0.04 \sim 0.15$ Hz
高頻(HF)	ms^2	高頻區域功率	$0.15 \sim 0.40$ Hz

資料來源：European Heart Journal (1996) 17, p.306

S4 補充資料四

在這一章中將為大家介紹被廣泛應用於生醫領域之「光譜儀系統」的架設範例以及多變數光譜分析方法，最後舉出生醫光電技術於醫療上的實例─「自體螢光EEMs之系統架構 ─ 應用早期子宮頸癌組織診斷研究」。

目標

- 認識生醫光電技術於生醫工程領域之應用；
- 瞭解的光譜儀等生醫光電技術之基本構造及量測與分析方法；

關鍵名詞

- 生醫光電技術
- 光譜儀系統
- 多變數光譜分析法

生醫光電應用-
癌症組織診斷
與多變數分析

S4

簡　介

　　在台灣，光電技術發展迅速，已在許多領域上扮演重要的角色，無論於傳輸、通訊及家電用品，都有相當不錯的成績。而「光電技術」結合「生物醫學」，藉由光電科技的探測與生物體上的反應，進一步分析並且解決生物及醫學上的問題的**生物光電(Biophotonics)**，亦已成為目前生物醫學領域研究發展的其中一項重點。研究範疇的類別上，應用到醫學研究與臨床服務的光電技術，亦可以稱之**生醫光電(Biomedical Photonics)**。此章節將為讀者介紹被廣泛應用於生醫領域之「光譜儀系統(Spectroscopic Measurement System)」的架設範例，亦稱之醫用光譜儀系統，以及一利用生醫光電技術於醫療上的實例一「**自體螢光 EEMs 之系統架構 ─ 應用早期子宮頸癌組織診斷研究**」。

光譜儀系統之架設

在生醫光電領域當中，「光譜儀」是一個重要的儀器，它用來擷取分析不同波段光的資訊；除了在生醫光電領域時常被應用外，光譜儀在企業界也被廣泛的應用，例如：光通訊、主被動元件的製作、檢驗、品保部門、實驗室與生產線，皆需要利用光譜儀來做即時的監控。由於光譜儀能被應用的範圍廣，因此在不同的領域當中都相當的被重視，下圖為 Jobin Yvon 和 Ocean Optics 公司所發展之光譜儀系統。

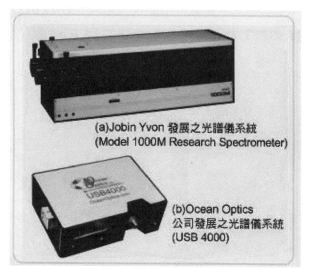

圖 S4.1 Jobin Yvon 和 Ocean Optics 公司所發展之光譜儀系統

傳統光譜儀為了合各裝置元件，開發不易，然現代電腦技術發展迅速，各種儀器的開發已漸漸朝向以個人電腦為基礎(PC-Based)的發展，因此本節亦將應用 PC-Based 的概念來開發光譜儀操作系統。

以下為醫用 PC-based 光譜儀系統架構說明(如圖 S4.2 所示)：

系統架構

光譜儀之硬體組成包含下列元件：

1. 24V DC 電源供應器
2. NI DAQ 6024 資料擷取卡(National Instruments, Austin US)一張
3. 結合 NI DAQ 6024 資料擷取卡，自行開發之光譜儀控制及光譜擷取裝置
4. 激發光(Excitation)分光裝置
5. 放射光(Emission)量測裝置
6. 光電倍增管(Photomultiplier Tube, 簡稱 PMT)
7. 接線(PS2 轉 RS232 接線 2 條；19 pin 光電倍增管 1 條；BNC 接線 1 條)

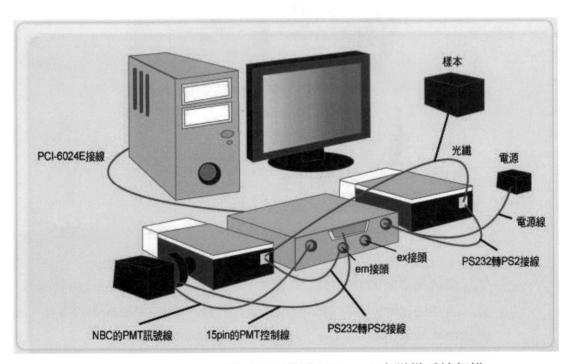

圖 S4.2 醫用 PC-based 光譜儀系統架構

整體架構說明

  光譜儀之架構分為硬體與軟體兩大部份；硬體部份為使用 NI DAQ 卡驅動步進馬達，軟體部份是在 LabVIEW 圖形化程式語言環境下開發光譜儀量測程式。

  傳統光譜儀控制器，由電腦透過 RS-232 對控制器下指令後，控制

器再對單光儀進行動作(主要為控制步進馬達轉動以帶動光柵進行波長調整)，或是對 PMT 進行動作(主要為送出高增益電壓，以及擷取其資料)。然而，為提供高電壓及控制馬達，傳統光譜儀控制器體積甚為龐大且沉重；而其資料傳輸速度也受到使用 RS-232 的傳輸速度。在此使用 PCI-6024E DAQ 卡，配合低輸入電壓的 PMT Housing，提高資料傳輸速度以及外接控制的體積，下面將詳列系統的規格。

<u>系統規格</u>

光譜量測系統之組成，包含單光儀(monochramotor)，資料擷取卡(DAQ card)、光電倍增管(Photomultiplier Tube)，以及自行開發之光譜儀控制盒。其主要規格如下：

	構成配備	規格	廠牌
1	單光儀(H-10)	Focal Length: 100mm Wavelength range: 185mm-3.2um Resolution: 1nm Dispersion: 8nm/mm	JOBIN-YVON
2	訊號擷取卡(PCI-6024E)	8 Digital I/O lines 4 Analog I/O Signal	National Instruments
3	光電倍增管(R928)	驅動電壓: 15V	Hamamatsu Photonics
4	個人電腦	Pentium-III CPU 64M RAM	自組
5	控制盒(BOX-1)	輸入電源 24V DC	義大生醫系生醫光電實驗室

系統開發

　　一般而言，單光儀是藉由光柵轉動移動譜線，再經由狹縫(Slit)選取所意的單色光。本系統應用步進馬達控制光柵轉動微小角度，以達到選取色光之目的。步進馬達係以數位脈波驅動，具有良好的應答性：只要送入一個脈衝信號，轉軸即旋轉一定的角度。轉子轉動的步數與輸入脈波數成正比，而轉子的旋轉速度亦與脈波頻率成正比，因此可以用在開迴路的控制系統，而不需要複雜的閉迴路回授控制(feedback control)即可得到很高的精準度。

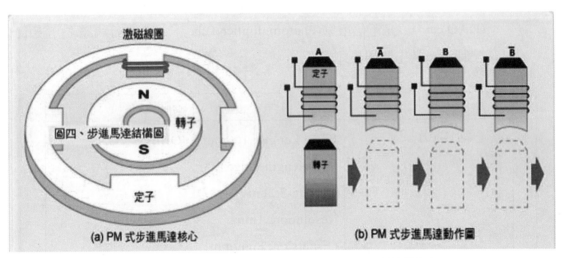

圖 S4.3 步進馬達結構圖

　　本系統使用的馬達核心為永久磁鐵式步進馬達(Permanent Magnet type，簡稱 PM 式步進馬達)，圖 S4.3 中說明 PM 式步進馬達基本結構。如圖中所示，PM 式步進馬達包含定子與轉子兩部份，定子包括 A 相、A'相、B相、B'相四個磁極，並在定子上使用線圈給予磁場促使轉子移動。PM 式步進馬達的特性為線圈無激磁時，由於轉子本身具磁性故仍能產生保持轉矩。圖 S4.3 中(b)說明 PM 式步進馬達的驅動原理，若脈波激磁訊號依序傳送至 A 相、A'相、B 相、B'相，則轉子向右移動(正轉)，相反的若將順序顛倒則轉子向左移動(反轉)。

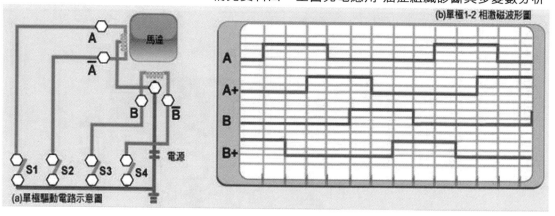

圖 S4.4　單槓驅動電路(左)與相激磁波形圖(右)

　　馬達驅動電路設計的方式有許多種，包括單、雙極驅動搭配不同的相激極。本系統所使用的步進馬達是單極 1-2 相激極的動作方式。上圖左側為單極驅動電路示意圖，其架構是以定子線圈的中心為頂點，電流交互地由該中點流入兩端之中心點以改變磁場促使馬達動作。右側為單極 1-2 相激磁波形圖，說明四相激極的步進變化如何藉以帶動轉子轉動，使馬達呈現正轉或是逆轉。

　　A 相、A'相、B 相、B'相四相激磁的電位輸入由四個開關裝置(S1、S2、S3、S4)控制，開關電路設計如圖。當系統由 DAQ 送出觸發電位便會促使電晶體進入工作區，此時的電流產生便會觸發步進馬達移動，代表開關被開啟。由於步進馬達包含四相激發極，因此系統需要四個數位訊號輸出；系統包含激發光波長調變裝置與放射光量測裝置一共八個數位開關(Digital channel 0 ~ Digital channel 7)。

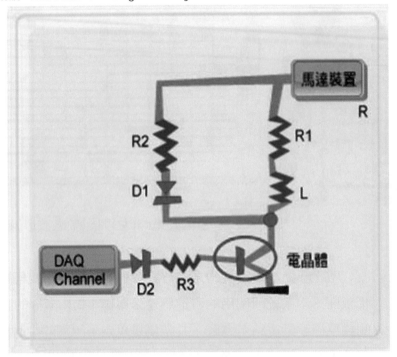

圖 S4.5 步進馬達驅動開關電路設計圖

PMT 電流訊號轉換與放大

由單光儀分光後所得到的光強度訊號，需藉由光電倍增管將訊號轉換爲電訊號後，再由資料卡擷取訊號並呈現。光電倍增管是一種具有高靈敏度與超快響應時間的光檢測元件；典型光電倍增管最佳之響應範圍爲近紅外光到紫外光，可以將只有數百個光子的光訊號轉換爲有用的脈衝電流，並利用此脈衝電流來做訊號的分析。

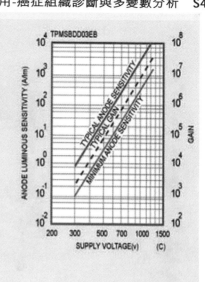

圖 S4.6 Hamamatsu R928 特性曲線圖

　　本系統所使用 PMT 為日本 Hamamatsu Photonics 公司所出品(型號為 R928)，其量測之波長範圍為 180nm 到 900nm。圖 S4.6(a)說明 R928(虛線) 於各波長相同光強度所對應的電流曲線。圖 S4.6(b)則為 PMT 內部電壓供 應與反應時間的特性圖。由於反應時間影響 PM 將光訊號轉電訊號需要 之最短時間，因此馬達轉動的時間不可大於反應時間。圖 S4.6(c)說明電 壓供應與訊號增益及電流 Sensitivity 特性圖，當 PMT 量測靈敏度 (Sensitivity)不夠時可加大電壓以提高增益。

　　此外，由於 PMT 之量測光強度，係正比於其輸出電流；因此在訊號 擷取電路設計上，需有一電流轉電壓之放大級，並使用主動元件使得電 壓受到限制以保護 DAQ 卡。圖 S4.7 為電路設計圖，前半部電路將為 PMT 輸出電流轉換為電壓；後半部則為放大電路。依照電路設計概念， 訊號放大倍率為 R3/R2；藉此將原本很小的輸出電流，調整至 DAQ 卡可

讀取的範圍內。

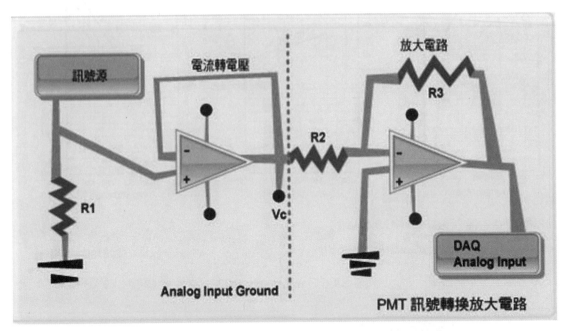

圖 S4.7 PMT 訊號放大電路

　　最後，圖 S4.8 顯示了步進馬達軀動與 PMT 電訊號轉換與放大電路圖，圖中並標示了本系統電路使用電子元件之規格。

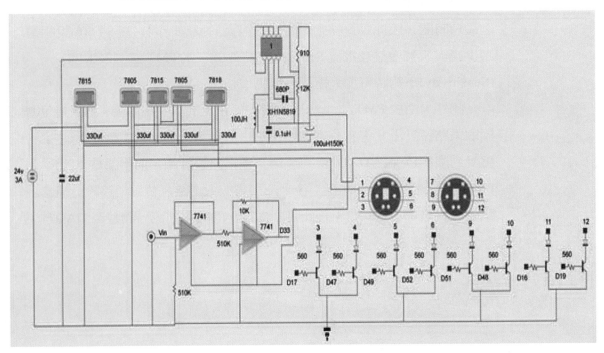

圖 S4.8 自製之光譜儀控制盒總電路圖

控制面板

　　圖 S4.9 是開發完成的光譜儀控程式的主要畫面。人機介面上所呈現的畫面可區分為兩大區域，左側為光譜圖形顯示部份，包含一維光譜圖形(Excitation Spectrum 或 Emission Spectrum)以及二維度光譜圖形(EEM，Excitation-Emission Matrix)；右側顯示量測資訊。光譜量測動作的指令皆顯示在上方的工具列。

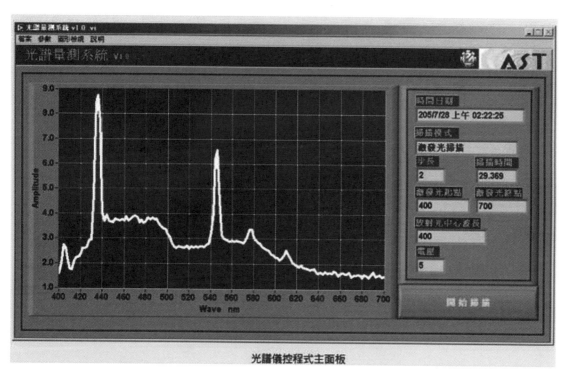

圖 S4.9　光譜儀控程式人機介面

　　量測程式之功能主要包括光譜訊號的擷取、光譜資料的儲存、光譜檔案讀取及檢閱、光譜資料正規化等功能。其中，光譜量測包含以下四種模式：

A. 激發光(Excitation)掃瞄模式：固定放射波長，改變激發光波長的量測模式。所量測出的圖形，縱軸為放射光強度(特定波長)，橫軸為激發光波長。

B. 放射光(Emission)掃瞄模式：固定激發光波長，改變放射光波長的量測模式。所量測出的圖形，縱軸為放射光強度，橫軸為放射光波長。

C. 激發放射矩陣(Excitation-Emission Matrix, EEM)掃瞄模式：EEM 掃瞄為設定一激發光波長範圍及每一次波長間隔，且顛一波長的激發光激發出一範圍波的放射光強度曲線圖；再將每一波長激發光激發的放射光譜組合成二維矩陣。所掃描出的光譜為二維強度圖形。

D. 同步掃描模式(Synchronous Scan)；同步掃描為激發光與放射光以固定波長間距，同步掃瞄之方式。所量測出的圖形為激發光波長對應放射強度曲線圖。

光譜分析

　　光與生物組織間交互作用所產生之現象可用於疾病之診斷，傳統疾病之診斷多須作病理切片，然而，病理切片般的侵入式檢測有其一定的風險，因此世界許多研發團隊運用了先進的光電技術，結合光纖、光譜儀、感測器、雷射等，致力於即時性和非侵入性的光學切片(Optical biopsy，亦稱之 Photobiopsy)檢測，希望能利用非侵入之方式(Noninvasive)從人體組織取得疾病的資訊，觀察組織是否有變異狀況，作為診斷之依據。例如：拉曼光譜檢測、螢光光譜檢測等方法。

　　在這一節中，我們將介紹螢光光譜檢測的原理及其應用，其中，需要輔以說明多變數光譜分析法(Multivariate Spectroscopic Analysis)。目前在研究領域上慣用的分析法，分別為 PCA(Principle Component Analysis)、PLS(Partial Least Squares)與 MVLR(Multivariate Linear Regression)，將在下一節中用一個實例讓大家有更多的了解。

光與組織間的交互作用

　　依據量子力學的推論與薛丁格方程式的推導，當物質被光照射，因光能量與物質本身的能階差，會有下列幾種現象產生(如圖 S4.10)：吸收(Absorption)、反射(Reflection)、散射(Scattering)、穿透(Transmittance)和螢光(Fluorescence)。上述各反應皆有其物理涵義與其應用價值，我們可以透過組織與光的交互作用做進一步的分析。在這裡，我們將著重在螢光反應，重建此實驗量測環境，用於人體組織之量測，並且配合臨床病理結果來建置此對應的多變數分析法則。

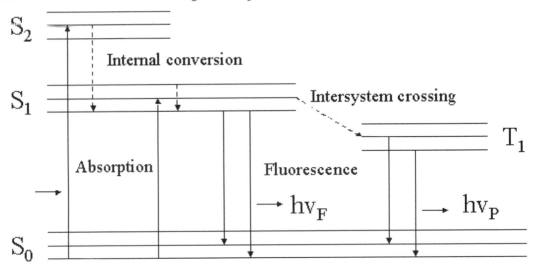

圖 S4.10 札布朗斯基圖

組織自體螢光原理

　　在不外加藥劑、系統穩定的情況下，當組織被雷射光照射經激發，組織內的物質會自然的產生螢光，稱之為雷射自體螢光 (Laser Induced Autofluorescence, 簡稱 LIAF)。不同物質被激發出的螢光光譜與其特徵輪廓並不相同，例如，一般生物組織內含有膠原蛋白(Collagen)、彈性蛋白(Elastin)、還原態的 NADH(Nicotinamide Adenine Dinucleotide)、Flavins 等天然螢光物質，其光譜特徵如下表所示。

螢光物質的光譜特性

fluorophores	Excitation wavelength (nm)	Emission wavelength (nm)
Collagen	335	390
NADH	340	450
Flavins	450	530

圖 S4.11 天然螢光物質光譜特徵表

當正常組織產生病變時，組織之結構及外觀亦產生差異，且所對應的組織內螢光物質之含量比例將有所改變，因此，我們可以量測正常組織與異常組織間螢光光譜的差異，做為組織病變的**生物標識(Biomarker)**，來建立組織病變的診斷系統，這就是所謂的自體螢光技術，目前眾多研究團隊認為自體螢光光譜診斷技術能有效的輔助早期癌症組織的診斷，於肺、食道、子宮頸、大腸、直腸及口腔等癌變組織已有不錯的成果。此外，近期研究學者更針對儀器架構以及分析診斷法則做更深入的討論與應用，例如：結合內視鏡使得檢測更為便利，又改善分析法則，讓敏感度及精確度更高。

多變數光譜分析法

PCA、PLS 和 MVLR 是目前最常應用於生物組織診斷的三種光譜分析法。PCA 方法是從最小平方法(Lease Squares Method)所引伸而來，其解法亦可從奇異值解構法(Singular Value Decomposition, 簡稱 SVD)來思考。實例上，PCA 可解構出整個螢光光譜對應的特徵向量(eigenvector)及特徵值(eigenvalue)；PLS 是一種因子分析法(Factor Analysis Method)，描述多變數資料組與期望值之間線性關係，PLS 計算量測光譜的最大變異量下之最小係數量，用以連結與不同癌化期別的關係；MVLR 方法可分為兩部份，一是使用內生性螢光物質光譜解構測量之組織螢光光譜；二是透過每種內生性螢光物質之所佔比重，加上血液之比重進行多變數迴歸分析。接下來本節將採用三層式架構表示法來詳細敘述這三種分析方法。

PCA、PLS 與 MVLR，其分別可解構為輸入層、隱藏層和輸出層，用來比較三種常用的多變數光譜分析法之物理特徵結果。

$$V_{nxa}=X_{nxm}P_{mxa}$$
$$Y_{nxl}=V_{nxa}Q_{axl}$$

X_{nxm}：n x m 矩陣，為輸入層之變數，其中有 n 個訓練組，每一個訓練組中變數個數為 m 個。

Y_{nxl}：n x l 矩陣，為輸出層之變數。

V_{nxa}：n x a 矩陣，為隱藏層之變數。

P_{mxa}：m x a 矩陣，為輸入層與隱藏層之間的連結權重。

Q_{axl}：a x l 矩陣，為隱藏層與輸出層之間的連結權重。

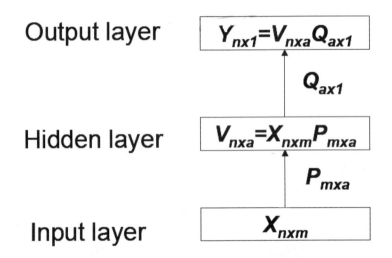

圖 S4.12 三層式多變數光譜分析架構圖

在多變數光譜分析應用上，螢光光譜視做 X_{nxm} 輸入層變數，如下：

$$X_{nxm} = \begin{bmatrix} x_{11} & \cdots & x_{1m} \\ \vdots & \ddots & \vdots \\ x_{n1} & \cdots & x_{nm} \end{bmatrix}$$

x_{nxm} 表示第 n 個樣本的第 m 個波長之螢光光譜強度。輸出層 Y_{nxl} 是依據臨床組織癌化狀況進行編碼。

$$Y_{nx1} = \begin{bmatrix} y_{11} \\ \vdots \\ y_{n1} \end{bmatrix}$$

其中，y_{n1}表示第 n 個樣本的編碼。

PCA

　　PCA 是將螢光光譜轉換成由原本光譜所找出的主向量成分之線性組合。首先，將螢光光譜使用奇異值解構法解構，例如 $X_{nxm}=O_{nxa}S_{axa}P^{T}_{axm}=V_{nxa}P^{T}_{axm}$，T 代表矩陣轉置，a 代表特徵值的個數且 a ≤ min(n,m)，矩陣 $S^{T}_{axa}S_{axa}$ 和 P_{mxa} 是共變異方矩陣 $X^{T}_{mxn}X_{nxm}$(Square Covariance Matrix)的特徵值與特徵向量，對角矩陣 S_{axa} 是 X_{nxm} 之奇異矩陣值。矩陣 $O_{nxa}=[O_1,O_2,...,O_a]$和 $P_{mxa}=[P_1,P_2,...,Pa]$是正交矩陣，行向量是單位向量，在 i≠j 則 $O^{T}_{i}O_{j}=P^{T}_{i}P_{j}=0$ 且 i=j 則 $O^{T}_{i}O_{i}=P^{T}_{i}P_{i}=1$ 之條件假設。在三層式多變數架構中，P_{mxa} 代表輸入層與隱藏層之間的連結權重，主向量因子 $V_{nxa}=[V_1,V_2,...,V_a]=O_{nxa}S_{axa}=(O_{nxa}S_{axa}P^{T}_{axm})P_{mxa}=X_{nxm}P_{mxa}$，當作隱藏層變數；$Q_{ax1}$ 爲隱藏層與輸出層之連接權重，其爲 V_{nxa}(隱藏層)和 Y_{nx1}(輸出層)使用 Least Square 方式計算決定。因此 PCA 不只是簡化螢光光譜爲主向量成分因此，也建構了主向量成分因子與組織癌化期別之間的連結權重。

PLS

　　PLS 方法是找出螢光光譜 X_{nxm} 與已知診斷結果之間最大變異度。連結權重 P_{mxa}、Q_{ax1} 和變數 V_{nxa} 都能從以下方程式中得到：

$$X_{nxm} = V_{nxa}P^{T}_{axm} + E = V_1P^{T}_1 + V_2P^{T}_2 + \cdots + V_aP^{T}_a + E_{nxm}$$
$$Y_{nx1} = V_{nxa}Q_{ax1} + F = V_1Q_1 + V_2Q_2 + \cdots + V_aQ_a + F_{nx1}$$

其中，a 表示 PLS 迴歸因子之數目；矩陣表示 X_{nxm} 為測量的光譜；Y_{nxl} 矩陣表示為組織經判讀後的結果；V_{nxa} 矩陣表示量測的光譜與組織判讀結果之間的最大相似之特徵值。P_{mxa} 矩陣與矩陣 Q_{axl} 分別為量測光譜與病理結果之負載權重(Loading Weight)；矩陣 E_{nxm} 與矩陣 F_{nxl} 個為量測光譜與病理結果之餘數(residual)。

此 PLS 法也可轉為三層式之多變數架構。P_{mxa} 為輸入層與隱藏層的連結權重；Q_{axl} 為隱藏層與輸出層的連結權重。V_{nxa} 可視做隱藏層變係數，a 是隱藏層節點數。計算流程如下：

1. 將 Y_{nxl} 帶入 V_{nxa} 作為初始值；
2. 使用 Least Square Method 帶入 X_{nxm} 和 Y_{nxl} 運算出權重矩陣P_i^T；
3. 將 X_{nxm} 矩陣投影在 P_i^T 上，計算出矩陣 V_i；
4. 再使用 Least Square Method 帶入 Y_{nxl} 和V_i 運算出權重矩陣Q_i；
5. 減除留數 $E_{nxm} = X_{nxm} - \sum_{i=1}^{a} V_i P_i^T$ ，$F_{nxl} = Y_{nxl} - \sum_{i=1}^{a} V_i Q_i$；
6. 重複計算上述條件，直到疊代次數等於 a 為止。

V_i 是描述 X_{nxm} 最大變異度的重要因素，同時連結已知診斷結果 Y_{nxl} 的重要關鍵。因此 X_{nxm} 和 Y_{nxl} 之關係決定於連結權重 P_{axm}^T、Q_{axl} 和係數 V_{nxa} 以及院算中得到最小留數值 E_{nxm} 和 F_{nxl}。

MVLR

MVLR 方法包括兩個主要步驟：1) 使用每種螢光物質之螢光光譜將所測量的組織螢光光譜線性解構；2) 將解構後所得各種內生性螢光物質之係數編碼進行多變數線性迴歸。在多變數光譜分析中，所測量的螢光光譜 X_{nxm} 主要由(1)部分激發光被表面反射與散射之影響(E)、以及(2)主要的內生性自體螢光物質 Collagen (數學表示為 C)、NADH (數學表示為 N)和 FAD (數學表示為 F)個別螢光光譜所組成。其數學式描述如下：

$$\hat{X}_i = e_i E + c_i C + n_i N + f_i F$$

其中(e_i, c_i, n_i, f_i)分別代表 E、C、N 和 F 在條件$||X_i - \widehat{X_i}||$之最小值之下所對應的權重值。$||X_i - \widehat{X_i}||$所包含的光譜範圍，係指擬合曲線"X"與測量光譜在 350 ~ 360 nm (spectral vector E)、370 ~ 380 nm(spectral vector C)、470~480 nm(Spectral vector N)和 550~560 nm(spectral vector F)等範圍差異最小，但忽略 380~470 nm，此範圍血液吸收部分。為了加入血液吸收效應，定義在 425 nm 波長血液吸收因子的係數為

$$h_i = 1 - \frac{X_i(\lambda = 425 \text{ nm})}{\widehat{X_i}(\lambda = 425 \text{ nm})}$$

在三層式多變數架構下，係數 e_k、c_k、n_k、f_k 和 h_i 代表隱藏層變數；連結隱藏層與輸出層之連結權重 Q_{axl} 是由隱藏層 e_k、c_k、n_k、f_k 和 h_i 與輸出層 Y_{nxl} 經 Least Squares Method 計算出來。因此，MVLR 方法使用光譜向量 E、C、N、F、組織臨床期別計算出的連結權重解構每一個光譜所對應的權重係數，其中，h_i 係數為直接計算的結果。如此，有了這些數值，便可用來評估組織期別，並尋求對應閥值。

光譜分析實例─自體螢光 EEMs 應用早期子宮頸癌組織診斷研究

在這一節中我們將介紹自體螢光技術(EEMs)應用於早期子宮頸癌組織診斷研究。如上節所述，光學切片技術以逐漸的被重視，因此若能針對病症建構螢光光譜資料庫，將對臨床早期診斷有極大的貢獻。

實驗儀器架構

下圖螢光光譜量測系統示意圖：

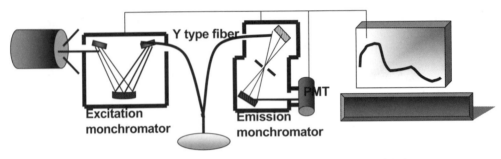

圖 S4.13 螢光光譜量測系統示意圖

設備規格

　　螢光光譜系統架構包括：175W 氙燈 (Xenon lamp，Jobin-Yvon，Optics and Spectroscopy，法國)；兩部光譜儀 (monochramotor)，一部 (H10 UV，grating 1200 grooves/mm，Optics and Spectroscopy，Jobin-Yvon，法國) 將全光譜之氙燈分光出我們所使用之激發光：螢光光譜激發光為 330 nm、EEMs 激發光為 280 nm 至 450 nm 藉 Y 型光纖 (Y-type fiber)：激發端由 18 根光纖組成，傳導激發光到組織樣本上，其餘 19 根光纖接收激發後之自體螢光訊號，傳至另一部光譜儀 (DH10 VIS，grating 1200 grooves/mm，Optics and Spectroscopy，Jobin-Yvon，法國)，掃描我們有興趣的激發後螢光波段 :螢光光譜之螢光波段為 370 nm~ 570 nm、EEMs 之螢光波段為 310 nm~700 nm；再由光電倍增管(photomultiplier tube，R928，rise-time <2.2ns，Hamamatsu Photonics，日本) 偵測螢光訊號並放大，經 RS-232 介面將資料傳至筆記型電腦 (IBM ThinkPad A22e) 儲存，此過程藉由 LabVIEW 6.1 (National Instruments，Austin US) 圖形化之程式語言，來操控儀器以擷取光譜資料。(如下圖)

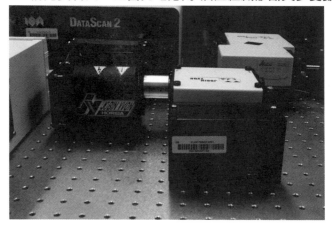

圖 S4.14 透過 LabVIEW 操控之儀器

様本

　　様本與自體螢光之光譜及 EEMs 的量測皆在台北榮民總醫院婦產部進行完成。様本從 49 位病患平均年齡約 53±12.3 歲在臨床手術切除後，在未經處理的狀況下隨即於暗房中完成螢光光譜及 EEMs 的量測，其手術檢體様本包括：子宮外頸和子宮內頸。

實驗結果

自體螢光量測結果

　　實驗以 330nm 激發光對正常組織、發炎組織、CIN III 及鱗狀上皮癌組織得到子宮外頸自體螢光光譜如下：

圖 S4.15a 為正常子宮外頸原始螢光光譜圖，可以看出螢光強度呈現高低不一致的情況，因此需針對原始光譜圖進行有限範圍的正規化處理 (Normalization, 亦稱之規一化處理)。圖 S4.15b 為利用面積規一化(Area Normalization)處理原始光譜結果，亦即是原始光譜除以面積。從圖中可

看出子宮外頸螢光光譜在 Collagen 波長 395±5 nm 整體的相對強度比 NADH 波長 455±5 nm 高，若將規一化後的光譜平均，能更清楚的看到此現象，如圖 S4.15c。(接下來的例子中，將只呈現規一化平均後的結果)

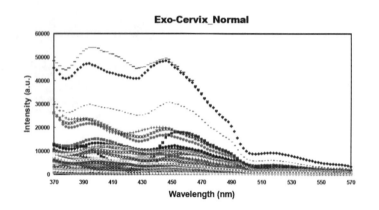

圖 S4.15a 正常子宮外頸原始螢光光譜圖

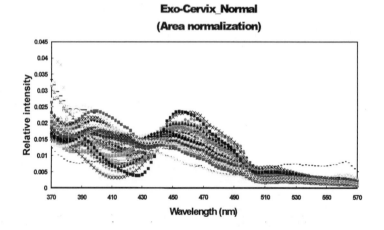

圖 S4.15b 正常子宮外頸面積規一化之螢光光譜圖

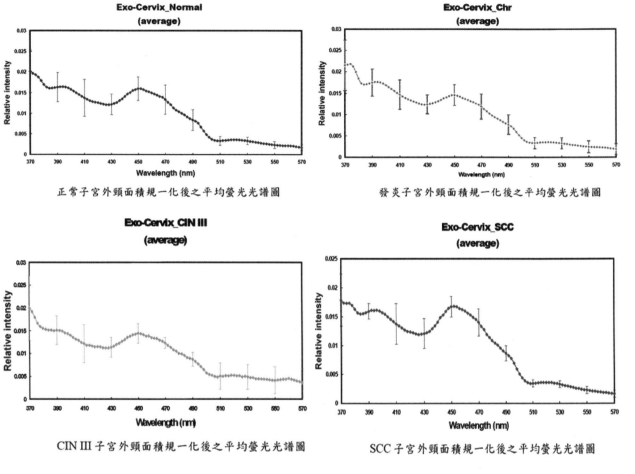

圖 S4.15c 不同情況下子宮外頸面積規一化後之平均螢光光譜圖

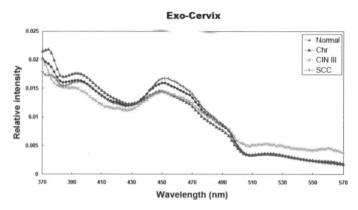

圖 S4.15d 正常、慢性發炎、CIN III、麟狀上皮癌之子宮外頸面積規一化後之平均螢光光譜圖

　　將光譜綜合比較後(如上圖)，可看出慢性發炎之子宮外頸在 collagen 波長 395±5nm 表現最為突出，而已轉變為癌症之子宮外頸在 NADH 波長 455±5nm 相對強度最大。另外在 510nm 之後，CIN III 整體的螢光相對強度高於其它三種型態。

Excitation-Emission Matrices (EEMs)

　　EEMs 是由多個不同波長的激發光激發樣本並量取其螢光光譜。在此實驗中選取激發光範圍 280nm~450 nm，螢光範圍 310nm~700 nm，並將各種波長之螢光光譜組合成為一個 3D 的光譜圖。由 EEMs 可以看到大範圍的螢光訊號，表示該組織成分之中所含有之螢光物質。圖 S4.16a 為子宮外頸之正常組織、CIN III 組織、SCC 組織之 EEMs 經體積規一化且平均後之量測圖。

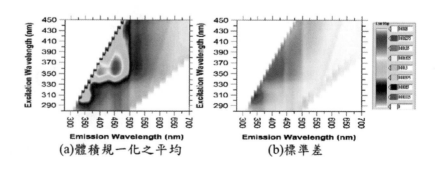

圖 S4.16a 正常子宮外頸之 EEM

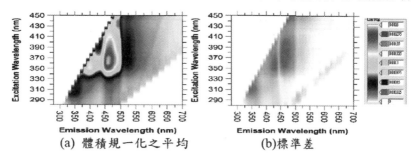

(a) 體積規一化之平均　　　　　(b)標準差

圖 S4.16b CIN III 子宮外頸之 EEM

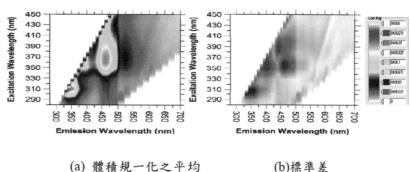

(a) 體積規一化之平均　　　　　(b)標準差

圖 S4.16c SCC 子宮外頸之 EEM

　　在這個實驗中，為了讓分析結果更精確，將 PLS 的分析方法擴張到二維的矩陣資料，稱之為 2D-PLS 分析法，下圖即為正常、CIN III 及 SCC 之子宮外頸之 EEMs 由 2D-PLS 分析之結果。在 Threshold 為 0.5 時可以區分正常與 CIN III，當 Threshold 為 1.1 時，便可區分 CIN III 與 SCC 組織。

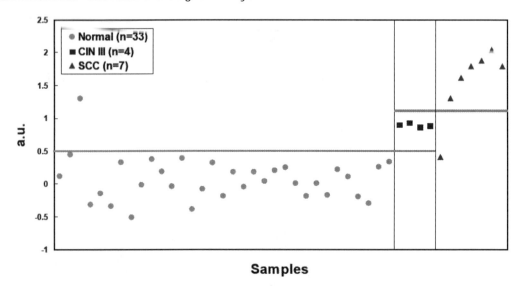

圖 S4.17 正常、CIN III 及 SCC 子宮外頸之 EEMs 經 2D-PLS 分析

結論

　　透過自體螢光技術及光譜分析方法，可以於不同組織上找到期專屬的特徵值，經量測多種不同組織與期別之 EEM Spectra，並建立光譜資料庫，未來將對臨床診斷輔助有極大之貢獻。

参考資料

R

Ch 1.
- Kamen, E., Introduction to Signals and Systems. NEW York, NY: Macmillan, 1987.
- Taylor, F. J., Principles of Signals and Systems. McGraw-Hill Series in Electrical and Computer Engineering. New York, NY: McGraw-Hill, 1994.
- Houts, R.C., Signal Analysis in Linear System. New York, NY: Saunders College, 1991.

Ch2
- Cadzow, J. A., and Van Landingham, H.F., Signals and Systems. Englewood Cliffs, NJ: Prentice Hall, 1985.
- Hildebrand, F. B., Advanced Calculus for Applications. 2nd ed. Englewood Cliff, NJ: Prentice Hall, 1976.
- 蕭子健、王智昱、儲昭偉，虛擬儀控程式設計－LabVIEW 8X，高立出版, 2009.

Ch3

- Thomas, G. B., Jr., and Finney, R.L., Calculus and Analytic Geometry. 9th ed. Reading, MA: Addison-Wesley, 1996.
- Birkhoff, G., and Rota, G.-C, Ordinary Differential Equations. 3rd ed. New York, NY: John Wiley, 1978.
- Carrier, G. F., Krook, M., and Pearson, C.E., Functions of a Complex Variable: Theory and Technique. Ithaca, NY: Hod Books, 1983.

Ch4

- Strang, G., Introduction to Linear Algebra. Wellesley, MA: Wellesley-Cambridge Press, 1993.
- Churchill, R. V., Brown, J. W., and Verhey, R. F., Complex Variables and Applications. 5th ed. NEW York,, NY: McGraw-Hill, 1990.

Ch5

- Dorf, R. C., and R. H. Bisho, Modern Control Systems, 7th ed.: Addison-esley, 1995.
- Phillips, C. L., and R. D. Harbor, Feedback Control Systems, 3rd ed.: Prentice Hall, 1996.

Ch6

- Hsu, H. P., Signal and Systems, Schaum's Outline Series: McGraw-Hill, 1995.
- Chen, C. T., Linear System Theory and Design: Holt, Rinehart, and Winston, 1984.

Ch7

- Friedland, B., Control System Design: An Introduction to State-Space Methods: McGraw-Hiss, 1986.
- 蕭子健、王智昱、儲昭偉，虛擬儀控程式設計－LabVIEW 8X，高立出版, 2009.

Ch8

- Boyce, W. E., and R. C. DiPrima, Elementary Differential Equations, 6th ed.: Wiley. 1997.

- Proakis, J. G., and D.G. Manolakis, Digital Signal Processing: Principles, Algorithms and Applications, 3rd ed.: Prentice Hall 1995.

Ch9

- Carrier, G.F., Krook, M., and Pearson, C.E., Functions of a Complex Variable: Theory and Technique. Ithaca, NY: Hod Books, 1983.

- Churchill, R.V., Brown, J.W., and Verhey, R.F., Complex Variables and Applications. 5th ed., NY: McGraw-Hill, 1990.

- Rainville, E.D., The Laplace Transform: An Introduction, NY: Macmillan, 1963.

- Doetsch, G., Introduction to the Theory and Applications of the Laplace Transformation with a Table of Laplace Transformations, NY: Springer Verlag, 1974.

Ch10

- Churchill, R.V., and Brown, J.W., Fourier Series and Boundary Value Problems. 3rd ed., NY: McGraw-Hill, 1978.

- Gray, R.M., and Goodman, J.W., Fourier Transforms: An Introduction for Engineers. Boston, MA: Kluwer Academic Publishers, 1995.

Ch11

- Tretter, S.A., Introduction to Discrete-Time Signal Processing, NY: John Wiley, 1976.

- Brigham, O.E., the Fast Fourier Transform and its Applications. Englewood Cliffs, NJ: Prentice Hall, 1988.
- Oppenheim, A.V., and Schafer, R.W., Discrete-Time Signal Processing. Englewood Cliffs, NJ: Prentice Hall, 1989.

Ch12

- Parks, T.W., and Burrus, C.S., Digital Filter Design, NY: John Wiley, 1987.
- Hamming, R.W., Digital Filters. 3rd ed. Englewood Cliffs, NJ: Prentice Hall, 1989.
- Antonious, A., Digital Filters, Analysis, Design, and Applications. 2nd ed., NY: McGraw Hill, 1993.

PART3

- Deller, J.R., Proakis, J.G., and Hansen, J.H.L., Discrete-Time Processing of Speech Signals. Upper Saddle River, NJ: Prentice Hall, 1987.
- Dudgeon, D.E., Mersereau, R.M., Multidimensional Digital Signal Processing. Englewood Cliffs, NJ: Prentice Hall, 1984.
- Lim, J.S., Two-Dimensional Signal and Image Processing. Englewood Cliffs, NJ: Prentice Hall, 1990.
- Bracewell, R.N., Two-Dimensional Imaging. Englewood Cliffs, NJ: Prentice Hall, 1995.
- Castleman, K.R., Digital Image Processing. Englewood Cliffs, NJ: Prentice Hall, 1996.

S1

- Oppenheim, A.V., Applications of Digital Signal Processing. Englewood Cliffs, NJ: Prentice Hall, 1987.
- Johnson, D.H. and Dudgeon, D.E., Array Signal Processing: Concepts and Techniques. Englewood Cliffs, NJ: Prentice Hall, 1993.

S2

- 劉建昇、游濬、張信豪，數位訊號處理 — LabVIEW & 生醫訊號，宏友圖書開發股

份有限公司，2006.

S3

- 劉建昇、游濬、張信豪，數位訊號處理 ── LabVIEW & 生醫訊號，宏友圖書開發股份有限公司，2006.
- J. Pan and W.J. Tompkins, "A real-time QRS detection algorithm," IEEE Transaction on Biomedical Engineering, No.3, pp. 230-236, 1985
- R. Paskeviciute, D. Zemaityte, G. Varoneckas, Heart Rate Variability in Diagnostics of Atrial Fibrillation or Atrial Flutter, http://www.pri.kmu.lt/Publication_HRV/Heart%20rate%20variability_Full_text.pdf
- Robert M. B., Matthew N. L., Bruce M. K. and Bruce A. S., Physiology, 5th ed., Missouri, Elsevier Mosby

S4

- 鄧睿玫，《自體螢光光譜與激發-放射矩陣應用在早期子宮頸癌組織診斷之研究》，陽明大學生醫工所碩士論文，2003.
- 朱朔嘉 "自體螢光光譜與影像技術應用於癌組織診斷," 陽明大學生醫工所碩士論文，2001.
- 朱朔嘉，《自體螢光光譜模擬與分析應用於結直腸癌與子宮頸癌前病變組織》，陽明大學生醫工所博士論文，2007.
- S.C. Chu, J.W. Teng, T. C. Hsiao, J.C. Yuan, and H. K. Chiang, "Implementation of Autofluorescent Excitation-Emission Matrices for Differentiation of Cervical Tissue." The 5th Pacific Rim Conference on Lasers and Electro-Optics, Taiwan, 2003.
- S. C. Chu, J. K. Lin, J. Yuan, S. H. Hua, H. K. Chiang, "Monte Carlo Modeling Simulation of the Fluorescence Spectra of Colon and Cervical Tissues at Different Dysplasia Grades," Proc. of SPIE ,5705, pp283~292, 2005.

訊號與系統概論
LABVIEW & BIOSIGNAL ANALYSIS

編著：李柏明、張家齊、林筱涵、蕭子健
執行編輯：程惠芳
封面設計：吳孟芬
出版者：國立交通大學出版社
發行人：吳重雨
社長：林進燈
總編輯：顏智
地址：新竹市大學路1001號
讀者服務：03-5736308、03-5131542
　　　　（周一至周五上午8:30至下午5:00）
傳真：03-5728302
網址：http://press.nctu.edu.tw
e-mail：press@cc.nctu.edu.tw
出版日期：98年11月第一版
　　　　　100年10月二版一刷
定價：500元
ISBN：978-986-6301-00-1
GPN：1009802970

展售門市查詢：國立交通大學出版社
　　　　　　　http://press.nctu.edu.tw
或洽政府出版品集中展售門市：
國家書店（台北市松江路209號1樓）
網址：http://www.govbooks.com.tw
電話：02-25180207
五南文化廣場台中總店（台中市中山路6號）
網址：http://www.wunanbooks.com.tw
電話：04-22260330

國家圖書館出版品預行編目資料

訊號與系統概論：LabVIEW & Biosignal Analysis
／ 李柏明等編著.
— 第一版 — 新竹市：交大出版社，
民98.11　448面：　18.7*26公分
參考書目：面
ISBN 978-986-6301-00-1(平裝)

1.通訊工程 2.資訊工程 3.系統分析 4.LabVIEW(電腦程式)

448.7　　　　　　　　　　　　　　　98020490